纸基催化材料研究

张旋 著

中国水利水电出版社
www.waterpub.com.cn
·北京·

内 容 提 要

本书是一本介绍目前常用纸基催化材料的学术专著，全书共分为7章，分别介绍了纸基催化材料的基本构造、TiO_2及改性TiO_2纸基催化材料、ZnO纸基催化材料、纳米贵金属催化材料、Bi_2O_3纸基催化材料和ZnS纸基催化材料等几种常用纸基催化材料的制备方法等内容，在制备过程中提高催化活性及保持催化活性稳定的方法，及其在催化氧化、杀菌、有机反应催化剂等方面的应用状况，并针对目前纸基催化材料制备和使用过程中存在的问题，提出了纸基催化材料的未来发展趋势。

本书是在山东省自然科学基金（ZR2014JL012）的资助下完成的，内容丰富，可供纸基催化材料方面的研究者参考。

图书在版编目（CIP）数据

纸基催化材料研究 / 张旋著. ––北京：中国水利水电出版社, 2018.8 （2025.4 重印）

ISBN 978-7-5170-6679-8

Ⅰ.①纸… Ⅱ.①张… Ⅲ.①纸基（摄影）— 催化剂 —研究 Ⅳ.①TQ576.2

中国版本图书馆CIP数据核字（2018）第171269号

责任编辑：陈 洁　　封面设计：王 伟

书 名	**纸基催化材料研究** ZHIJI CUIHUA CAILIAO YANJIU
作 者	张旋 著
出版发行	中国水利水电出版社 （北京市海淀区玉渊潭南路1号D座 100038） 网址：www. waterpub. com. cn E-mail：mchannel@263. net（万水） 　　　　　sales@waterpub. com. cn 电话：（010）68367658（营销中心）、82562819（万水）
经 售	全国各地新华书店和相关出版物销售网点
排 版	北京万水电子信息有限公司
印 刷	三河市兴国印务有限公司
规 格	170mm×240mm　16 开本　16.75 印张　305 千字
版 次	2018 年 8 月第 1 版　2025 年 4 月第 3 次印刷
印 数	0001–2000 册
定 价	67.00元

凡购买我社图书，如有缺页、倒页、脱页的，本社营销中心负责调换

版权所有·侵权必究

前言

20世纪50年代以来，人工合成有机物的种类和数量与日俱增。许多新型的工业有机物如染料、医药、农药等带给人类丰富物质生活的同时，也给环境、生态及人类健康带来了日趋严重的影响。这些有机物是成为持久性难降解有机污染物的最主要来源之一，是造成环境污染特别是水环境污染的重要污染物，因此开发高效、环境友好的难降解有机污染物的去除方法已成为国际上十分关注的前沿研究领域。

光催化技术能够直接利用自然太阳光或室内人工照明，应用于光分解水制氢、光降解有机污染物、人工光合作用和光电转化等方面，有效地解决全球的能源短缺和环境污染问题，符合可持续发展的需求。但悬浮体系存在催化颗粒不易分离等问题，限制了其广泛应用，因此，对催化颗粒进行高效负载，成为解决半导体光催化技术实际应用的关键性问题。纸基催化材料充分利用了三维空间网络的纤维材料，通过湿部添加、涂布、浸渍或原位合成等方式，将具有催化特性的材料负载而形成的具有光催化活性的复合材料，从而有效解决了半导体光催化技术在使用实际应用中面临的问题。

本书共分为7章，分别介绍了纸基催化材料的基本构造、TiO_2及改性TiO_2纸基催化材料、ZnO纸基催化材料、纳米贵金属催化材料、Bi_2O_3纸基催化材料和ZnS纸基催化材料等几种常用纸基催化材料的制备方法等内容，提出了在制备过程中提高催化活性和保持催化活性稳定的方法，及其在催化氧化、杀菌、有机反应催化剂等方面的应用状况，并针对目前纸基催化材料制备和使用过程中存在的问题，提出了纸基催化材料的未来发展趋势。在催化颗粒载体方面，本书并不仅局限于通过纸页成形过程得到具有多孔三维网络结构的纸页，还介绍了细菌纤维素和纳米棉纤维等具有多羟基的纳米纤维材料在纸基催化材料制备过程中的应用。本书内容丰富，可供纸基催化材料方面的科学研究者参考。

　　本书是在山东省自然科学基金（ZR2014JL012）的资助下，由齐鲁工业大学（山东省科学院）张旋副教授完成的。由于时间紧迫和作者水平有限，书中可能会有错误之处，敬请读者批评指正。

齐鲁工业大学

（山东省科学院）

张　旋

2018年5月

目　录

第 1 章
绪 论

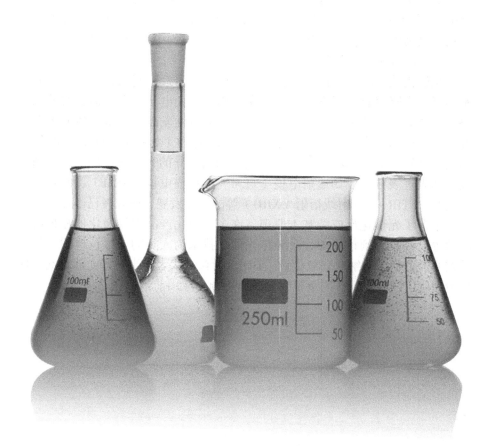

1.1 光催化技术

20世纪50年代以来，人工合成的有机物种类和数量与日俱增。许多新型的工业有机物如染料、医药、农药等带给人类丰富物质生活的同时，也给环境、生态及人类健康带来了日趋严重的影响。这些新型有机物毒性大，难生物降解，易在生物体内滞留，会导致人和动物癌变、畸变及雌性化；且流动性强，通过自然循环会散布到世界各地，成为持久性难降解有机污染物的最主要来源之一，是造成环境污染特别是水环境污染的重要污染物，因此开发高效、环境友好的难降解有机污染物的去除方法已成为国际上十分关注的前沿研究领域。

高级氧化技术（AOPs）是在20世纪80年代发展起来的，是处理难降解有机污染物的过程中最具应用前景的一种新技术。在高温高压、电、声、光辐照、催化剂等反应条件下，AOPs产生具有强氧化能力的羟基自由基（·OH），其氧化能力（2.80V）仅次于氟（2.87V），可使难降解大分子有机物被氧化成低毒或无毒的小分子物质。在反应过程中，·OH不具有选择性，能直接与污染物接触发生氧化反应。

光催化技术能够直接利用自然太阳光或室内人工照明，应用于光分解水制氢、光降解有机污染物、人工光合作用和光电转化等方面，有效地解决全球的能源短缺和环境污染问题，符合可持续发展的需求。研究者已经开发了各种光催化材料，如金属氧化物或硫化物（如TiO_2、ZnO、CdS等）和纳米金属（Ag、Au、Pt等）等，均显示出优异的光催化性能。随着纳米技术和先进表征手段如透射电镜（TEM）、扫描电镜（SEM）、傅立叶红外光谱（FTIR）、X射线衍射（XRD）等的快速发展，研究者已经在一定程度上掌握了光催化反应的基本原理。许多商业化产品空气净化器和自清洁玻璃等已经投入到市场中，半导体光催化技术为人类的"绿色地球"作出了重要的贡献。以纳米二氧化钛（TiO_2）为典型代表的半导体光催化剂在环境治理应用领域受到普遍重视并呈现出广阔的应用前景。

1.2 半导体光催化技术在实际应用中的问题

在工业化过程中，半导体光催化技术仍然存在一些关键性的技术问题尚未解决。

首先是催化剂的回收利用问题。半导体纳米材料是整个光催化过程的关键，半导体纳米材料具有较高的比表面积、丰富的表面状态、不同的形貌特征和简单的制备方法等优点，有利于整个光催化反应过程的进行。虽然人们在纳米材料方面的研究已经获得了巨大的进步，但是由于其颗粒较小，不容易沉淀，在反应过程中易凝聚，活性组分容易流失，使其在使用过程中稳定性差、回收困难。结合实际工业的需要，必须延长半导体材料的使用寿命，减少回收成本。综合以上考虑，应选择合适的载体固定纳米催化剂，这是一条解决催化剂回收利用问题的可靠途径。

第二为太阳能的利用问题。在太阳能光谱中，紫外光占4%~6%，可见光占43%。为了更大程度地利用太阳能资源，必须开发在可见光范围内响应的光催化剂。一般催化剂的带隙能需要在1.23~3eV之间，才能吸收可见光受到激发。而紫外光催化剂往往具有较大的带隙能，为此需要通过与窄带隙半导体复合、离子掺杂和贵金属沉积等方法调节半导体的能带结构，将其光谱吸收范围扩大到可见光区域，提高对太阳光的利用效率。

第三为光生载流子的复合和分离问题。通过光催化基本原理，半导体受到光激发后，光生电子和空穴会迁移到其表面，一部分发生复合，另一部分发生分离，只有分离的光生电子和空穴才能发生氧化还原反应。因而如何提高光生电子和空穴的分离效率，从而提高光催化效率已经成为光催化研究的重点。

第四是半导体的价带和导带的氧化还原势能。光催化过程的最后一步就是活性基团氧化还原降解污染物。在这个过程中，半导体的价带和导带势能确定活性基团氧化还原能力的大小。以光分解水为例，材料的导带底必须比水的还原势能更负，价带顶需要比水的氧化势能更正，才能实现光分解水。

综上所述，光催化反应能否快速地进行，并符合实际应用的需求，需要根据光催化反应机理，从选择用多孔的载体固定半导体材料，提高光生电子和空穴的分离效率，提高半导体的可见光响应范围等方面考虑制备出高效的光催化材料。

1.3 悬浮体系与固定技术

悬浮体系是将粉体催化剂直接混入溶液中，通过通风搅拌或直接机械搅拌使催化剂粉末与被光解物充分混合。悬浮体系简单方便，而且与被光解物接触充分，一般光解效率较高。

但悬浮体系中的催化剂颗粒极为细小，在水溶液体系易于形成聚集体，不易形成均匀的分散液，妨碍了体系催化效率的提高，且悬浮体系中的粉体催化剂在反应完成后很难将其与溶液完全分离和回收。特别是当材料尺寸达到纳米级后，其比表面积、表面台阶、褶皱和缺陷将大大增加，可以极大提高催化剂的催化活性和选择性，但由于纳米颗粒的尺寸较小，表面能较高，在催化过程中更容易团聚。反应结束后，纳米催化剂难以分离、回收，不能重复利用，使其处理成本增高。如果不能有效回收，悬浮体系中的粉体催化剂势必进入环境造成污染，这些都限制了其广泛应用，因此需要发展固定型的催化剂。

固定型的催化剂则会在负载过程中发生比表面积减小，使其反应传质速率受限，会导致催化剂的吸附作用和吸光效率降低，从而使光催化活性下降。因此，进行光催化剂的固定需要选择合适的载体。光催化剂的载体除了需要具有一般载体所要求的稳定性、高强度、低价格和大的比表面积外，更重要的是附着在载体上的催化剂能够尽可能多地被光照激活以发挥催化作用，不能因为负载过程而导致颗粒比表面积减少，最终使得催化活性下降。探索易于分离和回收的，并具有高活性的纳米颗粒催化剂的固定技术是实现光催化技术实用关键。

目前国内外研究中应用的载体主要有硅胶、活性氧化铝、玻璃纤维网、空心陶瓷球、海砂、空心玻璃珠、石英玻璃管（片）、普通（导电）玻璃片、有机玻璃、光导纤维等。属于多孔性的载体有硅胶、活性氧化铝、玻璃纤维网、空心陶瓷球、海砂、层状石墨等，在这些材料中，位于孔内深层的光催化剂得不到光的照射，不能发挥其光催化的作用，反而会造成催化剂的浪费。而像空心玻璃珠、石英玻璃管（片）、导电玻璃片、普通玻璃片、光导纤维等非多孔性的载体，虽然不是一般意义上的好载体，但因不存在催化剂浪费及实际耐用、容易制成反应器等优点而日益受到关注。此外，利用某些矿物（如沸石、膨润土、硅藻土）的天然优势结构，如疏松的孔道结构、大的比表面及强的吸附性能等，将其作为光催化剂的载体也逐渐受到人们关注。

1.4 纸基催化材料的提出

寻找一种合适的固定技术，使固定化的半导体纳米材料能够保持原来的高比表面积是解决悬浮体系和固定体系之间矛盾的关键。纸基催化材料正是在这种思想的引导下产生和发展起来的，1995年Mutsubara等首次提出了催化纸（即纸基催化材料）的概念，将TiO_2作为造纸填料添加到纸浆中，抄造出含有TiO_2的纸张，纸张中的纤维素和半纤维素等成为TiO_2的载体，从而改变了悬浮TiO_2在后续处理中难以分离和回收的缺点，揭开了催化纸的序幕。

纸张具有多孔性，可有效提高催化剂TiO_2与反应物之间的接触面积，克服了固定TiO_2光催化活性大幅度降低的缺点，研究表明由该种方法可获得光催化活性高于P-25的固定化TiO_2催化剂。因此，纸基催化材料既保证了TiO_2粒子高的比表面积，具有高的催化活性；又具有固定TiO_2易于分离回收的特点，可循环使用，避免了悬浮TiO_2复杂的分离程序，从而为TiO_2光催化技术实用化提供了可能。

在本书中，纸基催化材料是指以具有三维空间网络的纤维材料为载体，通过湿部添加、涂布、浸渍或原位合成等方式，将具有催化特性的材料固着于其上而形成的具有光催化活性的复合材料。纸基催化材料充分利用了纸张独特的多孔三维网状结构，具有特殊的多孔隙结构，能够为污染物与催化材料提供更大的接触面积，从而有效克服了以陶瓷和玻璃等为基材固定的催化剂催化活性大幅度降低的缺点；固定的催化材料容易与反应液分离，有效避免了悬浮体系复杂分离程序，同时纸质材料质量轻且易折叠，因此，催化纸将成为一种极具应用前景的功能材料。

2003年，Fukahori等人将以TiO_2基催化纸首次用于催化降解水相中的污染物双酚A（BPA），使催化纸应用范围由气相扩展到了水相，成为催化纸应用过程中一个里程碑。

目前，如何开发出同时具有高强度和高催化活性的催化纸已成为催化纸研究领域面临的问题。

1.5 纸基催化材料的生产现状

目前，世界上有三家提供商业光催化纸基材料的公司。日本的Nippon Paper Group（Tokyo, Japan）公司将二氧化钛加入浆料，生产具有光催化活性，能净化空气的新闻纸，并与日本国内主要新闻出版商Yomiuri建立了合作关系。芬兰的Ahostrom（Heisinki, Finland）公司采用胶体氧化硅作胶粘剂生产的光催化活性纸可降解染料罗丹明B，且经研究发现，含有胶体氧化硅的光催化纸在降解偶氮类染料（如活性黑5）的过程中，染料中的离子浓度严重地影响光催化降解结果。日本的Ein Co. Ltd（Gifu, Japan）公司则采用环保领域的技术，研发出一种具有光催化活性的浆料，这种浆料可以用于生产各种功能性材料。

参考文献

[1] Bao L J, Maruya K A, Snyder S A, et al. China's water pollution by persistent organic pollutants. Environmental Pollution. 2011. 163(4): 100-108.

[2] Matsubara H, Takada M, Koyama S, et al. Photoactive TiO_2 containing paper- preparation and its photocatalytic activity under weak UV-light illumination. Chemistry Letters. 1995, (9): 767-768.

[3] Fukahori S, Ichiura H, Kitaoka T, et al. Capturing of bisphenol A photodecomposition intermediates by composite TiO_2+zeolite sheets. Applied Applied Catalysis B: Environmental, 2003, 46(3): 453-462.

第 2 章

纸的基本构造及催化材料
在纸页上的负载方式

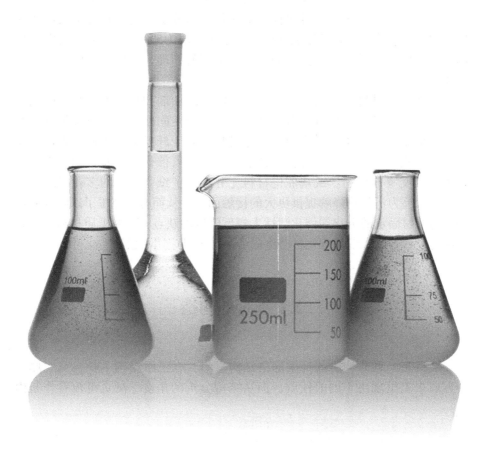

纸和纸板是一种以纤维和非纤维添加物（如胶料、填料、助剂等）为主要原料，借助水或空气等介质分散和成形的、具有多孔性网状结构的特殊薄张材料。通过纤维原料和非纤维添加物质的选择和调配，通过相应的成形过程和加工过程，制得可满足书写、印刷、绘画或包装等多种用途，具备各种物理、化学、电气、光学等使用性能的纸和纸板。

纸和纸板是造纸生产过程的主要产品，一般根据两者的定量和厚度进行区分，在国家标准《纸、纸板、纸浆及相关术语》（GB/T4687—2007）中，并未明确两者的划分标准，我国造纸行业一般习惯将定量为200g/m²以下、厚度500μm以下的称为纸，而在此以上的则为纸板。在本书中，我们将由植物纤维或无机纤维组成的，具有多孔三维网状结构的纤维网络称为纸基材料，因本书主要介绍薄张材料，因此本书中的纸基催化材料多指催化纸，但并没有区分纸和纸板。

纸张的基本框架是纤维，既可以是植物纤维，也可以是陶瓷纤维、碳纤维等无机纤维，传统意义上的纸是由植物纤维组成非均质的三维空间网络，常用的添加剂有无机填料、染料、施胶剂、助留剂、涂料和增强剂等功能性添加剂，这些添加剂的添加量为0.5~5kg/t纤维。在纸料制备过程中，各种功能添加剂在纸料中获得最大程度的分散，附着在纤维表面形成独特的化学性质，其在纤维表面覆盖的范围一般为5%~50%，各种功能添加剂在纸料中的用量虽少，但有助于提高纸页的物理、强度、匀度等方面的性能。

纸基催化材料的组成包括纤维、功能性添加剂和具有催化性能的纳米催化材料。纳米催化材料在由纤维组成的三维空间网络中，通过氢键、共价键或范德华力等作用力将纳米催化材料负载于纤维上，或通过表面涂布负载于纸页表面，使纸基材料具备催化性能，可催化降解有机物、消毒和作为有机反应催化剂。纸基催化材料充分利用了纸张独特的多孔三维网状结构，能够为污染物降解提供更大的接触面积，从而有效克服了以陶瓷和玻璃等为基材固定的催化剂催化活性大幅度降低的缺点；同时纸质材料质量轻且易折叠，因此，纸基催化材料将成为一种极具应用前景的功能材料。

2.1 纸页的构造

纸页是一种非均质的纤维网络结构材料，在三维结构（长、宽、厚三个方向）上呈现出不同的性质，但从结构分析的角度，纸页可被看作是由

纤维完全随机形成的二维结构材料，如图2.1所示。从纸页的二维结构扩展
到三维结构，可以将纸页看作是由多层二维结构的材料复合而成。

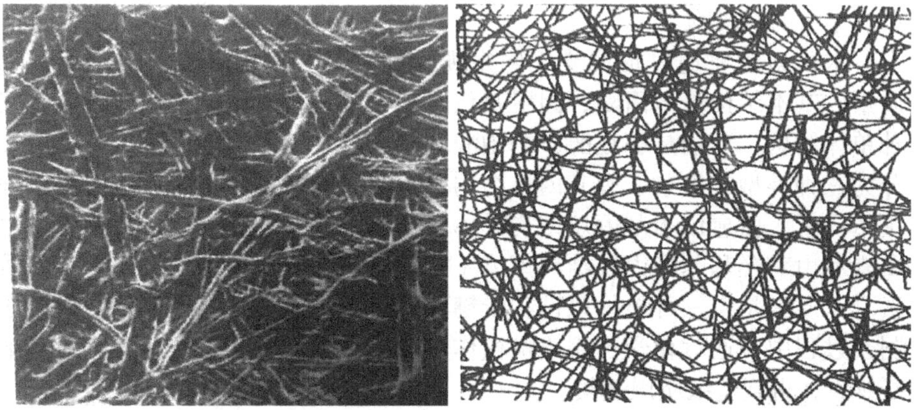

（a）纸页的表面电子显微镜图　　　（b）无规则的二维纤维网络结构示意图

图2.1　纤维的二维网络结构

2.1.1 纤维

在纸页中，纤维通过相互之间的链接作用，完全随机地形成多孔的空
间网络结构，纤维自身强度和纤维之间的相互作用力决定了纸页的强度。
用于抄造成纸的纤维可以是植物纤维，也可以是无机矿物纤维、合成纤维
或细菌纤维。

1. 植物纤维

植物纤维是由纤维素、半纤维素和木素等混合组成的一种厚壁组织。
纤维素是世界上储量最丰富的天然有机物，广泛存在于高等植物、细菌及
海藻等生物体中。天然高分子纤维素中存在着大量的纤维素微丝，这些微
丝由成束的D-葡萄糖以-1，4-糖苷键组成的多糖分子链（如图2.2所示）通
过氢键结合而成，单根纤维素微丝的直径为2~20nm，每根纤维素微丝可以
认为是一连串纤维素微晶沿着微晶轴无序排列在一起所形成的。

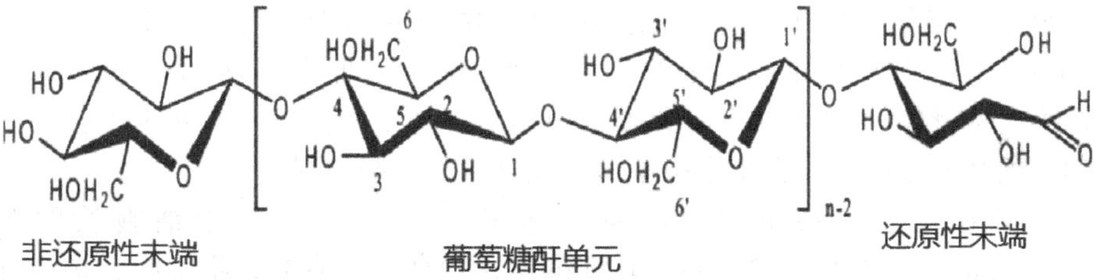

图2.2　纤维素分子结构

半纤维素是一类复杂的异构聚合物组成，木葡聚糖是半纤维素的主要成分。木质素是一类复杂的酚类聚合物，其储量仅次于纤维素，是世界上第二丰富的有机物。

木质素主要通过形成交织网来硬化细胞壁和增强茎秆机械强度，木质素的基本结构是苯丙院，因甲基位置和甲基化程度不同，木质素可有三种单体结构，分别是香豆醇、松柏醇和芥子醇。因单体不同，可将木质素分为三种类型：由紫丁香基丙烷结构单体（芥子醇基）聚合而成的紫丁香基木质素，由愈创木基丙烷结构单体（松柏醇基）聚合而成的愈创木基木质素和由对羟基苯基丙烷结构单体（香豆醇）聚合而成的对羟基苯基木质素。木质素是由三种单体以键和醚键等形式连接而成的三维网状结构。在制浆过程中，通过化学作用或机械作用除去其中的木素，保留纤维素和半纤维素，得到造纸所用纸浆。

在制浆造纸过程中，使用的植物纤维包括木材纤维原料或非木材原料原料，木材纤维原料根据具体材种又分为针叶材纤维原料和阔叶材纤维原料。针叶材纤维较长，通过处理后纤维间结合面积较大，结合强度较高，从而使抄造的纸张强度较高，即具有较强的耐撕裂度和耐折度，与阔叶材较多杂细胞和细小纤维相比，针叶材纤维细胞占细胞总数的90%~95%，纤维碎片较少，具有较好的滤水性能。其平均纤维长度为2~5mm，宽度为0.02~0.05mm。常见的针叶材原料有落叶松、云南松、马尾松、红松及樟子松等。阔叶材的纤维细胞占细胞总数的60%~80%，纤维较短，平均纤维长为1mm，宽度小于20mm，与长纤维原料配抄可为纸张提供较好的流动性，细小纤维赋予纸页较优的表面特性，如平滑度等，相对针叶材的高木素含量而言阔叶木原料的木素较少，制浆过程中化学药剂消耗较少且蒸煮周期缩短。常见的阔叶木纤维原料有杨木、桦木、桉木等。针叶木和阔叶木纤维原料都可用作纸基催化材料制备过程中的纸浆。

非木材纤维原料根据其种属可分为草类纤维原料、韧皮纤维原料、籽毛纤维原料及废纸纤维原料等。草类纤维原料的纤维长度为1~1.5mm，宽度10~20mm，由于草类纤维原料生物结构具有不均一性，且草类纤维原料中的灰分、半纤维素和杂细胞含量均高木材纤维，纤维细胞含量仅为40%~70%，导致成纸的质量较差。废纸纤维的纤维强度等性能要低于原生纤维，因此，草类纤维原料和废纸纤维因其纤维质量较差，几乎不会用于制作纸基催化材料，在本书中不再涉及这两类纤维原料。

籽毛纤维原料主要是指棉纤维和棉短绒。棉纤维细胞长度为10~40mm，宽度为12~38mm，其纤维素含量高，没有非纤维细胞，是一种生物相容性好、易生物降解、无毒、廉价易得的天然高分子生物材料，具有良好的机械强力和稳定性。棉纤维由于具有柔软性高、强度大等特点，广泛用作纺织工业的原材料。棉织物是在纸基催化材料中常用的一种纤维原料，通过负载ZnO等纳米颗粒，在抗菌性织物等方面得到了广泛应用。

在棉纤维的纤维素分子间和分子内存在较强的氢键作用，使得纤维素不易溶解和熔融，这在一定程度上限制了其应用。在纤维素分子中存在大量羟基，这些羟基之间存在着较强的氢键作用。纤维素通过氢键直链型的结构单元之间相互交联，组成了初级的纳米纤维单元，微米结构的纤维是由这些纳米纤维单元相互缠绕而成，进而构成了纤维素的网状结构。因此，纤维素由纳米和微米层次上的多级结构组成的，每一根微米结构的纤维都是纳米结构纤维的集合体。这种微纳米多级结构赋予了纤维素优良的物理及化学性质，如高的机械强度、良好的化学稳定性及耐腐蚀性等等。但纤维素分子间和分子内较强的氢键作用，使得纤维素不易溶解和熔融，这一定程度上限制了纤维素工业的发展。如何把纤维素制备成超细的纤维素，使其能更好地发挥一维纳米纤维的特性，成为纤维素研究的一个热点。

纳米材料通常是指由尺寸为1~100nm的纳米颗粒构成的固体材料。广义上，材料的微观结构在三维空间中至少有一个维度的尺寸为1~100nm，即达到纳米级尺度水平，或由它们作为基本单元形成的具有某种特殊性能的材料，都被看作纳米材料。纳米材料具有小尺寸效应，使其具有特殊的光学性能，在紫外吸收、隐身材料、光学纤维材料和吸波涂层有着广泛的应用前景。由于其高比表面积，高活性能提高催化体系中催化效率，也能利用与环境中气体间的相互作用，应用在生物传感器、气体传感器等。另外在生物医药、能源、智能服装等领域也有着广阔的前景。目前，一维纳米材料已逐渐成为纳米科学研究最为重要的分支领域之一。

目前制备一维纳米复合材料的方法有以下几种：牵引法、模板合成法、相分离法、自组装法和静电纺丝技术等。牵引法受材料的应力形变影响比较大，只有能够承受较大应力形变的粘弹性材料才可能拉伸成纳米纤维；模板合成法对模板要求比较高；相分离法和自组装法需要的时间比较长。相较而言，静电纺丝技术简单、有效并且可以克服上述各种方法的缺点，将聚合物、复合材料、陶瓷等原料直接加工制备成超细连续纳米纤维，这种纳米纤维直径一般在微米和纳米之间。静电纺丝法已逐渐成为制备一维纳米复合材料的主要方法。

采用静电纺丝法得到的纳米棉纤维是一种柔性、可折叠、形状可任意裁剪控制的柔性薄膜。与天然棉纤维相比，纳米棉纤维具有更大的比表面积和量子化效应，且其自身多羟基结构，可以给其他物质的复合提供丰富的结合位点，是一种优选的负载纳米颗粒的载体材料。

韧皮纤维原料指韧皮部高度发达的原料，主要有亚麻、黄麻、洋麻、檀树皮、桑皮、棉秆皮等，其纤维较长（8~40mm），平均长度为18mm，宽度为8.8~24mm，平均宽度为16mm。韧皮类纤维原料纤维性质优良，但因其产量较少，目前尚未发现用于纸基催化材料。

2. 细菌纤维素纤维

细菌纤维素（Bacterial Cellulose，BC），又称微生物纤维素，它是一种性能优异的新型生物纳米材料。BC并不是细菌细胞壁的结构成分，而是细菌分泌到细胞外的产物，呈现独立的丝状纤维形态。BC和植物纤维素在化学组成和结构上没有明显区别，都是由很多β–D–吡喃葡萄糖通过β–1,4糖苷键连接而形成的一种大分子直链聚合物，相邻的吡喃葡萄糖的6个碳原子不在一个平面上，而是呈稳定的椅式立体结构，数个邻近的β–1,4葡聚糖链通过分子链内与链间的氢键作用形成稳定的不溶于水的聚合物。

BC的化学结构与植物纤维素一致，但其具有独特的大分子结构和特性。BC初生链聚集形成的宽约1.5nm的亚原纤维，亚原纤维结晶形成微纤丝，微纤丝间由氧键相互连接成微纤丝束，大小是3~4nm（厚）×70~80nm（宽），多束微纤维合并形成细菌纤维丝带，微生物超细丝带长1~9mm，宽约50nm，厚约10nm，形成一稠密网状结构，整体呈现一种超精细三维纳米网络结构。其中，大量氢键的存在保证了BC结构的稳定，细菌纤维丝带的直径和宽度仅为棉纤维直径的1/100~1/1000。BC具有高结晶指数及大的聚合度调控范围，其平均聚合度约为4000，也可以通过控制制备条件获得聚合度为20000的高聚合度材料。

BC完全以纤维素形式存在，不含半纤维素、木质素和其他杂质成分。与植物纤维相比，BC具有一系列独特的理化性质，例如其优异的结晶性能、高持水性、高比表面积、高抗张强度和弹性模量、高纯度和良好的生物相容性等。

BC具有超细纳米网状结构，其纳米纤维表面具有大量的可及羟基官能团。纳米级孔道可为各种金属离子渗入网络结构内部提供条件，大量的由羟基和醚键所构成的有效反应活性位点能与金属离子相互作用，将金属离子束缚固定在纳米纤维表面，减弱其活动力；进而通过水解、沉淀以及氧化还原等反应可生成各种无机纳米粒子或纳米线结构。为进一步增加BC的有效反应活性位点，可对BC进行表面改性，它不同于通过物理方法将纳米颗粒掺杂入基体结构中，可以通过调节原位反应条件来对纳米粒子的尺寸、粒径分布、形貌及负载量进行有效地调控。同时，BC的三维网状结构也可在空间上对纳米粒子的形成起到保护及限制作用，它可在一定程度上防止生成的纳米粒子发生团聚现象，保证纳米粒子在中的有效分散。

3. 合成纤维

合成纤维是化学纤维的一种，是以石油、煤和天然气为原料，经加聚反应或缩聚反应合成的线型有机高分子化合物，以独特生产工艺制造而成的高强度束状单丝纤维，如聚丙烯腈、聚酯、聚酰胺等。合成纤维因其原料的不同，有丰富的产品品种，且在耐高温、耐化学腐蚀、尺寸稳定性、物理力学性能等方面具有明显的优势。

合成纤维的憎水性强。在水中缺乏分散性能，且往往纤维长度很长，长宽比大，多数合成纤维不能产生细纤维化和类似纸张的氢键结合，缺乏在水中的分散性和打浆时的分丝帚化能力，若按纸页成形方式制备纸基材料，在流送及抄造过程中极易絮聚和沉积，成纸匀度差，因此在纸基催化材料制备过程中应选择合成纤维织物使用。

2.1.2 功能添加剂

由于纤维自身的性能有限，由纤维及纤维交织形成的集合体——纸页体现的纸张性质也有限，为满足纸页用途需要，在纸页成形过程中，需要在纸料中添加各种功能添加剂（如填料、施胶剂、助留助滤剂和增强剂等），以提高纸机生产效率，增加产量，改善纸页的光学性质、书写性质、强度性质，提高纸页质量，降低纸张生产成本。其中在纸基催化材料制备过程中添加的有填料、增强剂和助留助滤剂等添加剂，施胶的目的是提高纸和纸板的抗拒液体扩散和渗透的能力，以适宜于书写或防潮抗湿，可通过内部施胶和表面施胶两种方式，纸基催化材料需要具备良好的液体扩散和渗透性能，因此一般不会涉及施胶过程，在本书中未介绍施胶剂。

1. 填料

填料是在纸料中加入的不溶于水或微溶于水的白色矿物质微细颜料，一般常用的填料有高岭土、$CaCO_3$、TiO_2和滑石粉。通过加填可改善纸页的光学性质和印刷适性，提高纸页的不透明度和白度，减少印刷过程的透印现象，提高纸页的匀度和平滑度，增加纸张的柔软性和手感性。由于填料具有大的比表面积，能吸收树脂，使纸浆中的树脂不致凝聚成大粒子，有助于克服树脂障碍。填料的相对密度大，价格便宜，用填料来代替部分纤维，可节约纤维原料，且加填可加快网部和压榨部脱水，加快干燥速度，有利于提高车速，因此，可利用加填来节省纤维原料降低生产成本。

通过加填也可以满足纸张某些特殊性能要求，如卷烟纸中添加$CaCO_3$，不仅可提高纸张的不透明度和白度，增进手感，更重要的是可以改进透气性，调节燃烧速度，使卷烟纸与烟草的燃烧速度相适应。在纸基催化材料中，主要利用纸张的三维纤维网络负载纳米催化颗粒，一般不需要添加填料，但TiO_2作为具有光催化性能的纳米颗粒，也可作为填料加入纸料中，在纸页成形过程中负载于纤维网络中，在纸基催化材料中获得了广泛应用，以TiO_2及改性TiO_2作为催化颗粒的纸基催化材料是最早出现、也是应用最广泛的纸基催化材料。

TiO_2又称钛白或钛白粉，密度为3.9~4.2g/cm³，折射率为2.55~2.71，白度86%~98%，粒度0.15~0.3μm，其颗粒细小，白度高，折射率高，光泽度好，覆盖能力强，能显著提高纸页的不透明度和白度，是一种高效的造纸填料，但其价格高，一般用于对不透明度要求高的低定量薄型印刷纸和某些具有特殊要求的高级纸张。TiO_2纸基催化材料是目前各种催化材料中研究最早，也是应用最为广泛的纸基催化材料。TiO_2的光催化原理及性质将在第3章详细介绍。

其他的具有催化作用的造纸填料还有氧化锌、硫化锌，这些物质在普通的纸页中使用较少，一般仅在需要纸页具有某一特殊性质要求时采用。

2. 助留助滤剂

在纸页成形过程中，随着网部、压榨部的脱水过程，纸料中的细小纤维和填料会随脱出的白水而流失。因此，在纸页成形过程中，通过加入助留剂提高细小纤维和填料的留着率；通过加入助滤剂提高湿纸页滤水性能，提高脱水速率，改善纸页成形。在多数情况下，助留和助滤两个过程是同时进行的，加入的兼有助留助滤作用的功能添加剂被称为助留助滤剂。助留助滤机理主要为絮凝和絮聚作用，助剂通过絮聚作用将浆料中的细小组分留着在网上，减少细小组分的流失。絮聚作用主要依靠助剂所带的阳电荷与纤维表面带的负电荷通过电荷中和、或者电荷补丁或者桥联等作用，使纤维与细小组分或者细小组分之间产生絮聚。

常用的助留助滤剂有无机产品类、改性天然高分子和高分子聚合物三大类。其中无机产品类是最早使用的，如硫酸铝、铝酸钠、聚合氯化铝（PAC）和聚合硫酸铁（PFS）等化合物，这类物质以助留作用为主，较为常用的有PAC。改性天然高分子主要有阳离子淀粉、羧甲基纤维素、改性植物胶等，这类物质电荷密度低，主要作为助留剂使用。高分子聚合物包括阳离子聚丙烯酰胺（CPAM）、聚乙烯亚胺（PEI）、聚胺（PA）和聚酰胺（PPE）等，兼有助留助滤作用，在造纸过程中使用较为广泛。

在纸基催化材料的生产过程中，纳米催化颗粒（如TiO_2等）会以填料的形式通过湿部加填加入纸料中，经过湿部脱水，必然会造成部分填料的流失。为提高其留着率，同时改善纸页成形，通常需要加入助留助滤剂（如图2.3所示）。在纸基催化材料的制备过程中，一般使用聚二烯丙基二甲基氯化铵（PDADMAC）和阴离子聚丙烯酰胺（APAM）二元助留系统作为纳米催化颗粒的助留剂。该二元助留体系先加入正电荷密度高、分子量低的化合物（PDADMAC），与带负电的浆料相互作用在纤维表面产生阳离子补丁，为APAM提供链接点，随后加入低电荷密度高分子量的APAM，通过桥连作用与其他的阳离子补丁间形成链接，通过二者的协同作用可获得较高的留着率。但该助留体系不可避免地会造成纳米颗粒的絮聚，以致于会减小纳米颗粒的表面积，对提高催化性能不利。因此，在纸基催化材料形成过程中对纸页成形过程进行表面胶体化学原理分析，研究各种物料之间的相互作用及其对催化纳米颗粒在纸页中分布状态的影响，是获得匀度好的纸页的关键，也有利于获得具有高催化活性的纸基材料。

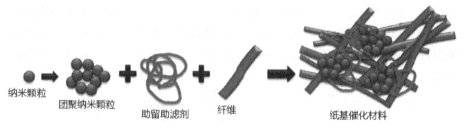

图2.3　纸基催化材料的组成

3. 增强剂

纸页的强度分为干强度和湿强度两种，纸张增强剂也分为增湿强剂和增干强剂。干强度是指风干纸页的强度性质，干强度决定了大多数纸种的应用性质，影响纸页干强度的因素有纤维间的结合力、纤维形态与性质、纸页中应力分布和功能添加剂等，其中纤维间的结合力是决定性因素，结合力越大，干纸强度也越大，纸页中纤维间的结合力来自于氢键作用力，加入亲水性的物质，可增强纤维间的氢键结合力，提高干纸强度。增干强剂可分为天然动植物胶、合成树脂、水溶性纤维素衍生物三类，天然动植物胶包括淀粉衍生物、明胶、桃胶等；合成树脂包括聚丙烯酰胺（PAM）、丙烯酰胺与丙烯酸的共聚物、聚乙烯醇、脲醛树脂、醋酸乙烯等；水溶性纤维素包括甲基纤维素、羧甲基纤维素（CMC）、羟乙基纤维素等。目前最常用的增干强剂为改性淀粉及其衍生物、羧甲基纤维素和PAM等。

纸的湿强度是指干燥后的纸张在被水完全润湿饱和后所具有的强度。纸页纤维之间以氢键结合而具有强度，在纸页被水浸湿后，纤维间的氢键结合易因形成水桥而减弱结合力，水的润滑作用也能引起纤维间的滑动而使其丧失强度。可通过添加湿强剂，强化现有纤维间的结合力，保护现有纤维结合不受水润湿的影响。增湿强剂的作用机理有两种：一种是保护已有纤维间结合，使浸湿后的纸页纤维间的结合不被破坏，湿强助剂通过在纤维之间形成缠结纤维的聚合物网络结构，将纤维更紧密地连接在一起，防止纤维因吸水而产生的润胀，保护纤维间的氢键不被破坏，从而保护的纤维间的结合；另一种是在纤维间形成新的对水不敏感的抗水结合键，如氢键、共价键等，使纸页获得湿强度，即使长期浸泡在水或水溶液中也能保持原有干纸页强度的20%~50%。

造纸工业常用的湿强剂分为甲醛树脂（如脲醛树脂和三聚氰胺-甲醛树脂等）和聚酰胺多胺-表氯醇树脂（PAE）。纸基催化材料可用于去除气相污染物，也广泛用于去除废水中的有机污染物，因此纸基催化材料经常用于水相，需要其具有一定的湿强度，在纸基催化材料中一般使用PAE作为湿强剂，也有使用聚乙烯亚胺（PEI）的情况。而用于制备纸基催化材料的纤维或原纸，一般采用木浆纤维抄造成纸或无填料添加的滤纸，纸页的干强度能满足需要，一般不需要在纸料中添加增干强剂。下面将主要介绍常用的湿强剂。

PAE是较常用的热固性湿强树脂，可在中性或碱性介质中使用。PAE是由二元酸（如己二酸）与多烯多胺（通常为二乙烯三胺）缩聚合成聚酰胺大分子，再与环氧氯丙烷反应制得。反应过程中可形成阳离子化的带正电的叔胺或季铵功能基。在合成过程中PAE仅发生部分交联，仍含有较多的活性基。在中碱性条件下可吸附到带负电的纤维上，在纸机干燥部，当升温到合适的温度（80℃）PAE会发生进一步的缩合下，通过分子间或分子内缩合反应形成复杂的三维网络结构，在纸页贮存过程中，继续熟化7~10天，纸页湿强度达到最大。

PAE通常以质量分数为10%~20%的水溶液形式供应，在贮存过程中可能发生交联，导致溶液粘度增加，树脂溶解性和增湿强效力下降。为防止树脂发生交联，一般在最后阶段将pH值调节为3~4，防止PAE树脂在贮存过程中发生交联。PAE可在pH为4~10的范围内使用，但pH值为6~8时最有效，在较低pH值时，其效力下降，当pH>8时，效力也不佳。

PAE多在浆内施加，添加前需要用10%的NaOH溶液中和，控制树脂溶液pH值6~8。在纸料中的用量为0.05%~0.1%，随PAE用量的增加，纸页湿强度提高，当用量超过0.1%，纸页湿强度增加不明显。随纸浆打浆度的提高，纤维比表面积增加，纤维对PAE的吸附能力增大，使其在浆料中的留着率提高，因此在一定打浆度范围内（20~60°SR），湿强度随打浆度的升高而升高。打浆度过高，则由于纤维的过分切断而不利于纸页强度的提高。

PAE树脂的投资成本高，且含有致癌物质——有机氯，降低了其使用价值；另外，PAE在抄纸的过程中会出现浆料易产生气泡、絮凝等问题，熟化后的纸页刚性低，这些缺点限制了PAE的应用。

PEI是一种阳离子型湿强剂，在酸性条件下，单体乙烯亚胺发生开环反应，缩聚得到PEI。PEI树脂是一种含有伯、仲、叔胺基，且叔胺基上带有支链的聚合物，其分子中含有若干阳离子基团，可与纤维上的羟基基团发生静电吸引，通过静电作用力提高纸页湿强度。由于PEI树脂可中性固化，熟化勿需高温，但其增湿强效果较差，且会影响漂白浆和纸页白度。在纸基催化材料中多用PEI作为湿强剂和助留剂。

2.1.3 涂料

纸料经过网部、压榨部和干燥部脱水后形成纸页，为满足更高的纸页表面性能要求，需要对其进行进一步的表面处理。表面处理过程有表面涂布和压光等工序，表面涂布是通过在纸页表面均匀涂覆一层适当涂料，涂料以高岭土、碳酸钙、硫酸钡或二氧化钛等白色颜料为主体，加入部分胶粘剂，并加入各种化学药剂得到的。胶粘剂是涂料中的重要组分，在很大程度上决定着涂料的性能，如粘度、流变性、保水性等。胶粘剂的主要作用是将颜料颗粒之间和颜料与原纸之间的黏结起来以形成牢固的涂层；常用的胶粘剂为人工合成胶粘剂（如丁苯胶乳、聚乙烯醇等）和天然高分子衍生物（如淀粉、干酪素等）。一般涂布量为0.3~2.0g/m²。经过表面涂布，可改善纸页的平滑度、吸收性能，提高其适印性能和表面强度。

在纸基催化材料中，可在涂料中添加催化剂纳米颗粒，制备含有纳米催化颗粒的涂料，对原纸进行表面涂布，得到负载催化颗粒的纸基材料，如在涂料中加入TiO_2、ZnO等具有催化作用的纳米颗粒，得到负载TiO_2和ZnO的纸基催化材料。在涂料制备过程中，要求纳米颗粒在涂料液中均匀分布，通过涂布作用能够在纸页表面形成均匀涂层。考虑到纳米涂料易絮聚，对其分散性要求高，特别是加入高分子胶粘剂会在一定程度上导致涂料体系失稳。纸基催化材料所用的涂料一般选择无机胶粘剂（如氧化铝溶胶、TiO_2溶胶和SiO_2溶胶等）和有机胶粘剂（如丁苯胶乳、聚乙烯醇等）。胶粘剂在纸基催化材料中的作用将在2.2.2节详细介绍。

2.1.4 纳米催化材料

具有催化性能的纳米颗粒都可以用作纳米催化材料，按所负载的纳米催化材料的不同，将纸基催化材料中分为TiO_2纸基催化材料、ZnO纸基催化材料和贵金属纳米纸、Bi_2O_3纸基催化材料和ZnS纸基催化材料等类型。其中最早出现和应用最广泛的为纳米TiO_2纸基催化材料。

由于单一的催化材料存在光催化活性低、催化效果不稳定、光谱响应范围窄等缺点，在研究和应用过程中一般对催化剂进行改性，在纸基材料上负载两种或两种以上纳米催化材料，比如对TiO_2进行改性，出现了Ag/TiO_2纸基催化材料、TiO_2/SiO_2纸基催化材料、ZnO/TiO_2纸基催化材料、以聚合物/TiO_2复合材料为催化材料等类型，通过改性可提高其光催化活性和催化性能的稳定性。

为提高ZnO纸基催化材料的催化活性，出现了利用超声波处理制备和负载ZnO纳米颗粒、有机物修饰的ZnO纳米颗粒、贵金属改性ZnO纳米颗粒等提高ZnO光催化活性的措施。

贵金属纳米纸一般包括纳米银纸、纳米金纸、纳米铂纸等。为提高催化剂的催化效果，提高催化剂的稳定性，将AuNPs与其他金属（如Pt、Pd）组成双金属催化剂体系，通过调控双金属纳米催化剂的组成和结构，提高催化活性和催化剂的稳定性。

在催化材料的制备和负载过程中，出现了超声波处理和微波处理等高效方式。利用超声波的空化效应，可产生局部瞬时的高温和高压，有利于纳米颗粒的生成及在纤维上的负载。微波则是在波长为1mm~1m的电磁波的作用下，极性分子在交变电场中发生极化作用，由于分子的热运动和相邻分子之间的摩擦作用，使电磁能转变为热能，产生瞬时局部的高温，有利于催化材料的生成和负载。

2.2 催化纳米颗粒在纸页中的固定方式

由于颗粒状的悬浮体系存在易团聚、不易分离等缺点，并且利用纸页的三维空间结构，将催化材料负载到纸页上，能防止纳米催化颗粒的流失，且易于回收利用。

纳米催化颗粒在纸页中的固定方法主要有湿部添加和表面处理两种。湿部添加是在纸页成形前，将TiO_2等纳米粒子作为填料添加到纸料中，利用湿部成形原理，通过纤维网络的截留作用或湿部化学机理，将纳米粒子固定在纸页中。表面处理是对纸页或纤维表面进行物理或化学处理，使纳米颗粒负载于纸页或纤维表面。

理想的固定方法具有以下特征：①纳米颗粒能够与纤维间形成牢固链接，在纸基催化材料使用过程中不会流失；②纳米颗粒在纸页各部分能获得均匀分布；③不存在颗粒间的相互絮聚，不存在颗粒比表面积下降的情况；④固定过程简单易行。这样通过某一固定方式，纳米颗粒负载于纤维或纸页上，保证较高的催化活性。

2.2.1 湿部添加

湿部添加是将TiO_2等颗粒状纳米粒子作为填料添加到浆料中，经湿部脱水、压榨部脱水增强、干燥部进一步脱水形成纸页。早期的纸基催化材料制备过程多使用该方式实现催化材料的固定。纳米催化颗粒作为填料添加到纸料中，在纸页成形过程中，作为细小组分被纤维组成的三维网络截留而留着于纸页中，附着在植物纤维或无机纤维上，TiO_2分布在整个纸页中。纸页保留了其特殊的多孔隙网状结构，有利于反应物和产物在纸张内部扩散，纸基催化材料能够获得较高的催化反应活性。

但在纸页抄造过程中，纳米催化颗粒是以粉末形式存在，部分颗粒在网部脱水过程中会随白水流失，降低了其在纸页中的含量。为提高其纸页中的留着率，通常采用助留剂使填料颗粒沉积在纤维上，助留剂通过电荷中和、吸附架桥等混凝作用机理使纳米颗粒絮聚成大的团块结构，提高其在纸页纤维网络中的截留效果，从而提高其留着率。

但在留着率提高的同时，纳米颗粒由于生成大的絮团而降低了其比表面积，不利于反应物在纳米催化颗粒表面发生吸附作用，而反应物在纳米催化颗粒表面的有效吸附是决定光催化反应速度的重要因素。纳米颗粒相互团聚生成大的絮体，会导致在纸基材料中虽然催化颗粒的含量高，但光催化活性反而不高。此外，以填料形式存在于纸页中的纳米催化颗粒会影响纤维间的氢键结合，且填料颗粒本身与纤维间的结合强度也比较弱，从而影响到纸页的强度。若纸页中填料含量过高，纸页会出现掉毛掉粉现象，使得纳米催化颗粒在纸基催化材料使用过程中流失，这些因素都会降低纸页的催化活性。

此外，利用湿部添加方式抄造的催化纸，由于在网部脱水过程中填料颗粒会随水流失，纸页表面填料颗粒的含量低于纸页内部。而在光催化过程中，纸页表面的催化颗粒更易于接受光源照射而被激发，内部的颗粒则由于光线的散射作用，光线进入纸页的孔隙中而被激发，这样在纸页内部的纳米催化颗粒所能接受到的光照强度会远远低于在纸页表面颗粒受到的光照强度。由于光照强度的下降，会导致整个纸基材料的催化活性下降。

因此，采用湿部添加的方式固定催化材料，应当在提高催化材料在纸页中留着率的基础上，保证其在纸页中均匀分布，防止生成大的絮体。为此研究者陆续采用了二元助留系统来提高作为填料添加到纸页中的催化材料的留着率，还采用了微粒助留体系在获得高留着率的同时，形成小而致密的絮聚体，改善纸页的匀度，保证催化材料具有足够的表面积，可以与反应物发生有效吸附。

除了将纳米颗粒作为填料添加到纸页中，为提高其在纸页中的留着率，研究者合成了纳米丝或纳米带，利用湿部留着的方式将其负载于纸页中，这些内容将在TiO_2纸基催化材料3.3.2节详细介绍。

2.2.2 表面处理

表面处理是在纸页或纤维表面进行改性处理，使纳米粒子通过各种作用力（如氢键、共价键）负载于纸页或纤维表面，使纸页或纤维具有光催化活性、抗菌性等功能。通过该种方式固定的催化材料可分布在纸页表面，也可进入纸页内部的孔隙中，这是由于纸页是由通过纤维分子间或分子内氢键结合形成的立体网状结构，纸页中含有大量的孔隙，纳米颗粒可通过孔隙进入进入纸页内部，也可利用改性后的纤维抄造纸页，保证了纸页内部也有纳米催化粒子。

表面处理方式有效避免了纳米粒子间絮聚形成大絮体而纳米颗粒导致比表面积下降的问题。下面主要介绍表面施胶压榨法、层层沉积自组装法、溶胶凝胶法、直接组装法和原位组装法等方法如何对纤维或纸页进行表面处理，完成纳米催化颗粒负载的过程。

1. 表面施胶压榨法

在造纸过程中，施胶是将施胶剂加入纸料中或涂布在纸和纸板的表面，以增强纸和纸板对水溶液的抗渗透性和防扩散性的工艺过程。表面施胶将施胶剂涂覆于纸页表面形成一层连续的胶膜，经过干燥后在纸页表面形成一层薄膜。在催化材料固定过程中，表面施胶方式是将纳米催化颗粒分散在胶粘剂中形成分散均匀的涂料，将纸页浸入涂料在干纸页表面形成一层连续性均匀薄层，通过压榨作用使涂料在纸页表面形成牢固的涂层，使纸页具有光催化性能。为满足这一要求，涂料中各种成分必须是完全均匀分散的，且涂料的浓度、黏度和流动性要与涂布形式相适应。在涂布过程中，可通过改变原纸的多孔性和表面疏水性来控制纸页上涂料的负载量。

表面施胶生产纸基催化材料的过程中，纳米催化粒子的性质、原纸的性质都会影响最终成纸的催化性能。Madani等利用两种TiO_2纳米颗粒（P-25和PC500）负载于不同的原纸上，比较了不同原纸和负载不同纳米颗粒时的光催化活性。其中两种TiO_2纳米颗粒的性质见表2.1，当照射波长为365nm，P-25由于含有部分金红石相TiO_2，对光的吸收性能要明显高于PC500，浓度为0.3g/L的P-25浆液可吸收100%的光子，而浓度为0.6g/L的PC500浆液仅能吸收80%的光子。两种原纸NW10和KN47均来自奥斯龙公司，其中NW10组成为40%植物纤维和40%的合成纤维，SiO_2作为无机胶粘剂，用量为20%；KN47的组成为55%合成纤维+15%植物纤维，作为胶粘剂的SiO_2用量为30%。

表2.1　两种TiO_2纳米颗粒的性质

TiO_2纳米颗粒	组成	比表面积/（m^2/g）	粒径/nm
P-25	80%锐钛型+20%金红石相	50	30
PC500	锐钛型>99.5%	340	5~10

研究发现，当两种纳米TiO_2负载于NW10上时，负载后的两种TiO_2具有相似的光催化性能；当两种固定TiO_2分别与自身处于悬浮状态的催化活性相比，PC500无论是负载于NW10还是悬浮在水中，对敌草隆都具有相似的降解性能，但负载于NW10上的P-25，与处于悬浮状态的TiO_2相比，其光催化活性下降了2倍。这可能是由于PC500的粒径较小，在NW100纸页中能获得较好的分散，且NW10对敌草隆有良好的吸附性能，可将敌草隆尽快转移到PC500表面进行光催化过程，从而与PC500形成协同效应，使得固定状态下的PC500具有与悬浮状态相近的催化活性。当施胶涂布量为12g/m^2时，相当于在悬浮状态下TiO_2的浓度为0.6g/L，在这个浓度下，PC500对光子的吸收仅为80%，为此增大施胶涂布量到20g/m^2，相当于悬浮状态下TiO_2的浓度为1g/L，提高了PC500对光子的吸收能力，从而增加了PC500被激发产生的光生电子和空穴数量，提高了其光催化活性。在奥斯龙公司，已经采用该方法生产产品用于纸基催化材料。

如果将两种纳米TiO_2固定在KN47上，与悬浮状态相比，固定的P-25催化活性仅下降20%，而固定在KN47上的PC500的催化活性比悬浮状态下降了2倍。这可能是由于KN47对敌草隆的吸附能力不高，而P-25自身对敌草隆的吸附能力较高，依靠自身吸附可满足催化反应需要。所以负载于KN47上后，由于催化剂比表面积的降低，固定P-25的催化活性下降20%，而PC500对敌草隆的吸附性差，固定在KN47后，敌草隆不能在催化剂表面进行有效吸附，从而影响了催化反应进行，使催化活性下降2倍。可见反应物在纳米催化材料表面发生有效吸附是影响光催化反应速率的重要因素[1]。

胶粘剂的作用是在表面涂布过程中，将纳米催化颗粒牢固均匀地固定在纸页表面，制备纸基催化材料的过程。其中，胶粘剂的选择是影响纸页光催化活性的关键。纳米涂料易絮聚，对涂料的分散性要求高，加入胶粘剂后涂料粘度会明显增大，由于纸基催化材料的使用场合不需要大面积的印刷，因此对纸页表面强度要求不高，更多的是对纸页光催化性的要求，因此在胶粘剂的选择方面以不影响纸基材料光催化活性为主要考虑因素。

常用的胶粘剂有胶体硅、树脂胶粘剂、硅树脂、氧化铝溶胶和二氧化钛溶胶等。在采用表面涂布方式生产的工业催化产品中，奥斯龙催化纸采用了硅溶胶作为胶粘剂，添加量为48%。祝红丽用丁苯胶乳、淀粉、羧甲基纤维素和聚乙烯醇、硅溶胶和氧化铝胶体六种胶粘剂制作涂料，比较了对奥斯龙原纸进行表面施胶涂布得到的纸页的光催化性能。发现以氧化铝胶体作胶粘剂的纸基催化材料具有最高的光催化性能，这可能是由于胶体氧化铝能显著提高涂料的分散性，以胶体氧化铝作为胶粘剂的涂料在高固含量下仍具有很好的分散性和稳定性。淀粉、羧甲基纤维素和聚乙烯醇作为涂布胶粘剂时，TiO_2纳米颗粒絮聚严重，完全被胶粘剂包裹覆盖，与空气和紫外光隔绝，使得所制备的纸基催化材料不具备光催化性能。另外，氧化铝胶体比表面积高，具有一定吸附性能，可作为反应物的活性吸附中心，有助于增强TiO_2薄膜的光催化能力。另外，当光催化剂和无机胶粘剂一起应用时，干燥后无机胶粘剂包覆在纤维表面，在光催化过程中可避免强氧化性物质对纤维等有机物的降解，对原纸纤维可起保护作用。因此，表面施胶法制备纸基催化材料一般选择氧化铝和硅溶胶两种无机胶粘剂。

无机胶粘剂由于粘结强度低，为提高纸页强度，祝红丽研究了采用双层涂布方法，底涂涂料采用传统涂布配方，面涂是光催化剂薄层。底涂涂料位于光催化剂层和原纸之间，一方面，起到保护原纸纤维的作用，很好地避免了原纸因光催化降解作用而导致纸页强度下降；另一方面，底涂为纳米光催化剂涂层提供了良好的纸页性质，比如平滑度，保证纳米涂层与底涂涂料间结合牢固[2]。

通过表面施胶进行催化材料的负载，在涂料中有纳米催化颗粒，胶粘剂、分散剂等成分，配方复杂，不同颗粒间存在相互作用，直接会影响涂料体系的稳定性，且涂料中固含量较高，一般为40%~60%，涂料的分散是关键，要保证纳米催化颗粒均匀分散在涂料中。涂料的成膜性也影响涂布效果，为保证在纸页表面能形成一层均匀的连续性薄膜，在涂料中会添加羧甲基纤维素（CMC）作为增稠剂，调节涂料的黏度和成膜性能。通过表面施胶压榨法，虽然解决了纳米催化颗粒的留着问题，但纳米催化颗粒易被胶料包覆而失去光催化活性，且对纸页进行表面施胶处理有可能会影响纸页的多孔隙结构，降低纸页的吸附能力，对催化活性的提高不利。

目前，在通过表面施胶方法制备纸基催化材料的各种研究中，针对具体涂层的厚度，涂料组成以及涂料中催化颗粒的分布对纸基催化材料催化性能影响的研究较少。

2. 层层沉积自组装法

层层沉积自组装法（LBL法）是利用逐层交替沉积的原理，通过溶液中的目标化合物与基片表面功能基团的强相互作用（如化学键等）或弱相互作用（如静电引力、氢键、配位键等），使目标化合物自发地在基体上缔合形成结构完整、性能稳定、具有独特功能的连续薄膜。其基本过程大致有基质预处理、A层膜材料吸附、清洗、B层膜材料吸附、清洗这5步，若要制备多层膜，则反复重复后4步过程，在纤维表面形成A层膜和B层膜的交替沉积。LBL技术存在以下优点：①制备方法简单，无需复杂的仪器设备；②绿色环保，LBL自组装过程一般在水溶液中或水分散液中完成，避免了有机溶剂对人体和环境的伤害；③成膜物质丰富，成膜物质不受基底类型、大小、形状等条件的限制；④将组装单元按照一定的顺序进行组装，可在分子水平上对膜的构造和厚度进行控制。LBL技术的以上各种优点，使得LBL技术在医药、生物、化学等领域获得了广泛的应用。

其中，利用静电作用力发生沉积的静电LBL技术最受关注，应用也最为广泛。静电LBL技术是带相反电荷的聚电解质基于静电引力的自组装，是一种将带正电和带负电的聚电解质在基底上逐步浸泡沉积成膜的方法（如图2.4所示），可根据需要构筑多层复合薄膜。在沉积过程中，基底的性质、浸泡时间、聚电解质pH值、聚电解质浓度、溶液的离子强度等因素会直接影响多层膜的构造、均匀度、成膜厚度，可以根据不同的应用进行调节。

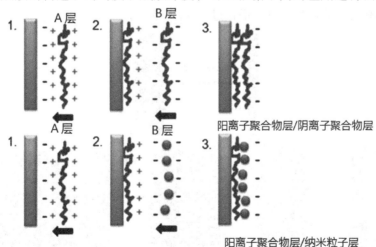

图2.4　静电LBL技术沉积成膜机理

TiO$_2$等纳米粒子在纤维上的固定也可以采用LBL技术，纤维表面带负电荷，而TiO$_2$在低于其等电点的溶液中也带负电荷，在高于其等电点的溶液中带正电荷，一般当pH<3.7时，TiO_2会发生表面质子化，呈现正电荷。在LBL沉积过程中，可借助于不同聚合电解质通过LBL技术在纤维表面形成多层TiO_2沉积物。因此，需要借助带正负电荷的电解质对纤维表面进行修饰，聚苯乙烯磺酸钠（PSS）、聚丙烯酸（PAA）、聚二烯丙基二甲基氯化铵（PDADMAC）等聚合电解质被用于TiO_2的LBL沉积过程。

Li等用硫酸盐法蒸煮过程中副产物木素磺酸盐（LS）作为聚合电解质，通过LBL技术在纤维表面形成（LS/TiO_2）多层沉积，制备了具有光催化性能的纸基催化材料。具体过程如下：

（1）基底的准备：选择新华1#滤纸作为基底，其α–纤维素含量超过98%，将滤纸首先浸入0.1g/L阳离子聚丙烯酰胺（CPAM）溶液中浸渍10min，用超纯水清洗3遍，在空气中风干，经过CPAM溶液处理，CPAM通过静电吸附作用附着在带负电的纸页表面，使纸页表面带正电荷。

（2）TiO_2悬浮液的准备：将粒径100nm的TiO_2颗粒配成浓度为1g/L的悬浮液，用超声波分散处理1h使其匀质化，由于TiO_2的等电点为4.7~6.2，为得到带正电的TiO_2悬浮液，用HCl调节悬浮液的pH值至3.5。

（3）LS的沉积：将经CPAM改性的纸页浸入LS溶液中（0.5g/L，pH=3.5），处理10min，超纯水彻底冲洗3遍，洗去未发生吸附的LS。

（4）TiO_2的沉积：将吸附LS的纸页浸入1g/L的TiO_2悬浮液中处理10min，用超纯水清洗三遍，除去未附着的TiO_2颗粒。

重复上述过程（3）、（4），至纤维表面沉积的TiO_2达到需要的层数，完成LBL自组装过程。具体操作过程如图2.5所示。

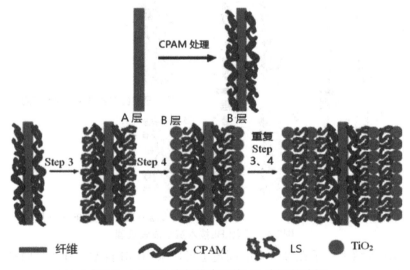

图2.5　LS/TiO_2在纤维表面的LBL法沉积过程

经过多层LS/TiO₂沉积进行改性的纤维的AFM观察结果如图2.6所示。未经改性处理的纤维表面光滑，有经打浆作用产生的微细纤维，其直径的均方根为8.96nm，如图2.6（a）所示。经CPAM/LS薄层改性的纤维表面沉积有球形颗粒，粒径为90~110nm，这些球形颗粒为LS颗粒，经多层LS/TiO₂沉积改性后，纤维表面进一步被球形颗粒覆盖，球形颗粒随沉积层数的增加而增加，经一层（LS/TiO₂）薄层沉积改性的纤维直径为17.98nm，经过5层（LS/TiO₂）薄层沉积改性的纤维直径为23.68nm。在多层沉积（LS/TiO₂）薄层中几乎不存在形成大絮体的TiO₂团块。

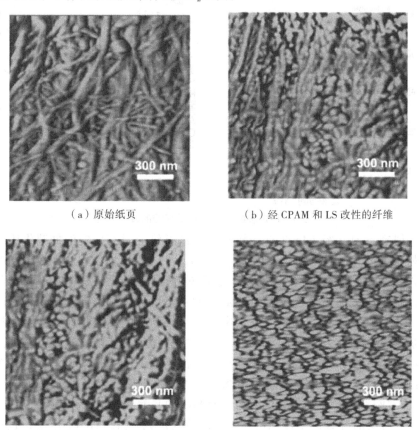

（a）原始纸页　　　　　　　（b）经 CPAM 和 LS 改性的纤维

（c）经 1 层（LS/TiO₂）薄层沉积改性的纤维　　（d）经 5 层（LS/TiO₂）薄层沉积改性的纤维

图2.6 未改性纤维和经多层（LS/TiO₂）LBL沉积改性的AFM图

Li等以10mg/L甲基橙（MO）溶液作为模型化合物，研究了利用LBL技术在纤维上多层沉积（LS/TiO₂）薄层的光催化活性。MO降解结果如图2.6所示。随光照时间的增加，MO的降解效率增大；随（LS/TiO₂）薄层沉积层数的增加，MO的降解效率增加。沉积5层（LS/TiO₂）薄层的纸页，光照5h，MO可取得74.8%的降解率，这说明MO的降解不仅取决于最外层的TiO$_2$，在内层沉积的TiO$_2$同样起催化作用。随着沉积的TiO$_2$层数增加，TiO$_2$的堆积密度增加，其光催化反应的活性位点也随之增加，可产生更多的·OH和·O$_2^-$，有效提高MO的降解率。从图2.7中可以看出，在相同的光照时间，MO的降解率和TiO$_2$层数之间存在很好的线性关系，说明在多层（LS/TiO$_2$）沉积薄层中，MO的扩散不受限制，因而可以根据要求通过控制沉积条件来控制在纤维上沉积的TiO$_2$堆积密度，以获得具有更高催化活性的沉积层。

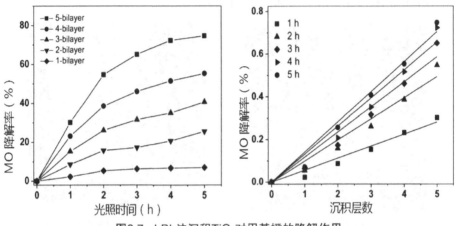

图2.7　LBL法沉积TiO$_2$对甲基橙的降解作用

　　研究发现，经（LS/TiO$_2$）沉积改性的纤维会具有一定的抑菌作用。纸基材料上的（LS/TiO$_2$）沉积层数不同和最外层沉积物质不同，表现出的抑菌作用也不相同，如图2.8所示，表面被LS改性的纤维没有明显的抑菌作用，这是由于作为植物细胞组成部分的木素可保护纤维细胞不受细菌的作用。木素存在于植物细胞细胞壁中，作为细胞间的粘结物质，使细胞排列更加紧密，能有效抵抗细菌。但木素磺酸盐是经过硫酸盐蒸煮过程分离出来的木素碎片，单层的LS沉积在纤维表面不能使细胞排列更紧密，且沉积在纤维上的LS量很少，使得细菌能够进入内层进攻纤维。所有经沉积（LS/TiO$_2$）薄层改性的纤维都是因为含有TiO$_2$而具有抑菌作用。沉积5层（LS/TiO$_2$）薄层的纤维抑菌作用可达93%，而沉积4层（LS/TiO$_2$）薄层，且最外层为LS的纤维抑菌性仅为41%，这说明若外层为TiO$_2$时，抑菌性能明显高于外层LS，这个是由于TiO$_2$自身具有抗菌作用，且有TiO$_2$的正电性及其表面的亲水特性，有利于细菌在TiO$_2$表面的吸附和固定，TiO$_2$表面产生的强氧化性基团（如·OH、·O$_2^-$等）能有效杀死细菌。

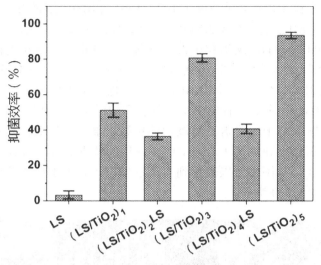

图2.8　（LS/TiO₂）沉积层的抑菌性

Li等研究了经LBL法多层沉积（LS/TiO₂）薄层后纸页性质的变化，见表2.2。虽然作为高白度的颜料，TiO₂可明显提高纸页的白度，但由于内层棕色LS的存在，对纸页白度有负面影响，因此多层沉积（LS/TiO₂）薄层会使纸页白度降低，但变化并不明显。随沉积层数的增加，纸页的抗张指数降低1.4%~3.6%，这可能是由于沉积在纤维表面的（LS/TiO₂）薄层阻碍了纤维间的氢键结合，对纸页的强度不利。但抗张指数变化不明显，完全可满足使用要求。高的纸页透气度有利于有机污染物与纸页接触，有利于获得高的光催化降解效果，随沉积层数的增加，纸页的透气度增加6.1%~24.3%，且沉积层数越多，纸页的透气度越高。这是由于TiO₂纳米粒子是沉积在纤维表面，而不是填充在纸页中纤维间的孔隙中，因此，LBL技术有利于形成孔隙率更高的纤维网络，为纸基材料中的传质过程提供了有利条件[3]。

表2.2　多层沉积（LS/TiO₂）薄层对纸页性质的影响

（LS/TiO₂）层数	白度 / %ISO	抗张指数 / Nm/g	透气度 / m·min⁻¹
原纸	85.09	16.21	527
1	84.58	15.98	559
2	84.51	15.82	613
3	84.06	15.75	626
4	83.84	15.73	641
5	83.66	15.62	655

TiO$_2$纳米粒子的等电点为4.7~6.2，Uğur等用HCl溶液和NaOH溶液将TiO$_2$悬浮液的pH分别调节至2.5和9.0，当pH=2.5时，TiO$_2$纳米粒子带负电荷，当pH=9.0时，TiO$_2$纳米粒子带正电荷，分别得到了带正电荷和负电荷的TiO$_2$悬浮液，然后用（2,3-环氧丙基）三甲基氯化铵（EP3MAC）对棉纤维进行表面阳离子化后，利用LBL技术，在棉纤维表面分别沉积了10层和16层（TiO$_2$/TiO$_2$）薄膜，使TiO$_2$均匀负载到棉纤维上。如图2.9所示，纤维表面被TiO$_2$纳米粒子所覆盖，随沉积的层数增加，纤维表面负载的TiO$_2$粒子增加，沉积10层和16层（TiO$_2$/TiO$_2$）薄层的纤维上分别负载了16.05%和18.68%的TiO$_2$，从图中可以观察到在沉积16层（TiO$_2$/TiO$_2$）薄层的纤维表面出现了絮聚的TiO$_2$颗粒[4]。

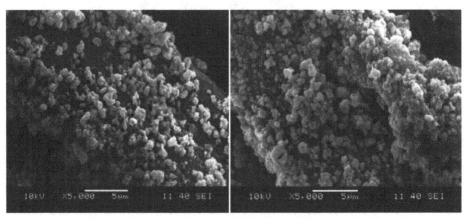

（a）沉积 10 层 TiO$_2$ （2）沉积 16 层 TiO$_2$

图2.9　棉纤维表面沉积10层和16层（TiO$_2$/TiO$_2$）的SEM形貌

Pinto等制备了金纳米粒子（AuNPs），第一次采用LBL技术将AuNPs负载于植物纤维和细菌纤维上。鉴于纤维和AuNPs都呈负电性，采用PDADMAC和PSS对纤维表面进行修饰改性，使纤维表面带正电荷。由于纤维表面性质不均一，有些部分会优先吸附AuNPs，使其在纤维表面生成大的絮体。为避免AuNPs发生絮聚，Pinto等人采用正硅酸乙酯在碱性介质中的水解在AuNPs表面形成SiO$_2$外壳，制备了粒径分布均匀的Au@SiO$_2$，从而保证了AuNPs在LBL沉积过程中均匀分布，不会生成大的AuNPs絮体（如图2.10所示）[5]。为防止银纳米粒子（AgNPs）絮聚，这种方式也可以用于制备均匀分布的AgNPs，使其在纤维表面获得均匀分布，保证充分发挥AgNPs的杀菌性能。

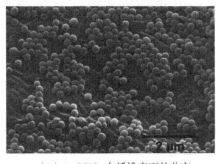 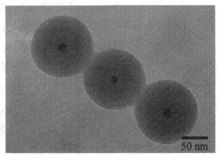

（a）Au@SiO$_2$在纤维表面的分布　　　　　（a）Au@SiO$_2$颗粒

图2.10　Au@SiO$_2$的形态及其在纤维表面的分布

LBL沉积技术可以将纳米催化颗粒均匀地负载于纤维表面，避免颗粒相互聚集生成大的絮体，制备出具有较高催化活性的纸基催化材料，且纳米颗粒在纸页中的留着对纸页强度影响不明显，避免了湿部添加方式由于提高留着率而导致纸页强度下降的问题，也避免了在表面施胶过程中由于胶料粒子的包覆作用而导致催化活性降低的问题，为TiO$_2$等粉末状纳米催化颗粒在纸基材料中的固定提供了新思路。

3. 溶胶凝胶法

溶胶凝胶法是利用胶体的化学原理制备无机薄膜的一种湿化学法。溶胶凝胶法一般采用金属醇盐或无机盐作为前驱物，将其溶于水或者醇中，形成均匀透明的溶液，使前驱物发生水解或者醇解反应，反应生成物缓慢聚集成分布均匀的粒子，老化一段时间，形成均匀稳定透明的溶胶，再通过旋涂法或提拉浸渍法，使溶胶液涂敷在载体上，经过烘干蒸发除去溶剂，使溶胶转变为凝胶，在一定的温度下退火，即可得到最后的成品薄膜。溶胶凝胶法操作简单，所得纳米颗粒的粒径分布窄，比表面积大，易于控制反应过程，通过控制掺杂浓度，实现多组分掺杂，形成的薄膜均匀性好。溶胶凝胶法退火温度低，一般在400~500℃，薄膜易于与衬底结合，附着力强，与衬底结合牢固，容易实现大面积薄膜的制备，且可以通过改变溶胶–凝胶参数来控制膜的表面积和孔结构，因此溶胶凝胶法制备的薄膜得到了广泛应用。但是溶胶凝胶法在制备溶胶过程中涉及大量的水、有机溶剂和其他有机物，制备得到的薄膜在干燥过程中容易龟裂，客观上限制了所制薄膜的厚度，从而影响光催化效率。

Uddin等人利用溶胶凝胶法，在低温下（100℃）将TiO$_2$固定在纤维表面，得到了具有自净、抗菌和光催化性能的纤维。Uddin等人加入有机胺（3–乙基胺）作为稳定剂，在室温下，TiO$_2$溶胶可长时间保持稳定。具体过程如下：

（1）纤维的准备：将纤维在Soxlet室中用丙酮处理30min，除去纤维中的腊、脂类等杂质，于室温下干燥12h。

（2）TiO_2溶胶凝胶的制备：用异丙醇钛（TIP）作为TiO_2的前驱体，在剧烈搅拌下，将0.02mol TIP加入50mL 2-异丙醇中，加入0.01mol 3-乙基胺作为稳定剂，通入氩气保持惰性环境，以200r/min的转速搅拌2~3min，得到溶液1；将3.0mL盐酸和0.72mL水加入到50mL2-异丙醇中，在200r/min的转速下搅拌混合均匀，得到溶液2；在通氩气的惰性环境中，将溶液1和溶液2混合，并剧烈搅拌30min，形成透明、稳定的TiO_2溶胶。

（3）将处理好的纤维在TiO_2溶胶中浸渍处理30s，将其置于70℃预热的烘箱中除去溶剂，95℃下加热5min，使前驱体转化为TiO_2。

（4）将浸渍后的纤维置于沸水中熟化3h，将未固定的TiO_2从纤维表面除去，得到表面负载一层均匀TiO_2膜的纤维，TiO_2粒径分布均匀（3~5nm），其SEM形貌如图2.11所示。未负载TiO_2凝胶膜的纤维表面沿长度方向有明显的凹凸，而负载TiO_2凝胶膜，表面覆盖一层连续均匀的TiO_2凝胶膜，凝胶膜中基本没有TiO_2颗粒絮聚物存在，经过20次清洗后，TiO_2凝胶膜仍负载于纤维表面。凝胶溶胶法得到的TiO_2纳米粒子的粒径较小，在纤维表面可形成均匀连续的薄膜，可获得较大的有效作用面积，且凝胶溶胶法

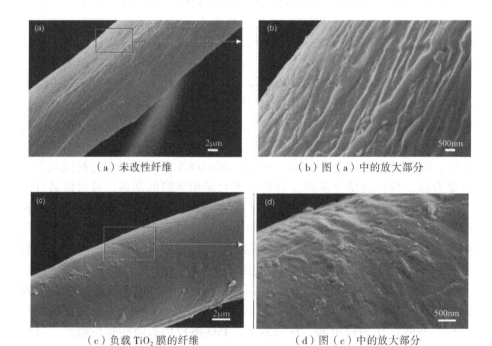

（a）未改性纤维　　　　　　　　（b）图（a）中的放大部分

（c）负载 TiO_2 膜的纤维　　　　　（d）图（c）中的放大部分

图2.11　纤维及表面负载TiO_2纤维的SEM形貌

形成的TiO_2膜更容易吸附反应物，因而能够具有较高的光催化降解效率，且在降解过程中能保护纤维，使其不会受到·OH和·O_2^-等强氧化性基团的攻击而发生降解，且该TiO_2膜的光催化活性具有稳定性，Uddin等人反复回用3次，发现其对亚甲基蓝的降解效率基本保持不变，进一步说明TiO_2膜牢固负载在纤维表面，在反应过程中基本没有发生脱落现象[6]。

Uddin等利用溶胶凝胶法在棉纤维上负载了Au/TiO_2膜，并研究了其光催化性能。利用上述溶胶凝胶法在纤维上负载TiO_2凝胶膜后，进一步负载了Au纳米粒子（AuNPs），具体过程：将负载了TiO_2凝胶膜的纤维浸入0.001M 的$HAuCl_4$溶液中处理1min，室温下干燥后，将其在空气中用光强为50mW/cm^2的光线照射30min，使Au(III)被还原为Au纳米颗粒。SEM观察发现在连续均匀的TiO_2膜上出现少量的AuNPs，整个凝胶膜的厚度大约为100nm，TiO_2纳米粒子的粒径为5~7nm，AuNPs的粒径主要分布在10~12nm范围内，但也存在少部分粒径较大，最大粒径可达40nm。TiO_2与纤维间通过酯化作用与纤维上的羟基形成化学链接，使TiO_2牢固附着在纤维上，通过20次清洗脱落的TiO_2很少。

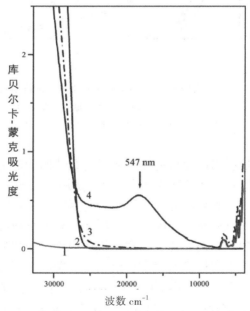

图2.12　负载TiO_2和Au/TiO_2纤维的UV–vis吸收谱图

1—未经处理棉纤维；2—锐钛型 TiO_2；3—负载 TiO_2 棉纤维；4—负载 Au/TiO_2 棉纤维

AuNPs与纳米TiO_2复合，可有效拓展TiO_2可吸收利用的光谱范围，从图2.12可见，Au/TiO_2在可见光区域有明显吸收，具有很好的可见光响应，在可见光的激发下，即可激发产生光生电子和空穴，拓展了其有效光谱范围。且由于贵金属AuNPs在TiO₂上的沉积作用，能有效提高光生电子和空穴的分离效率，可有效提高其光催化活性，具体如图2.13所示。负载了Au/TiO₂薄膜和Ag/TiO₂薄膜的纤维的催化活性要高于仅负载TiO₂薄膜的纤维，但都低于在悬浮状态下的P-25和Au/TiO₂的催化活性[7]。说明通过负载后减少了纳米催化颗粒与反应物的有效接触面积，不利于反应物在纳米颗粒表面的吸附，对提高光催化反应速度不利。

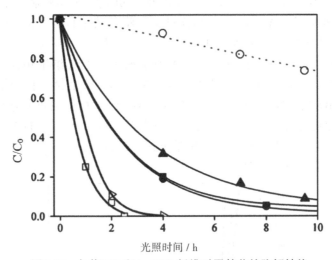

图2.13　负载TiO₂和Au/TiO₂纤维对甲基蓝的降解性能

○—未处理纤维；▲—负载 TiO₂ 薄膜的纤维；■—负载 Au/TiO₂ 薄膜纤维；

●—负载 Ag/TiO₂ 薄膜的纤维；△—P-25 纳米颗粒；□—Au/P-25 纳米颗粒

4.直接组装法

直接组装法是利用催化材料纳米粒子与载体间的静电力、范德华力等非化学键作用力将催化材料负载于载体上，多用于AgNPs、AuNPs等贵金属纳米粒子的固定，一般采用可溶性盐作为前驱体，常用柠檬酸盐还原Au或Ag的盐溶液生成AuNPs和AgNPs，然后再装配到纸页或纤维上，在该过程中，柠檬酸盐作为还原剂，使金属粒子被还原为金属单质，形成金属纳米粒子。此外，溶液中的柠檬酸根带负电，可吸附在金属纳米粒子表面而使其带负电荷，阻止了纳米粒子凝聚成大的絮体，且可通过静电作用负载到载体上，因此柠檬酸根在制备金属纳米粒子胶体溶液过程中可作为稳定剂。

Dong等人利用Au盐和Pt盐发生化学还原反应，制备了负载于棉织物上的AuNPs和PtNPs。具体过程如下：

（1）纤维的阳离子化：用3-氯-2-羟丙基三甲基氯化铵与NaOH反应制备2,3-环氧丙基三甲基氯化铵（EPTAC），将棉织物浸入EPTAC溶液中，使环氧化合物与纤维上的羟基发生反应，在纤维上接枝三甲基氨，使纤维带正电荷。

（2）柠檬酸根稳定的AuNPs和PtNPs的制备：将19.7mg $HAuCl_4 \cdot 3H_2O$ 溶于45mL水中形成溶液，将溶液加热至沸腾，在剧烈搅拌下，将5mL1%或2%的柠檬酸钠溶液加入到上述溶液中，继续煮沸反应1h，至形成成酒红色的AuNPs胶体。将26.5mg $HPtCl_6 \cdot 6H_2O$ 溶于45mL水中形成溶液1，将73.5g柠檬酸钠溶于5mL水中形成溶液2，将两者混合，得到$HPtCl_6 \cdot 6H_2O$ 与柠檬酸钠摩尔比为1：5的溶液，将溶液加热回流1h，产生黑色溶液，得到PtNPs。

（3）将经阳离子化处理的棉织物在50ml AuNPs或PtNPs溶液中浸渍处理24h，从溶液中取出棉织物并用水彻底冲洗棉织物，除去与纤维结合不紧密的金属纳米粒子，得到负载于棉织物上的AuNPs和PtNPs。TEM图像显示形成的AuNPs粒径为10~15nm，均匀分布在棉纤维表面，由于等离子体共振吸收效应，棉纤维呈紫色，如图2.14（a）所示。当柠檬酸钠的浓度从1%增加到2%，AuNPs会形成絮凝体，在纤维表面堆积密度增加。虽然柠檬酸根增加，Au表面所带负电荷增大，粒子之间的排斥力会增大，但其与纤维表面的静电引力也会增大，导致在纤维表面负载的AuNPs增加。负载于纤维表面的PtNPs的粒径为2~5nm，由于粒径小，其可以进入纤维内部的官腔，负载于纤维内部。由于PtNPs的表面等离子体共振吸收，纤维呈浅灰色，如图2.14（b）所示[8]。

（a）负载 AuNPs 的棉纤维　　　（b）负载 PtNPs 的棉纤维

图2.14　负载AuNPs和PtNPs的棉纤维的外观

除AuNPs和PtNPs外，还可以通过柠檬酸盐还原相应的银盐溶液或钯盐溶液，得到AgNPs和PdNPs。采用柠檬酸盐或其他的带负电的离子作为稳定剂，可使带负电的贵金属纳米粒子沉积到经过改性的带正电的纤维表面，为纳米粒子的负载提供了一种简单方法。在负载过程中通过控制纳米粒子所带负电荷数量，能控制纳米粒子在纤维表面的负载量，获得催化作用效果稳定的纤维材料。

Wu等通过化学氧化-还原反应用$AgNO_3$直接生成了AgNPs，通过直接组装法将AgNPs负载于滤纸上，发现该滤纸具有高的表面增强拉曼散射活性。AgNPs的制备及负载过程如下：

（1）AgNPs的制备：将90mg$AgNO_3$溶于500ml去离子水中，将溶液加热至沸腾；在剧烈搅拌下，将10mL 1%的柠檬酸三钠溶液逐滴加入沸腾的$AgNO_3$溶液中，混合液保持沸腾反应10min，得到一种灰绿色的银胶体，该胶体可稳定存在几天甚至数周。

（2）将1mL银胶体溶液逐滴均匀滴加到两层定量慢速滤纸上，滤纸直径为7cm，将纸页干燥10min，重复上述操作，可得到负载不同量AgNPs的滤纸。但通过该方法负载于滤纸上的AgNPs不能均匀分布，容易产生的絮聚[9]。

5. 原位合成法

原位合成法是将前驱体通过静电作用或共价键链接负载于纤维表面，通过物理还原反应或化学还原反应，生成纳米粒子，原位合成法与直接组装法不同之处在于原为合成法首先发生的是金属盐的负载，然后再在纤维表面生成纳米粒子；而直接组装法是在负载前生成纳米粒子，使其通过某种作用力（如静电作用力或分子间作用力等）将纳米粒子固定在载体上。TiO_2和贵金属纳米粒子都可以通过原位合成法负载于载体表面。

通过原位合成法固定的纳米粒子留着率较高，且能获得均匀分布，不会生成大的絮体，也不会因为其他添加物质占据纳米粒子的活性反应位点而影响其催化反应活性，因而通过原位合成法固定的纳米粒子可具有更高的催化反应活性。

贵金属纳米粒子的原位合成法一般是将带负电的纤维进行阳离子化改性后，通过静电引力将贵金属的盐类固定在纤维或纸页表面，再通过物理方法或化学反应将金属离子还原生成金属单质，如Ag、Pd、Au等贵金属都可用原位合成法负载于纤维等载体上。

Dong等人利用原位组装法在阳离子化处理后的纤维表面负载了AuNPs和PdNPs。具体过程如下：

（1）纤维的阳离子化处理如前所述，在纤维上接枝三甲基氨，使纤维表面带正电。

（2）在阳离子化纤维上进行Au和Pd金属纳米粒子的原位组装，以

NaAuCl₄作为前驱体，将处理后的棉织物浸入50mL浓度为 5mol的NaAuCl₄溶液中反应24h，取出棉织物用水冲洗3次，除去未附着的金属离子[AuCl₄]⁻，将棉织物浸入50mL浓度为50mol的NaBH₄溶液中还原反应10min，将附着于棉织物上的金属离子Au（III）还原为零价金属，反复用水冲洗后，在空气中干燥得到负载于棉织物上的AuNPs，其平均粒径为8~10nm，在纤维表面均匀分布。以Na₂PdCl₄作为前驱体，用NaBH₄还原可得到负载于棉织物上的PdNPs。部分PdNPs呈不规则形状，且其在纤维表面的堆积密度要高于AuNPs，这可能是由于[PdCl₄]²⁻所带负电荷高于[AuCl₄]⁻，与带正电荷纤维间的静电作用力更强，在纤维表面吸附的[PdCl₄]²⁻更多，经NaBH₄还原作用生成更多的PdNPs，从而在纤维表面获得较高的堆积密度，如图2.15所示。

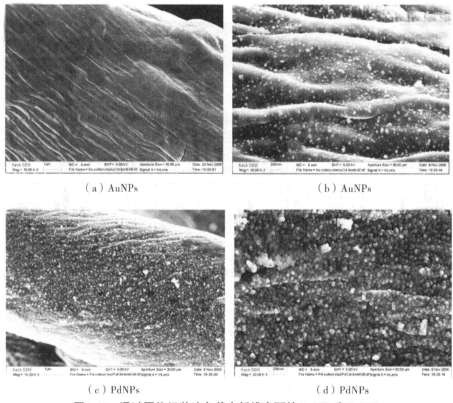

（a）AuNPs　　　　　　　　　　（b）AuNPs

（c）PdNPs　　　　　　　　　　（d）PdNPs

图2.15　通过原位组装法负载在纤维表面的AuNPs和PdNPs

He等人用纤维的多孔网络结构作为金属阳离子还原生成纳米金属粒子的反应场所，在温和条件下使Ag、Au等贵金属负载于纤维上。其载体选择无棉短绒的纸页，纤维素含量100%，厚度为49μm，纸页孔隙为30~70nm，当将其浸入AgNO₃溶液中，Ag⁺扩散进入纤维间的孔隙中，纤维素上存在大量的极性羟基和醚键链接，氧原子因为电负性强而带负电荷，可与带正电的Ag+之间形成链接，通过静电作用力（如离子偶极作用力）将Ag⁺链接到纤维素大分子上，经乙醇洗涤30s除去未与纤维形成链接的Ag⁺，再经NaBH₄还原，经Ag⁺还原为Ag。研究发现AgNO₃溶液浓度不同，形成的AgNPs粒径大小和粒径分布不同，如图2.16所示。AgNO₃浓度为1mol时，可获得单分散性的AgNPs，其平均粒径为4.4nm，粒径方差仅0.2nm，随AgNO₃浓度增加，其粒径增大，且粒径分布范围变宽，当AgNO₃浓度为10mol时，其平均粒径和粒径方差分别为4.8nm和1.2nm，若AgNO₃浓度增大到100mol时，其平均粒径和粒径方差分别增大为7.9nm和2.4nm。此外，He等人认为在该体系中，纤维中的氢键和醚键中的氧原子与AgNPs之间能形成稳定的Ag–O链接，有利于提高AgNPs附着的稳定性[10]。

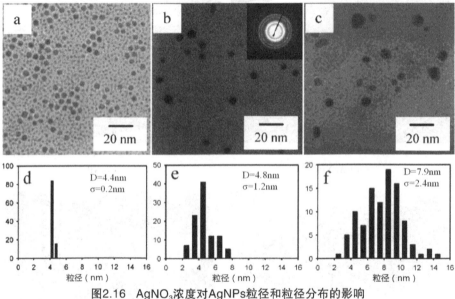

图2.16 AgNO₃浓度对AgNPs粒径和粒径分布的影响

a、d—AgNO₃为0.1mol；b、d—AgNO₃浓度为10mol；c、d—AgNO₃浓度为100mol

Fernández等人采用物理还原和化学还原两种方法在棉短绒纤维和Lyocell纤维上分别负载了AgNPs，具体过程如下：

（1）纤维的预处理：吸附垫是由若干层棉短绒绒毛浆纤维组成，内衬一层聚乙烯膜，纤维层最好能吸收10mL的渗出液；纳米结构的纤维以溶解性Lyocell纤维作为前驱体，直径为50~500nm，含20%的固形物，通过冷冻干燥脱水后清洗三次除去杂质，37℃干燥24h，得到用于负载过程的Lyocell纤维。

（2）两种纤维负载AgNO₃：用重蒸水分别配制浓度为0.005%、

0.01%、0.1%和1%的AgNO₃溶液，在磁力搅拌下将2g绒毛浆纤维或Lyocell纤维中加入200mL AgNO₃溶液搅拌反应1h，取出后于37℃干燥48h，所有的负载操作均在无光的黑暗处进行。

（3）物理还原法制备AgNPs：将两种负载AgNO₃干燥后的样品在155℃真空烘箱中干燥处理10min，用高压汞灯照射20min，经过热处理和紫外灯照射后，样品变为黄色，说明在纤维上负载了Ag化合物。用重蒸水清洗三次后，在37℃干燥48h，得到物理还原法负载的AgNPs。

（4）化学还原法制备AgNPs：将两种负载AgNO₃干燥后的样品浸入10mM的NaBH₄溶液中反应10min，通过NaBH₄的还原作用，使Ag⁺被还原生成单质Ag。用重蒸水清洗三次后，在37℃干燥48h，得到化学还原法生成的AgNPs。

AgNPs的生长及絮聚取决于Ag⁺浓度及其还原方法，在纤维上进行Ag⁺的还原反应，纤维可充当AgNPs的载体，且可终止还原反应。在物理处理过程中，如短时间的加热和UV光照，得到均匀分布且粒径较小的纳米粒子，随处理时间的延长，AgNPs的粒径会增大，这些AgNPs粒子是分散均匀的，并未发生絮聚。如图2.17所示，经过加热10min和紫外照射20min后，生成的AgNPs平均粒径为4.3nm，粒子均匀分散，除极少数较大颗粒外，大部分颗粒的粒径小于30nm。如果经加热和紫外照射后再经过170℃加热处理，得到的颗粒平均粒径为9.5nm。而如果采用化学还原法，得到的AgNPs粒径为50~100nm，且AgNPs没有得到很好的分散，颗粒发生絮聚。这可能是由于物理还原法反应速度较慢，而化学还原法反应速度较快，且AgNO₃的浓度越高，越容易絮聚生成大的絮体。

因此，可以根据AgNPs的用途来选择合适的还原方法，如果用作抗菌或光催化材料，需要纳米颗粒具有较大的比表面积，大粒径的AgNPs效果不好，可选择物理还原法制备AgNPs；如果用于作为表面增强拉曼散射的活性基质，则絮聚的大粒径AgNPs效果较好，则应选择化学还原法制备AgNPs[11]。

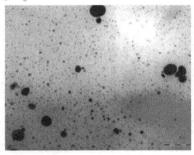 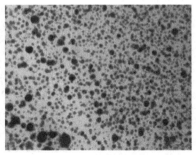

（a）加热 + 紫外照射　　　　（b）加热 + 紫外照射 +160℃热处理

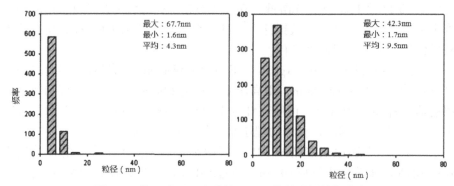

图2.17　物理法还原生成的AgNPs的外观及粒径分布

　　TiO₂纳米粒子也可以通过原位合成法负载于纸页或纤维上，TiO₂的固定一般需要经过多步反应。首先需要合成TiO₂纳米粒子，然后再负载于纸页上，TiO₂在纸页中的不均匀分布，留着率低，及纳米粒子之间的絮聚都会影响最终得到的固定TiO₂的催化作用效果。Chanhan等采用一步反应完成TiO₂的合成和在纤维上的负载，并采用纸页标准成形方法得到具有光催化性能和抗菌性能的纸基材料。具体处理过程如下：将一定量钛酸四异丙酯溶于25mL乙醇中得到溶液1，将1.2g纸浆纤维分散在25mL H₂O和25mL乙醇的混合液中，在连续搅拌下，逐滴加入溶液1，并搅拌反应1h，将混合液转入不锈钢的高压灭菌锅中，加热至80℃，在高温高压下保持24h，混合液自然冷却后用乙醇洗涤数次，得到用水热合成法合成的且负载于纤维上的TiO₂纳米粒子，用负载TiO₂的纤维采用标准纸页成形法抄成纸页。SEM分析如图2.18所示，图（a）中未负载TiO₂的纤维表面光滑，（b）~（e）是分别负载2.5%、9%、13%、21% TiO₂的纸页SEM图（其中 2.5%、9%、13%、21% 为TiO₂/纤维的重量比），可以看出纳米TiO₂在纤维表面均匀分布，随（TiO₂/纤维）比例的增加，纸页孔隙中的TiO₂含量增加，TiO₂纳米颗粒呈球形，粒径为10~20nm。在水热合成TiO₂过程中未添加纤维，TiO₂纳米颗粒会相互絮聚生成大的团聚体。

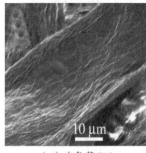  

　　（a）未负载 TiO₂　　（b）TiO₂ 负载的量分别为 2.5%　　（b）TiO₂ 负载的量分别为 9.0%

（d）TiO₂ 负载的量分别为 13.0%　　　　（e）TiO₂ 负载的量分别为 21%

（f）水热合成过程中未添加纤维，形成 TiO₂ 团聚体

图 2.18　负载不同量 TiO₂ 纸页的 SEM 形貌

由于纤维表面存在大量的羟基，可以通过氢键作用形成 Ti—O 链接，这样可在纤维表面形成 TiO₂ 晶核，随着水热反应的进行，TiO₂ 晶核逐渐长大，形成 TiO₂ 纳米颗粒，如图 2.19 所示。在这个过程中，TiO₂ 与纤维间形成稳定的链接，未形成链接的 TiO₂ 在清洗过程中会被除去，且 TiO₂ 在纤维表面可获得均匀分布，不存在颗粒聚集生成大絮体的现象，另外通过原位合成这种固定方式，TiO₂ 可获得高达 50%~90% 的留着率[12]。

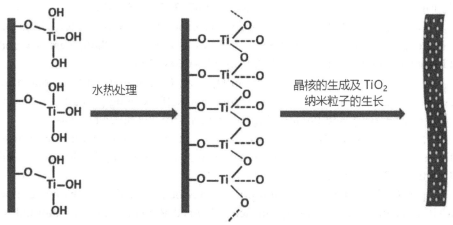

图 2.19　纤维表面 TiO₂ 晶核的形成及 TiO₂ 纳米粒子生长

TiO₂的原位合成法固定既可采用TiO_2颗粒作为前驱体，也可以采用有机金属盐类作为前驱体。当以有机金属盐类作为前驱体时，TiO_2的留着率可高达90%，而TiO_2粉末作为前驱体，其留着率仅为50%，但有机金属盐类价格较高，造成TiO_2的固定成本较高。

参考文献

[1] Madani M , Guillard C, Pérol N, et al. Photocatalytic degradation of diuron in aqueous solution in presence of two industrial titania catalysts, either as suspended powders or deposited on flexible industrial photoresistant papers. Applied Catalysis B:Environmental, 2006, 65(1-2):70-76.

[2] 祝红丽. 纳米TiO_2晶相组成的优化及光催化活性纸的研究. 广州：华南理工大学，2009

[3] Li H, Fu S Y, Peng L C.Surface modification of cellulose fibers by layer-by-layer self-assembly of lignosulfonates and TiO_2 nanoparticles: Effect on photocatalytic abilities and paper properties. Fibers and Polymers, 2013, 14(11):1794-1802.

[4] Uğur SS, Sariişik M , Aktas AH.The fabrication of nanocomposite thin films with TiO_2 nanoparticles by the layer-by-layer deposition method for multifunctional cotton fabrics. Nanotechnology, 2010,21(32):325603.

[5] Pinto Ricardo, MarquesPaula AAP, MartinsManuel A, et al. Electrostatic assembly and growth of gold nanoparticles in cellulosic fibres. Journal of Colloid and Interface Science, 2007, 312(2): 506-512.

[6] Uddin MJ. Cesano F, Bonino F, et al. Photoactive TiO_2 films on cellulose fibres: synthesis and characterization. Journal of Photochemistry and Phototechnology A:Chemistry, 2007, 189(2-3): 286-294.

[7] Uddin MJ, Cesano F, Scarano D, et al. Cotton textile fibres coated by Au/TiO_2 films: Synthesis, characterization and self cleaning properties. Journal of Photochemistry and Photobiology. A: Chemistry, 2008, 199(1): 64-72.

[8] Dong B H. Hinestroza J P. Metal nanoparticles on natural cellulose fibers: electrostatic assembly and in situ synthesis. ACS Applied Materials and Interfaces. 2009, 1(4): 797-803.

[9] Wu D, Fang Y. The asdorption behavior of p-hydroxybenzoic acid on a silver-coated filter paper by surface enhanced Raman scattering. Journal of Colloid and Interface Science, 2003,265(2): 234-238.

[10] He J H, Kunitaka T, Nakao A. Facile in situ synthesis of noble metal nanoparticles in porous cellulose fibers. Chemistry Materials, 2003, 15(23): 4401-4406.

[11] Fernández A, Soriano E, López-Carballo G, et al. Preservation of aseptic conditions in absorbent pads by using silver nanotechnology. Food Research International, 2009, 42(8): 1105-1112.

[12] Chauhan I, Mohanty P. Immobilization of titania nanoparticles on the surface of cellulose fibres by a facile single stephydrothermal method and study of their photocatalytic and antibacterial activities. RSC Advance., 2014, 4(101): 57885-57890.

第 3 章

TiO$_2$ 及改性 TiO$_2$
纸基催化材料

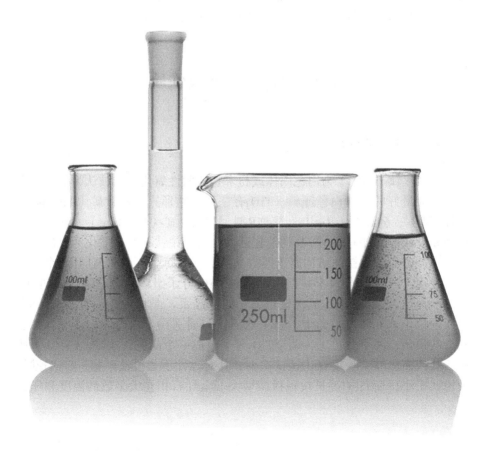

1972年，Fujishima和Honda首先报道了利用二氧化钛（TiO_2）做单晶电极用来分解水制备氢气的光催化反应，从此，半导体多相光催化反应引起了各国研究者的关注。1976年，加拿大科学家Carey等将TiO_2光催化应用于降解剧毒的多氯联苯的研究，揭开了半导体光催化应用于环境保护过程的序幕。在众多的光催化剂材料中，纳米TiO_2具有高效性、廉价和实用性强等优点，成为理想的光催化剂之一。TiO_2作为光催化材料具有对人体无毒、能耗低、操作简单、反应条件温和、化学稳定性良好和光催化效率较高等特性，是在纸基催化材料制备过程中研究最多、应用最广泛的催化材料。

TiO_2纸基催化材料在有害有机物的矿化、消毒杀菌等方面得到了广泛研究。目前，世界上三家提供商业纸基催化材料的公司均采用TiO_2作为催化材料。但TiO_2存在光响应范围窄和量子效率低等缺点，难以获得高催化活性的纸基催化材料。为进一步提高其光催化性能，研究者主要从减少光生电子-空穴的复合几率和提高太阳能的利用效率两方面对TiO_2进行修饰改性，主要改性方法有贵金属沉积改性、共轭聚合物改性、与ZnO复合等方法，由此产生了Ag/TiO_2纸基催化材料、TiO_2/SiO_2纸基催化材料、ZnO/TiO_2纸基催化材料、以聚合物$/TiO_2$复合材料为催化材料等类型。其中ZnO/TiO_2纸基催化材料的制备及催化抗菌效果将在第4章ZnO纸基催化材料部分详细介绍。

3.1 TiO_2 的结构及性质

3.1.1 TiO_2结构

二氧化钛（TiO_2）为白色固体或粉末状的两性氧化物，被认为是现今世界上性能最好的一种白色颜料。TiO_2有三种矿物形式：锐钛矿（Anatase，简称A型）、金红石（Rutile，简称R型）和板钛矿（Brookite）。其中金红石型和锐钛矿型TiO_2具有较高的催化活性，尤以锐钛矿型光催化活性最佳。

锐钛矿二氧化钛的结构属于四方晶系，其中每个八面体与周围8个八面体相连接（4个共边、4个共顶角），4个TiO_2分子组成一个晶胞，如图3.1（a）所示。金红石相二氧化钛也属于四方晶系，晶格中心为Ti原子，6个氧原子位于八面体的棱角上，每个八面体与周围10个八面体相连（其中有八个共顶角，两个共边），两个TiO_2分子组成一个晶胞，如图3.1（b）所示。其八面体畸变程度要比锐钛矿小，其对称性不如锐钛矿相，Ti-Ti键长较锐钛矿小，而Ti-O键长较锐钛矿型大。金红石相在大多数的温度和压力下都比较稳定。板钛矿属斜方晶系，O形成歪曲的四层最紧密堆积，层平行（100）晶面，Ti在八面体空隙中，每个[TiO$_6$]八面体有三个棱角同周围三个[TiO$_6$]八面体共用，这些共用的棱角比其他棱角要短些，Ti微偏离八面体中心，形成歪曲的八面体。[TiO$_6$]八面体平行c轴组成锯齿形链，链与链平行（100）联结成层（图3.2）。板钛矿相晶体结构很不稳定，所以在自然界中存在比较稀少，在光催化反应中多使用锐钛晶型或锐钛晶型与金红石型的混合晶体。

三种晶相中金红石相最稳定，锐钛矿相和板钛矿相经过加热处理后会发生不可逆的放热反应，最终转变为金红石相。

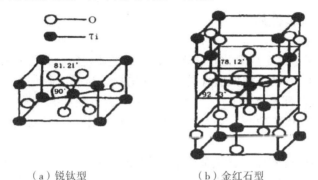

（a）锐钛型　　　　　　（b）金红石型

图3.1　锐钛型和金红石型TiO$_2$的晶相结构（）

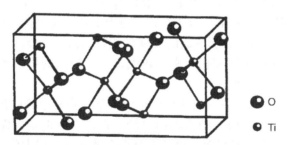

图3.2　板钛型TiO$_2$的晶相结构

三种矿物结构的TiO$_2$晶体参数见表3.1。

表3.1　TiO$_2$的晶型参数

性质	锐钛矿相	金红石相	板钛矿相
晶系	四方晶系	四方晶系	斜方晶系
晶格常数（Å）	a=4.594 c=2.959	a=3.784 c=9.515	a=0.184 b=5.447 c=5.154

性质	锐钛矿相	金红石相	板钛矿相
分子数/晶胞	2	2	4
Ti-O键长（Å）	1.949（4） 1.980（2）	1.937（4） 1.965（2）	1.87~2.04
O-Ti-O键角	81.2° 90.0°	77.7° 92.6°	77.0°~105°
密度	3.8~3.9	4.2~4.3	3.99

3.1.2 TiO$_2$性质

TiO$_2$属于过渡金属氧化物，无毒，化学性质稳定，常温下几乎不与其他物质发生反应，是一种偏酸性的两性氧化物。与氧、硫化氢、二氧化硫、二氧化碳和氨都不起反应，也不溶于水、脂肪酸和其他有机酸及弱无机酸，微溶于碱和热硝酸，只有在长时间煮沸条件下才能完全溶于浓硫酸和氢氟酸。

TiO$_2$的相对密度与其结晶形态、粒径大小、化学组分有关。金红石相是其最稳定的结晶形态，致密的结构使其与锐钛矿相比具有更高的硬度、密度、介电常数与折光率。锐钛矿型TiO$_2$的相对密度 3.8~3.9g/cm^3，金红石型TiO$_2$的相对密度为 4.2~4.3g/cm^3。由于金红石相单位晶格由两个TiO$_2$分子组成，与由4个TiO$_2$分子组成的锐钛矿相TiO$_2$相比，金红石相单位晶格较小且更紧密，其稳定性和相对密度较大，具有较高的折射率，介电常数较高，而其热传导性较低。

TiO$_2$介电常数较高，具有优良的电学性能。在外电场的作用下，其离子之间相互作用，形成极强的局部内电场。在这个内电场的作用下，离子外层电子轨道会发生强烈变形，离子本身也会随之发生很大位移。TiO$_2$晶型所含的微量杂质等都会对其介电常数产生很大影响。金红石型的介电常数随TiO$_2$晶体的方向不同而不同：当与C轴相平行时，介电常数为180；呈直角时为90；其粉末的平均值为114，锐钛型TiO$_2$的介电常数为48。

3.2 TiO₂ 的光催化作用

3.2.1 TiO₂的光催化机理

目前光催化氧化作用机理比较成熟的是基于半导体能带理论的电子–空穴作用原理。半导体的能带结构基本与绝缘体相似，由充满电子的低能价带和空的高能导带组成，低能价带与高能导带之间的不连续区域为禁带，导带与价带之间的禁带较窄，可依靠热激发，把价带中的电子激发到本来是空的导带中，因此具有了导电的能力。相临两个能带之间的能量差就是禁带宽度，也称为带隙能，禁带宽度决定了半导体的激发波长。在光照条件下，如果光子的能量大于半导体禁带宽度，其价带上的一个电子（e⁻）就会被激发，越过禁带进入导带，同时在价带上产生相应的空穴h⁺。光生电子具有很强的还原能力，而光生空穴具有很强的氧化能力，它们可以直接复合释放出热能，也可迁移到半导体表面的不同位置，与表面的俘获位结合或与表面吸附的电子给体、受体发生氧化还原反应。电子–空穴作用示意图如图3.3所示。

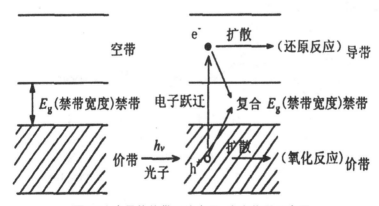

图3.3　半导体能带理论电子–空穴作用示意图

TiO₂是n型宽能带半导体材料，其价带由Ti的3d轨道和与之杂化的O的2p轨道组成，而导带只有Ti的3d轨道。三种晶型锐钛矿相、金红石相和板钛矿相的禁带宽度分别是 3.2eV、3.02eV 和 2.96eV。半导体禁带宽度与光吸收阈值存在如下关系：

$$\lambda = \frac{hc}{E_g}$$

式中：λ为吸收截止波长，h为普朗克常数（6.63×10^{-34}J·S），c为真空中光速（2.998×10^8m/s）。

由此可以计算出金红石相与锐钛矿相的吸收截止波长分别为413nm和387nm，皆处在紫外光波段，因此TiO_2只能被紫外光激发。当用能量大于TiO_2禁带宽度的光照射TiO_2时，其价带上的电子会被激发进入导带，形成带负电的高活性电子（e^-），同时在价带上形成带正电的空穴（h^+），即光生电子–空穴对。由于TiO_2能带的不连续性，其电子–空穴对的寿命较长（ps级）。

这些光激发产生的电子–空穴对有的在短时间内发生了复合，使光能以热能或其他形式散发掉；有的光生电子或空穴可在电场作用下或通过扩散的方式运动，与吸附在TiO_2表面的物质发生氧化还原反应，或者被表面晶格缺陷所捕获。空穴的电势大于3.0eV，高于一些常用的氧化还原电极电势，有很强的氧化性，能够与吸附在催化剂粒子表面的OH^-或者H_2O发生反应，生成具有强氧化性的羟基自由基（·OH）。光生电子也能与TiO_2表面的O_2发生作用生成超氧自由基（·O_2^-）和超氧化氢自由基（·HO_2）等活性氧类自由基参与氧化还原反应。这些自由基都是氧化性很强的活泼自由基，可以将多种有机物及少部分无机物氧化为CO_2和H_2O等无机小分子。其光催化机理如图3.4所示，反应式如下：

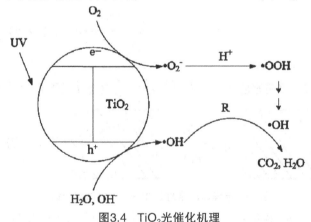

图3.4　TiO_2光催化机理

$TiO_2 + hv \rightarrow TiO_2\,(\,e^-,\,h^+\,)$

$e^- + h^+ \rightarrow heat$

$h^+ + H_2O \rightarrow \cdot OH + H^+$

$h^+ + OH^- \rightarrow \cdot\,OH$

$$e^- + O_2 \rightarrow \cdot O_2^-$$

$$\cdot O_2^- + H^+ \rightarrow HO_2 \cdot$$

$$2HO_2 \cdot \rightarrow O_2 + H_2O_2$$

$$H_2O_2 + \cdot O_2^- \rightarrow \cdot OH + OH^- + O_2$$

$$R + \cdot OH（HO_2 \cdot 或 \cdot O_2^-）\rightarrow CO_2 + H_2O + 无机小分子$$

迁移到表面的光生电子和空穴即能参与光催化反应，同时也存在着电子和空穴复合的可能，如果没有适当的电子和空穴俘获剂，储备的能量在几个毫微秒之内就会通过复合而消耗掉。如果选用适当的俘获剂或表面空位来俘获电子或空穴，复合过程就会受到抑制，从而顺利发生氧化还原反应。因此，电子结构、吸光特性、电荷迁移、载流子寿命及载流子复合速率的最佳组合是影响催化活性的至关重要的因素。

3.2.2 TiO$_2$光催化作用的影响因素

TiO$_2$的光催化性能受其表面积大小，表面对电子和空穴的捕获并使其有效分离的能力，电荷从TiO$_2$表面向目标反应物转移能力等因素的影响。晶体结构、晶格缺陷、晶粒尺寸、比表面积、表面羟基及载流子捕获剂等因素会影响其光生电子和空穴的复合几率，从而影响TiO$_2$的光催化活性，而溶液的pH值则会影响目标反应物在TiO$_2$表面的电荷从其表面向目标反应物转移能力。

1. 晶体结构

在TiO$_2$三种晶型中，板钛矿型属亚稳态晶型，研究很少。金红石型和锐钛矿型组成结构的基本单位是TiO$_6$八面体，但八面体畸变程度和八面体间相互连接的方式不同。锐钛矿的禁带宽度为3.2eV，稍大于金红石型TiO$_2$（Eg=3.0eV），两者价带位置相同，但锐钛矿导带电位较金红石型低0.2eV，使其电子产生的电子更活泼，还原性更强；锐钛矿晶格中含有较多的缺陷和位错，能产生更多的氧空位来捕获电子，使光生电子和空穴较易分离；锐钛矿型表面吸附H$_2$O、O$_2$及OH$^-$的能力较强，在光催化反应过程中，可有效阻止电子与空穴对的复合，提高其光催化活性；在结晶过程中锐钛矿晶粒通常具有较小的尺寸及及较大的比表面积；而金红石型晶体是一种高温稳定相，一般是由锐钛矿相经600～1000℃高温煅烧得到，晶体的缺陷少，表面活性基团（Ti^{3+}、OH$^-$）的减少，使得其光催化活性变小；高温热处理会造成粒子的大量烧结，引起金红石相比表面积的显著下降，对O$_2$吸附能力差，缺少相应的光生载流子的俘获剂，光生电子和空穴容易复合，导致金红石型晶体的催化活性降低。

单一锐钛矿和单一金红石相的光催化活性均较差，但若在锐钛矿样品中存在少量的金红石晶相可以大幅提高材料的光催化效率。这可能是由于锐态矿型与金红石型TiO_2以一定比例共存时，相当于存在两种半导体，构成了复合导体，可使光生空穴和电子有效分离，减少其复合的几率。另外，金红石TiO_2具有较高的光利用率，因此二者的混晶型物质在光催化性能方面的表现比单一晶型物质要好。研究发现，当锐钛矿型TiO_2中混有少量金红石型TiO_2（锐钛矿型和金红石型的晶相比为9：1）时，TiO_2的光催化活性最佳。商业化生产的光催化剂TiO_2样品Degussa P-25就是由75%的锐钛矿和25%的金红石型组成的。

2. 晶格缺陷

晶格缺陷是光催化反应中的活性中心，当微量杂质元素掺入晶体中时，可形成杂质置换缺陷。在TiO_2晶体表面的Ti^{3+}-v（空位）缺陷是将H_2O氧化为H_2O_2过程的活性中心。锐钛型TiO_2中缺陷点的Ti^{3+}-Ti^{3+}的间距为0.259nm，比无缺陷金红石型晶体中Ti^{4+}-Ti^{4+}的间距（0.459nm）小得多，因而使得所吸附的活性羟基的反应活性增加。此外，晶格缺陷能够提高TiO_2的费米能级，增加表面能量壁垒，使电子-空穴对在体相和表面的复合几率减小。但过多的缺陷也可能成为电子-空穴的复合中心，反而会降低反应活性。

3. 晶粒尺寸

TiO_2晶粒的粒径越小，单位质量粒子数越多，表面积也就越大，有利于光催化反应在表面上进行，因而光催化反应速率和反应效率也跟着提高。与体相TiO_2比较，纳米级TiO_2半导体材料产生的量子尺寸效应会使其导带和价带能级变得更为分立，当颗粒尺寸为1~10nm时，会出现量子尺寸效应，使吸收波长蓝移，禁带宽度变宽，导带电位更负，价带电位更正，从而具有更高的光催化氧化还原能力。

此外，光生电子或空穴从催化相内部扩散到催化剂表面发生氧化还原反应的时间与颗粒半径的平方成正比，TiO_2粒子越小，载流子到达表面的时间越短，体内复合几率就越小，到达晶体表面被吸附反应物所俘获的几率也就越大，催化活性越高。例如，在粒径为1mm TiO_2的粒子中，电子从体内扩散到表面的时间约为100 ns，而在粒径为10 nm 的微粒中扩散时间只有10 ps。但随着TiO_2粒径的减小，光生电子空穴生成后距离表面的距离非常近，它们非常容易迁移到催化剂表面，而又由于催化剂表面存在大量的捕获空位，同时还缺少抑制复合的外力，故而造成光生电子和空穴在催化剂表面快速复合，从而降低催化剂效率。因此，最佳粒径大小的定位是光生电子和空穴体内复合、体表复合、迁移速率、光吸收能力、晶体缺陷及比表面积等综合竞争的结果，不可能依靠粒径的不断减小来无限提高纳米TiO$_2$的光催化效率。

3. 溶液pH值

溶液中的pH对TiO$_2$光催化性能会产生很大的影响，TiO$_2$是一种两性氧化物，在水溶液中能够与水作用形成钛醇键，使其表面形成大量的羟基，这种钛醇键是二元酸，在不同的pH值下存在以下的酸碱平衡：

$$TiOH_2^+ = TiOH + H^+，pK（TiOH_2^+）=2.4$$
$$TiOH = TiO^- + H^+，pK（TiOH）=8.0$$

TiO$_2$的等电点（pHzpc）是pH=6.5，当溶液 pH<pHzpc时，TiO$_2$发生表面质子化，同时质子化的TiO$_2$表面带正电荷，有利于光生电子向表面迁移，与吸附的O$_2$反应，抑制了电子与空穴的复合，从而提高了反应速率；当溶液 pH>pHzpc时，溶液中大量OH$^-$存在，TiO$_2$表面带负电荷，有利于光致空穴向TiO$_2$表面迁移，与表面吸附的H$_2$O、OH$^-$等反应产生·OH，使得光催化氧化反应易于发生，从TiO$_2$作为催化剂的角度来看，高pH值和低pH值都有可能提高光催化速率。

另外，不同pH值下，TiO$_2$各种形态存在的比例不同：

TiOH≥80%，3<pH<10；

TiO$^-$≥20%，pH>10；

TiOH$_2^+$≥20%，pH<3。

在水溶液中，pH值的变化会影响TiO$_2$的带电状态，另外pH值还会影响到目标反应物的带电状态，从而影响目标反应物在TiO$_2$表面的吸附作用，反应物越易吸附在TiO$_2$表面则越有利于发生光催化反应，因此，不同的有机物降解有不同的最佳pH值。

4. 其他因素

在光催化反应过程中，当催化剂表面的晶格缺陷等其他因素相同时，表面积越大，反应物在催化剂表面的吸附量越大，催化活性就越强，表面积是决定反应基质吸附量的重要因素。但是当催化剂的热处理不充分时，大表面积的粒子往往也存在更多的复合中心，会出现活性降低的情况。

二氧化钛光催化反应发生在催化剂表面，其表面的羟基和三价钛对其催化性能有重要影响，光催化剂颗粒表面含有较多羟基时，空穴可以和颗粒表面的羟基作用，生成羟基自由基（h$^+$+OH$^-$→·OH），从而直接影响其光催化效果。TiO$_2$表面具有钛羟基Ti-OH，经热处理高价Ti被还原成三价钛或更低价钛，钛羟基减少，影响TiO$_2$光催化活性。

TiO$_2$光催化反应过程中，水可以和光生电子、空穴在TiO$_2$表面发生反应而生成·OH，表面吸附水和羟基自由基能对催化剂的光反应起到非常关键的作用，研究表明，TiO_2的光反应效率和表面水吸附量及羟基吸附量成线性关系。在黑暗条件下，TiO_2表面由于吸附某些有机物分子，处于疏水状态，而在光照条件下，其表面可吸附水分子，并产生·OH，使吸附的有机物分解，使其表面表现出亲水性，因此TiO_2表面的亲水性对其催化效果有显著影响。

在反应液中投加O_2、O_3或H_2O_2等电子捕获剂，可捕获光生电子，降低光生电子和空穴的复合。O_2很容易吸附在TiO_2粒子的表面，作为电子受体接受光生电子，形成$·O_2^-$及$·O_2^{2-}$等活性氧自由基，使得电子与空穴的复合几率大为减少。H_2O_2能作为电子的受体与电子作用，生成·OH，可提高TiO_2的光催化活性；但H_2O_2同时会消耗·OH，而且也能与空穴作用，生成O_2或$·O_2H$，$·O_2H$既能作为活性氧类与有机物作用，但同时又会消耗·OH，对光催化反应不利，所以，H_2O_2对光催化反应的影响是多方面的，其添加量存在一个最佳值，过高或过低都会影响TiO_2的光催化活性。

3.2.3 提高TiO_2光催化效率的方法

目前，以TiO_2半导体光催化剂为基础的光催化技术还存在着一些关键的技术难题，主要表现在：

（1）二氧化钛作为光催化剂，其太阳能利用率较低，二氧化钛半导体禁带宽度比较大（锐钛矿为3.2eV），激发波长为387nm，只能吸收太阳光中的紫外光部分，不能利用太阳光中的可见光部分，而在太阳能全部辐射中，波长为0.15~4μm的占99%以上，且主要分布在可见光区（0.4~0.76μm）和红外区（>0.76μm），可见光占太阳辐射总能量的约50%，紫外区的太阳辐射能很少，只占总量的约4%～5%，因此拓展TiO_2的光吸收范围，是需要解决的重要问题之一。

（2）纯TiO_2光催化材料在光激发后产生的光生电子–空穴对复合重组速率较高，导致其量子效率较低（约为4%）。同时，光催化反应过程在TiO_2表面发生，在非均相反应中必然涉及物质的传递过程，而TiO_2低吸附能力也必然会影响其光催化的能力，不能达到理想的光催化效果。因此提高TiO_2光催化效果的关键在于拓宽TiO_2的光响应范围，使光吸收波长扩展到可见光区域，从而提高太阳能的利用率；提高TiO_2光催化反应过程中光生载流子的分离效率和转移速率，提高TiO_2的表观量子效率。

学者们通过以下方法来提高TiO_2光催化活性：①通过掺杂/复合等途径对二氧化钛进行改性，减小禁带宽度，拓宽光响应范围，使它的光吸收范围拓展到可见光区域；②加入电子或空穴捕获剂来抑制阻止光生电子—空穴对的复合，从而提高量子利用效率；③制备特殊形貌结构的TiO$_2$，通过提高光催化剂的物理性能来提高光催化活性。在TiO$_2$催化纸的制备过程中，也可以通过这些方法来提高TiO$_2$的催化活性，从而提高催化纸的催化活性。

1. 贵金属沉积

贵金属在半导体纳米颗粒上的沉积提高光催化性能的机理，可解释为贵金属充当电荷载流子的势阱，并促进界面电荷的转移过程，常用的沉积贵金属有Au、Ag、Pt等，其电荷转移过程如图3.5所示。贵金属的费米能级低于TiO$_2$的费米能级水平，且电子密度小于 TiO$_2$的导带密度。在 TiO$_2$和贵金属之间的界面处形成肖特基势垒，导致光生载流子重新分布，即光生电子将通过肖特基势垒从TiO$_2$中快速迁移到贵金属上，直到它们的费米能级相等，而在TiO$_2$价带中仍保留光生空穴，有利于电子和空穴的分离。如图3.5所示，贵金属在半导体表面所占的面积很小，半导体表面绝大部分是裸露的，金属多以原子簇形成沉积在半导体表面。沉积贵金属粒子的颗粒大小、分散程度和沉积量都会影响光催化性能，研究表明，当金属颗粒尺寸小于2nm 时，贵金属/TiO$_2$复合材料显示出优异的光催化行为。当金属颗粒浓度太高时，在TiO$_2$颗粒表面覆盖比例过高，导致TiO$_2$对光的吸收降低，产生的光生电子和空穴数量减少，金属颗粒会成为电子与空穴快速复合中心，增大光生载流子的复合几率，反而降低催化效率，比如Pt在TiO$_2$表面的最佳沉积量为1% 左右。

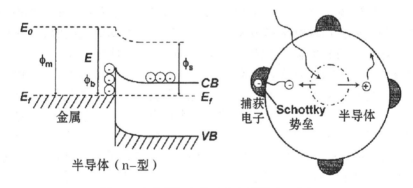

图3.5　贵金属沉积体系中电子转移示意图

此外，由于贵金属的表面等离子共振效应使TiO$_2$具有很好的可见光响应。当入射光照射到金属纳米粒子表面，入射光就会与金属纳米粒子之间发生作用，当光的电磁场频率与电子的等离子体振荡频率相等时会发生共振，这就是表面等离子体共振（Surface Plasmon Resonance，SPR）。由于产生的表面等离子体波被局限在贵金属纳米结构的附近，因此又被称之为局域表面等离子体共振（LSPR）。金属纳米粒子可被看成是由带正电的核和带负电的自由电子组成的，当纳米粒子表面受到入射光电磁波的作用时（入射光波长远大于纳米粒子大小），核向正电的区域移动，电子云向带负电的区域移动，即电子密度在金属纳米粒子一侧减弱，而在另一侧增强，导致了贵金属纳米粒子局部区域的电子分布不均匀。当电子云远离核时，电子与核之间会产生库仑引力，使电子向相反的方向移动以达到电荷的重新平衡分布。重新分布的电荷在金属纳米粒子的内部和外部创立了一个与入射光电磁场方向相反的电场，导致电子在入射光电磁波的作用下产生纵向震荡。当金属纳米颗粒表面发生LSPR时，会对振荡频率相当的光子能量产生很强的吸收作用或福射出与电子振荡频率相同的电磁波，并且在金属纳米粒子表面的近场区域发生局部电磁场增强现象。

在可见光激发下，能产生表面等离子体共振的金属主要有贵金属金、银、铂，非贵金属铜以及碱金属等。铂只有在特定波长激发下才能产生表面等离子体共振，铜虽然在紫外可见光区域也具有极强的吸收，然而由于铜的稳定性差，很少用于构建表面等离子体光催化材料。碱金属由于稳定性较差、容易被氧化等特点，在实验中难以制备和保存，从而限制了其应用。金和银纳米颗粒的等离子体共振吸收和散射均位于可见光区，性质相对较稳定，比较容易制备得到，Ag和Au成为了目前在表面等离子体光催化材料体系中研究和使用最多的贵金属。

Ag、Au纳米粒子SPR效应产生的强局域电磁场能极大地提高与之紧密复合的半导体的光激发，分别产生SPR和光生电子-空穴对，Ag、Au纳米粒子产生的表面强局域电磁场极大地提高了邻近半导体的光吸收，从而显著提高半导体中的光生载流子浓度，表现出更高的光催化活性。其次，Ag、Au纳米粒子的SPR效应能敏化宽带隙半导体，从而获得可见光驱动的光催化活性。当Ag、Au纳米粒子与n型宽带隙半导体相结合形成的复合光催化剂中，可见光直接激发Ag、Au纳米粒子产生热电子，部分热电子的能量可以高达足以越过金属-半导体界面的Schottky势垒进入半导体的导带，从而驱动化学反应的进行。此外，SPR效应还使其具有较高的光热转换效率，能够提高光催化剂的表面局部温度，活化有机分子，加快反应速率。

贵金属表面等离子体共振效应，不仅取决于金属的种类，还取决于材料的微观结构特性，例如组成、形状、结构、尺寸等。不同形貌和大小的贵金属纳米颗粒具有不同表面等离子共振的位置、宽度和峰形，因此可通过调节贵金属纳米颗粒的形貌和尺寸来调节表面等离子体共振效应。通过各种不同的制备方法得到不同形貌（如球形、椭球形、空心结构、纳米管、纳米棒、纳米线、核壳结构等）的纳米粒子，通过改变形貌来调控纳米颗粒的表面等离子体共振效应，调整了其对可见光的吸收。

由此可见，二氧化钛负载金属纳米离子（如Ag、Pt等）可明显提高其光催化活性，而若同时负载两种贵金属可进一步提高其光催化性能，Yamauchi等发现CuPt/TiO$_2$纳米粒子的催化性能明显高于Pt/TiO$_2$纳米粒子，Shiraishi等人则报道相对于Pd@TiO$_2$，PdPt@TiO$_2$的催化效率可提高3倍以上。

2. 非金属元素掺杂

非金属元素掺杂能降低TiO$_2$的带隙能级，使其吸收光由紫外光区域扩展到可见光区域，具有可见光响应，提高TiO$_2$对太阳能的利用效率。常用于掺杂二氧化钛的非金属元素有N、C、S、F等。但掺杂元素在TiO$_2$晶粒中同时会增加光生电子和空穴的复合中心，只有在掺杂元素溶度较低时才能有效增强二氧化钛的光催化活性。2001年，日本学者Aashi等对N掺杂TiO$_2$的制备方法及应用进行了综述，提出由于N掺杂，使N的2P轨道与O的2P轨道混合，价带上移导致带隙变窄，禁带宽度由3.2eV减小为2.5eV，因此，掺杂后的二氧化钛不仅保留了紫外区的本征吸收，在可见光照射下价带电子也能被有效激发，使其有效吸收波长扩展到小于500nm的可见光范围，大大提高了TiO$_2$的光催化活性，N掺杂后TiO$_2$的能级结构示意图如图3.6所示[1]。学者们还研究了利用C/N、S/N、F/N和C/N/S共掺杂改性TiO$_2$，研究结果表明，在共掺杂的协同作用下，多种非金属元素共掺杂改性的TiO$_2$催化剂具有更高的可见光光催化活性。

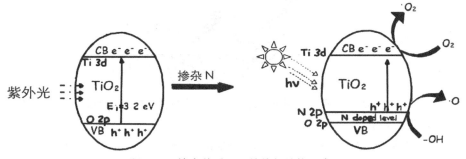

图3.6　N掺杂前后TiO$_2$的能级结构示意图

3. 半导体复合

将两种或两种以上不同禁带宽度的半导体进行复合可得到异质结复合光催化剂，具体可分为n-n、p-p、p-n三种异质结。常见n型半导体材料有TiO$_2$、ZnO、CdS等，常见p型半导体材料有NiO、Cu$_2$O、SnO$_2$等。不同半导体之间由于价带、导带和禁带宽度的差异而产生能级重叠，若具有能够匹配的能级，就可形成异质结，产生的光生载流子因为异质结的存在而发生转移和分离，可有效抑制光生电子和空穴的复合，提高光催化效率。研究发现，各种复合半导体光催化材料如TiO_2-CdS、TiO_2-Fe_2O_3、TiO_2-Cu_2O等，与单一组分的半导体相比都表现出更好的光催化活性。

图3.7是在太阳光下TiO_2-CdS复合半导体中电荷转移示意图。TiO_2禁带宽度较大，只能吸收太阳光中的紫外光部分；硫化镉（CdS）禁带宽度较窄，带隙能为2.5eV，可吸收可见光，但其化学性质不稳定，易发生光腐蚀。TiO_2与CdS复合可得到一种异质结型复合光催化剂，显著提高TiO_2的光吸收及光催化活性。当以足够的能量辐射，CdS和TiO_2都被激发，产生电子-空穴对。由于内在电场的作用及能级的差异，使得CdS导带上的电子转移到TiO_2导带上，而TiO_2价带上的空穴转移到CdS价带上，使光生电子和空穴得到有效分离，提高了复合半导体催化剂的光催化活性。当激发能不足以激发光催化剂中的TiO_2，却能激发CdS时，由于TiO_2导带比CdS导带电位高，使得CdS上受激产生的电子更易迁移到TiO_2的导带上，激发产生的空穴仍留在CdS的价带，这种电子从CdS向TiO_2的迁移有利于电子-空穴的分离，从而提高光催化的效率。分离的电子及空穴可以自由地与表面吸附质进行交换，发生光催化反应。

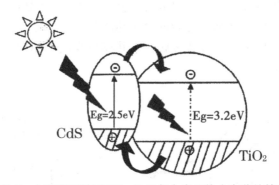

图3.7　太阳光照射下TiO_2-CdS复合半导体中电荷的转移

4. 染料敏化

半导体光敏化处理是通过将光活性化合物（dye）以物理吸附或化学吸附的方式连接至光催化剂表面，使宽禁带半导体光催化剂TiO_2表面光敏化，提高光催化剂激发过程的效率和扩大激发波长。染料敏化半导体的光催化过程为：光活性化合物首先在半导体表面发生吸附；然后，光活性化合物接受辐照被激发产生光生载流子，光生电子由光活性化合物迁移至半导体导带；并由半导体导带再次迁移至半导体表面，与吸附的目标反位物进行光催化反应，在上述过程中，只有激发态光活性化合物的氧化能级低于半导体的导带能级，才能够实现光生电子由光活性化合物向半导体导带的迁移。一般地，用于光敏化的敏化剂需具备如下条件：较大的可见光波段的吸收能力；与半导体较好的结合性能，有利于激发电子向半导体导带的注入；应具有足够高的氧化/还原电位，有助于敏化剂的快速再生；足够的稳定性，在自然光照射下保持稳定。目前已经商品化的光敏化染料包括N719、N3、Z907等。

5. 过渡金属掺杂

适当的过渡金属离子掺杂可以加强TiO_2在可见光区的吸收范围和吸收强度，过渡金属有第一系列过渡金属，第二系列过渡金属和第二、六副族金属。掺杂后TiO_2的光催化活性与掺杂离子的种类、浓度、制备方法以及后处理等多种因素都有关系。杂质金属掺入TiO_2后，改变了TiO_2相应的能级结构。杂质离子能级不仅可以接受TiO_2价带上的激发电子，还可以吸收光子使电子跃迁到TiO_2的导带上。同时，TiO_2导带上的光生电子和价带上的光生空穴也能被杂质能级俘获，使电子和空穴有效分离，从而降低了电子—空穴的复合几率，延长了载流子的寿命，使单位时间单位体积的光生电子和空穴的数量增多，载流子传递到界面发生氧化还原的机会也随之增多，提高了TiO_2光催化效率。同时，杂质离子也会成为电子—空穴的复合中心，因此应合理控制掺杂金属的量，过多的掺杂反而对光催化活性不利。

目前，以W^{6+}、Mo^{5+}、Fe^{3+}、Cu^{2+}、V^{5+}、Pb^{2+}、Cr^{6+}等离子拓展材料光响应范围的研究都已有报道。最常见的有Fe^{3+}离子。因为Fe^{3+}对电子的争夺，减少了TiO_2表面光生电子e^-和光生空穴h^+的复合，从而使TiO_2表面产生更多的·OH和·O_2^-，提高了催化剂的活性。另外，发现Fe^{3+}的掺入可增大TiO_2的激发波长：随掺入Fe^{3+}量的增加，TiO_2的激发波长增大，可由紫外光区扩展到可见光区，即吸收曲线随含Fe^{3+}量的增加发生红移。

3.3 TiO_2 纸基催化材料

TiO_2由于其化学性质稳定，耐酸碱和光化学腐蚀，无毒，且其对光的折射率高、白度高，在抄纸过程中可作为造纸填料，用于提高纸张的白度和不透明度，因此，TiO_2成为最早在纸基催化材料中充当催化剂的纳米催化材料，也是各种催化材料中研究最为广泛的半导体材料。

1995年，日本东京大学的Mutsubara等首先抄造出含TiO_2的纸基催化材料（也称为催化纸）并研究了其光催化降解性能。Mutsubara等将TiO_2溶胶作为造纸填料，通过湿部添加的方式加入硫酸盐针叶木浆料中，TiO_2添加量分别为2%、5%、10%，以聚丙烯酰胺（PAM）和聚醚酰亚胺（PEI）作为助留剂，Al(OH)$_3$溶胶作为黏合剂，在标准纸页成型器上抄造出含有TiO$_2$的纸页，在温度115℃下压榨干燥3min，纸张定量100g/m^2。扫描电镜（SEM）观察发现，粒径为7nm的TiO$_2$溶胶在助留剂（PAM+PEI）的作用下聚集成粒径0.1mm的团粒附着在针叶木纤维上（如图3.8所示）。

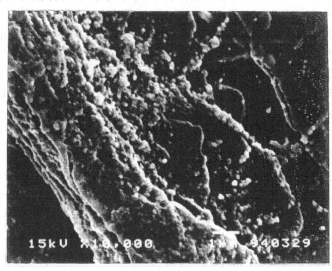

图3.8 加填量5%TiO$_2$纸基催化材料的SEM形貌

以该纸基材料为催化材料，在白色荧光灯下（光照强度为0.08mW/cm^2）对初始浓度为10ppm的乙醛气体进行光催化降解研究，发现乙醛气体得到有效降解，且随纸页中TiO$_2$含量的增加，乙醛的降解效率增大，反应复合一级反应动力学。为进一步研究该纸页的光催化性能，Mutsubara等将抄造所得纸页裁成3.4cm×3.2cm大小，并将0.14g Degussa P-25（一种高光催化效率的商品纳米TiO$_2$粉末）也均匀平铺在3.4cm×3.2cm面积上。用该纸基催化材料和Degussa P-25做光催化剂，在Hg-Xe灯照射下降解1000ppm的乙醛气体，其中光照波长为360nm，光照强度为0.5mW/cm^2，通过测定其量子产率来表征光催化降解效果（见表3.2）。反应在气相中进行，推测反应历程如下：

$$CH_3CHO + H_2O + 2h^+ \rightarrow CH_3COOH + 2H^+$$
$$CH_3COOH + 2H_2O + 8h^+ \rightarrow 2CO_2 + 8H^+$$

加填10% TiO$_2$的纸基催化材料具有最高量子产率（90%），按10%的加填量计算纸页中含有0.014g TiO$_2$，仅为粉末状P-25质量的1/10，但其量子产率要明显高于粉末状P-25，由此可见，纸页的三维空间结构为TiO$_2$负载提供了一个良好的载体，可有效避免以玻璃、陶瓷等作为固定TiO$_2$的载体时，由于与反应物的接触面积减少而导致其催化性能明显下降的弊端[2]。

表3.2 TiO₂纸基催化材料及P-25粉末降解气相乙醛的量子产率

样品	量子产率%		
	CH_3COOH	CO_2	总数
加填2%TiO₂纸基催化材料	14	10	24
加填5%TiO₂纸基催化材料	15	27	42
加填10%TiO₂纸基催化材料	58	32	90
P-25粉末	37	6	43

该实验是在较弱的紫外光下和Xe-Hg光源下进行光催化反应，光照强度较弱，Xe-Hg光源的波长为360nm，反应过程中发现纸页强度没有明显下降。如果光源采用较强的紫外辐射，纸页成形反应过程中沉积在植物纤维表面的TiO₂光催化反应不可避免会造成纤维的降解，且TiO₂是作为填料留着于纸页中，填料的存在会减少纸页中纤维间的氢键结合，加填量越大，纸页强度下降越明显。因此在光催化反应过程中，在保证纸页催化活性的基础上，如何保持纸页强度是纸基催化材料实际应用过程中需要解决的问题，这为今后纸基催化材料的发展和应用指明了研究方向。

3.3.1 TiO₂纸基催化材料的强度改善措施

纸基催化材料充分利用了纸页的空间网状结构，为光催化剂TiO₂的负载提供了良好的载体。纸页强度取决于纤维自身的强度和纤维之间的结合强度，提高纸页强度也主要从这两方面考虑。由于光催化反应没有选择性，在反应过程中不可避免地会造成作为TiO₂载体的纤维素和半纤维素等有机物的降解，从而使得纸基催化材料的强度降低。为了解决这个问题，提高纸基催化材料的耐久性，无机纤维被添加到纸料中作为TiO₂载体，减少在光催化降解过程中对纤维素、半纤维素等有机成分的降解，但无机纤维间不存在相互作用导致成纸的强度低；此外，在纸基材料的抄造过程中，无机溶胶（如氧化铝溶胶、二氧化钛溶胶、硅溶胶等）和有机胶乳增强剂（如ABS胶乳）作为无机纤维间的粘结剂加入纸料中，增大无机纤维间的粘结作用，从而增大纸页强度；还可通过增大压榨部的压榨压力，有利于纤维间形成更多的氢键结合，这些措施都有利于提高纸基催化材料的纸页强度。

1. 添加无机纤维的纸基催化材料

2003年，Iguchi等开始利用陶瓷纤维作为TiO₂载体抄造纸基催化材料，避免光催化降解过程对纤维素等有机物的损伤,添加无机纤维开始成为提高纸基催化材料强度的一项重要措施。无机纤维不仅对纸基催化材料强度有影响,作为光催化物质TiO_2的载体,对其光催化活性也有影响。常用的无机纤维有陶瓷纤维、活性碳纤维(ACF纤维)、碳化硅纤维(SiC纤维)三种,应用最为广泛的是陶瓷纤维。

陶瓷纤维为一种纤维状的轻质耐火材料,其安全使用温度可达600~1300℃。纤维直径一般为2~5mm,长度为30~250mm,纤维表面光滑,纤维呈圆柱形。陶瓷纤维具有低导热率、优良的热稳定性、低比热、化学稳定性好、耐机械振动等优点。

ACF纤维是继广泛使用的粉末活性炭、颗粒活性炭之后的第三代新型吸附材料,将某种含碳纤维(如酚醛基纤维、黏胶基纤维、沥青基纤维等)经过高温活化,使其表面产生孔径为纳米级孔隙,从而增加其比表面积,ACF纤维的微孔体积占总孔体积90%以上,比表面积可达到1000~3000m^2/g。ACF纤维具有比粒状活性碳更大的吸附容量和更快的吸附动力学速度,在液相、气相中对有机物和阴、阳离子吸附效率高,吸附和脱附速度快,可再生循环使用。同时ACF纤维耐酸、碱,耐高温,适应性强,导电性和化学稳定性好。ACF纤维很柔软,易弯曲,但其强度较低。

SiC纤维是以碳和Si为主要成分的一种陶瓷纤维。在形态上分为晶须和连续纤维两种。SiC晶须是尺寸细小的高纯单晶短纤维,直径一般为0.1~2mm,长度为20~300mm,外观是粉末状的。连续SiC纤维是一种多晶纤维,主要由气相沉积法(CVD)和先驱体转化法制得,将碳化硅包覆在W芯或C芯等芯丝上而形成的连续丝或纺丝和热解而得到纯碳化硅长丝,纤维柔韧,易弯曲,表面光滑。由于SiC纤维是由均匀分散的微晶构成,凝聚力很大,应力能沿着致密的粒子界面分散,因此具有优异的力学性能,在温度低于1000℃时,其力学性能基本没有变化;有优异的耐热抗氧化性能;SiC纤维耐化学腐蚀,在80℃下耐强酸(HCl、H_2SO_4、HNO_3),用30%的NaOH浸蚀20h后,纤维失重1%以下,其力学性能基本不变。

Iguchi等在纸基催化材料抄造过程中使用的为普通陶瓷纤维,即硅酸铝陶瓷纤维,其主要化学成分为SiO_2:45%~55%,Al_2O_3:40%~50%,还含有少量的Fe_2O_3、Na_2O和K_2O。在抄纸过程中,陶瓷纤维被切割成平均长度为0.5mm备用。具体抄造过程如下:①在浓度0.12%陶瓷纤维悬浊液中加入聚二烯丙基二甲基氯化铵(PDADMAC,用量为干浆质量的0.1%),陶瓷纤维用量为干浆质量的10%;②加入浓度0.15%的TiO_2悬浮液,TiO_2用量为干浆质量的12.5%,再加入阴离子聚丙烯酰胺(APAM,用量为0.1%干浆质量)溶液作为絮凝剂,使TiO_2形成絮凝体并沉积在陶瓷纤维上;③上述混合物与浓度0.15%的纸料混合,在标准纸页成型器上采用200目筛网抄造成纸,350kPa压力下压榨5min,湿纸页于105℃干燥10min,得到加入助留剂且以陶瓷纤维为TiO₂载体的纸页A;④在0.15%的纸浆悬浮液中先后加入PDADMAC和APAM,抄造成纸得到无TiO₂纸页B;⑤在0.15%的纸浆悬浮液中先后加入PDADMAC、0.15%TiO₂悬浮液和APAM,抄造成纸得到无陶瓷纤维添加TiO₂的纸页C;⑥在0.15%的纸浆悬浮液中加入0.15% TiO₂悬浮液,抄造成纸得到无陶瓷纤维的纸页D;⑦纸浆、TiO₂、陶瓷纤维按上述比例混合后,添加PDADMAC+APAM,抄造得到纸页E。具体抄造过程如图3.9所示。

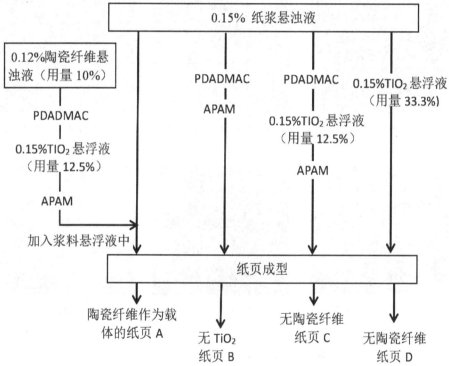

图3.9　以陶瓷纤维为载体的各种纸基催化材料抄造过程

Iguchi等对比了5种纸页的强度,在纸料中添加TiO₂作为填料,会减少纤维间的接触面积,同时填料粒子的存在会影响纤维表面羟基的相互作用,妨碍相邻纤维间形成氢键结合,从而降低纸页强度。TiO₂用量为12.5%时未加入陶瓷纤维的催化纸C和催化纸D,相比未加填TiO₂的纸页的抗张强度下降30%~40%。催化纸A和催化纸E加填12.5%的TiO₂,但同时添加10%的陶瓷纤维作为TiO₂载体,抗张强度相比与未加填TiO₂的纸页相比仅下降20%,扫描电镜(SEM)观察发现催化纸A中大部分TiO₂固着在陶瓷纤维上(如图3.10所示),加填TiO₂对纤维间的氢键结合影响较小,纸张强度下降小。对比紫外光照射下各种催化纸的强度损失可以发现，UV光照射240h，无陶瓷纤维含TiO$_2$的催化纸（C、D）抗张强度约损失60%～70%，添加陶瓷纤维的催化纸A由于TiO$_2$沉积在陶瓷纤维上，光催化反应对纤维没有影响，其抗张强度几乎不变，催化纸E由于未进行TiO$_2$在陶瓷纤维上的沉积过程，SEM发现部分TiO$_2$沉积在纸浆纤维上，光催化作用会导致纤维素和半纤维素的降解，使得催化纸E在UV光照射240h后，纸张抗张强度下降了30%，如图3.11（a）所示。

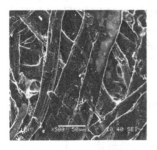

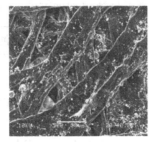

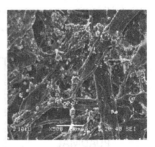

（a）无 TiO$_2$ 纸页 B   （b）不用助留剂无陶瓷纤维 添加 TiO$_2$ 的催化纸 D   （c）无陶瓷纤维添加 TiO$_2$ 的 催化纸 C

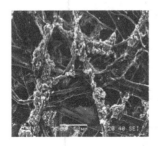

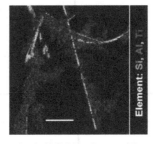

（d）用助留剂以陶瓷纤维为 TiO$_2$ 载体的催化纸 A   （d'）催化纸 A 的 EDX 图   （e）催化纸 E

图3.10　各种纸基催化材料的SEM形貌

5种纸页的光催化性能如图3.11（b）所示，在紫外光照射下，含有TiO$_2$的各种纸基材料都有催化降解乙醛的能力，不添加陶瓷纤维和助留助滤剂的催化纸D的催化性能略好于其他催化纸，在70min内乙醛气体浓度即可减小为0ppm，催化纸A和催化纸C的光催化活性略低，80～90min内乙醛气体浓度减小为0ppm。但经紫外光照射后，不添加陶瓷纤维的催化纸强度损失很大，因此，综合考虑纸基催化材料的强度指标和催化性能，在纸料中添加一定量的无机纤维可以在保持纸张强度的条件下保证纸基材料具有较高的光催化活性[3]。

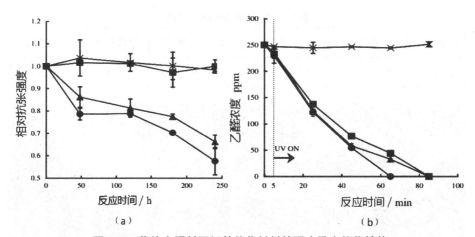

图3.11 紫外光照射下纸基催化材料的强度及光催化性能
×—无 TiO 的纸页 B；■—用助留剂以陶瓷纤维为 TiO₂ 载体的催化纸 A；
●—无陶瓷纤维但添加 TiO₂ 的催化纸 D；▲—用助留助滤剂无陶瓷纤维添加 TiO₂ 的催化纸 C

陶瓷纤维呈光滑的圆柱形，比表面积较小，且陶瓷纤维表面没有活性基团，与纤维或与TiO_2间不存在氢键或范德华力等相互作用力，导致纸页中的TiO_2主要依靠机械截留作用负载于纤维间的空隙中，在进行光催化反应过程中容易流失，随循环使用次数的增加，催化纸的催化活性下降明显，使纸基催化材料的重复利用性差。为避免陶瓷纤维的上述缺陷，在纸基催化材料的抄造过程将ACF纤维作为TiO_2的载体。

王芳等采用黏胶基ACF纤维与漂白木浆按比例混合抄造了纸基催化材料，考察了浆料中植物纤维、ACF纤维和TiO_2比例、所用木浆性质对其强度和甲醛气体光催化降解性能的影响。ACF纤维作为TiO_2载体，其基本性质见表3.3。ACF纤维表面有丰富的微孔，平均孔径18A，比表面积为1350m²/g，表面呈负电性。ACF纤维很柔软，其柔软性增加了纤维间的絮聚程度和机械连接强度，对纤维在水中的分散性以及吸附性均有很大的影响。具体形貌如图3.12所示，纤维表面有很深的沟槽，增大了纤维的表面积，也增大了其与植物纤维以及填料间的接触面积。其主要组成元素为C、O、N、P，以及少量的Na，经活化处理以后，其表面带有含有大量的含氧基团，其中C–O（羟基、醚基）最多，C=O（羰基、酮基、醛基）较多，COOH（羧基、酯基）含量最少，因此，ACF纤维之间较难形成氢键或形成的氢键作用很弱，且ACF纤维自身强度很低，因此，如果单独用ACF纤维抄造形成的纸张几乎没有强度，添加一定量的植物纤维后，由于植物纤维之间、植物纤维和ACF纤维之间能形成氢键链接，能有效提高纸页的强度。

表3.3　ACF纤维的基本性质

长度	宽度	比表面积	总比孔容积	平均孔径	Zeta电位
3～4mm	20±5mm	1350m^2/g	1.0mL/g	18A	−24.2mV

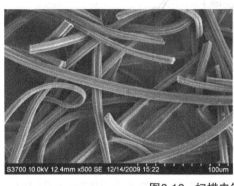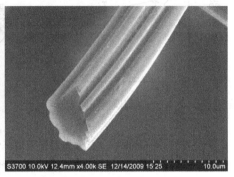

图3.12　扫描电镜下的ACF形貌

在纸页抄造过程中，采用湿部添加的方式将TiO_2加入纸料中，纸张定量为100g/m^2，具体操作如图3.13所示，将漂白木浆疏解后，按比例与ACF纤维混合，在纸料中先后加入聚醚酰亚胺（PEI）、Styronal SD615型ABS胶乳、APAM，每加入一种添加剂搅拌混合均匀，最后抄造成纸。PEI和APAM作为助留剂，可提高TiO_2的留着率，ABS胶乳作为增强剂，三种助剂的用量分别为0.05%、6%、0.05%。

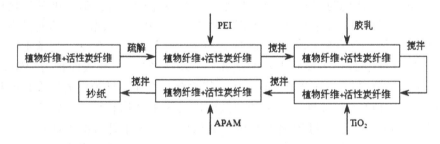

图3.13　ACF纤维+纳米TiO_2纸基催化材料抄造流程

浆料中植物纤维的添加量及其种类、增强剂ABS用量、助留剂种类及用量都会对纸页强度、光催化降解性能产生影响。

首先，由于植物纤维之间、植物纤维和ACF纤维之间能形成氢键，在光催化纸中添加植物纤维能有效提高纸页强度。王芳固定纸页中的ACF纤维与TiO_2的添加比例为3:1，改变木浆纤维的配抄比例，TiO_2的添加量与留着率见表3.4。随着木浆配抄比例的增加，TiO_2的添加量减少，但其留着率不断增加，配抄20%木浆时，TiO_2留着率为34.6%，配抄60%木浆时留着率增加为66.8%，使得TiO₂在纸页中的留着量相差不大，为0.21~0.24g。

表3.4 不同木浆配抄比例下TiO₂的添加量和留着量

木浆配抄比例/%	ACF添加量/%	TiO₂添加量/%	TiO₂留着量/g	TiO₂留着率/%
20	1.92	0.64	0.22	34.6
30	1.68	0.56	0.24	42.6
40	1.44	0.48	0.22	45.4
50	1.20	0.40	0.23	57.1
60	0.96	0.32	0.21	66.8

在纸页中TiO₂留着量相近的情况下，王芳考察了木浆配抄比例对纸页的强度性质和光催化性能的影响。随着纸张中木浆配抄比例的增加，其抗张指数几乎呈直线上升，木浆纤维比例每增加10%，抗张指数增加约4N·m/g。若不添加木浆纤维，纸页中仅为ACF纤维和TiO₂，由于ACF纤维的强度很低，抗张强度仪检测不出纸页强度。随木浆配抄比例增加，纸页的透气度急剧下降。配抄比例由20%增加到60%，透气度从2300mL/min下降为1950mL/min，如图3.14所示。因此可见，随纸张中植物纤维配抄比例的增加，纤维间的氢键结合增多，纤维间的结合更加紧密，纸张强度增大，但纤维间的孔隙减小，导致纸页的透气度下降。透气度下降会使纸张中的空气流动阻力变大，不利于反应物和产物在纸页中的扩散，对提高纸基催化材料的光催化性能不利。

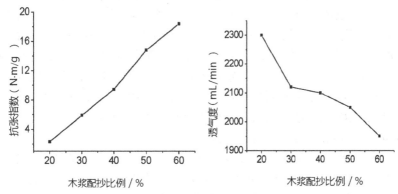

图3.14 木浆配抄比例对纸基催化材料强度和透气度的影响

如图3.15，虽然纸页中TiO₂的含量相差不大，但其光催化活性存在明显差异，随着木浆配抄比例的增加，纸页对甲醛气体光催化降解效率不断下降，说明了光催化效率不仅与纸页中催化剂TiO$_2$的含量有关，还与其载体ACF纤维有密切关系。甲醛气体的降解率与纸页中ACF纤维吸附效率有很大的关系，在光催化反应过程中，ACF纤维作为甲醛分子的吸附中心，增加其在纸页中的含量可提高对甲醛气体分子的吸附。此外，由于ACF纤维与植物纤维间的氢键联结较弱，提高纸张中活性炭纤维的含量，纸页紧度下降，有利于降低空气的流通阻力，也有利于甲醛气体在纸页中的扩散，从而有利于纸页中的ACF纤维吸附甲醛气体。

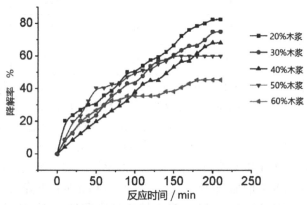

图3.15　不同木浆配抄比例对纸页光催化性能的影响

在该纸基催化材料中甲醛气体的降解过程按以下步骤进行：ACF纤维上的吸附中心通过主要物理吸附作用吸附甲醛气体分子；在光照情况下ACF纤维表面的TiO$_2$产生·OH等活性基团，使TiO$_2$附近甲醛被分解为无机物，形成了纤维内部与外部甲醛之间的浓度差，在这种浓度差的作用下，使得已吸附于ACF纤维孔内的甲醛不断向这个中心扩散，ACF纤维的其他吸附位置上的甲醛被解吸，向活性炭纤维表面扩散，被TiO$_2$附近的ACF纤维吸附后进行降解作用，在浓度差的作用下，扩散作用持续进行，导致ACF纤维内吸附位置的逐步空出，从而实现ACF纤维的光催化再生。因此，填加ACF纤维的TiO$_2$纸基催化材料具有良好的重复利用性。如图3.16所示，利用ACF纤维和TiO$_2$混合抄成的纸张，两次使用的光催化降解效果相差不大，反应210min时甲醛的降解率都能达到90%以上。

如图3.17所示，SME观察发现，纸页中纤维之间孔隙较大、结合面积较小，ACF纤维和植物纤维之间通过少量胶乳的联结作用，对纸页有增强作用，有部分的TiO$_2$颗粒分布于ACF纤维的沟槽中。ACF纤维的沟槽结构可增加自身与TiO$_2$的接触面积，对吸附目标反应物和光催化过程的传质作用起到了关键的加速作用。

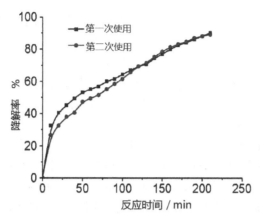

图3.16 ACF纤维+TiO₂纸基催化材料的重复利用

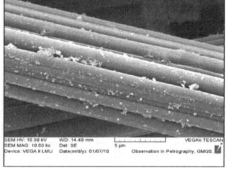

图3.17 ACF+TiO₂纸基催化材料的SEM形貌

由此可见，具有吸附能力的ACF纤维在纸页中不仅是光催化剂TiO₂的载体，可有效避免光催化反应过程中·OH等强氧化性基团对植物纤维的降解作用，而且作为目标反应物的吸附中心，能有效吸附目标反应物，提高了反应过程中的传质速度，从而提高了光催化降解效率。

由于ACF纤维的强度小，且能与植物纤维形成的氢键结合较少，增大ACF纤维在纸页中的比例，能减缓纸基催化材料在使用过程中的老化过程，但增加ACF纤维对纸页的强度不利，单纯通过添加木浆纤维来提高纸页强度，会造成纸页透气度明显下降，对其光催化性能造成较大影响。在保证光催化活性的条件下，木浆纤维添加比例应不超过30%，但在该比例下抄造得到的纸页强度不能满足使用需要，需要考虑采用其他措施来提高纸页强度，为此，可采用对纸页进行压榨增加纤维间的氢键结合和在纸料中添加ABS胶乳作为增强剂等方式来提高纸页强度。

2. 增加压榨部的压榨压力

纸页在网部成纸后，增加其压榨部的压力，可有效脱除纸页中的水分，增加纸幅中纤维的结合力。通常，未经过压榨的纸张干燥后纸质较疏松，表面粗糙，强度较差。但提高压榨的压力时，不仅增加了纤维之间的结合力，还会使纸页更加紧密，使纸页紧度增加，对纸张的孔隙结构以及污染气体流动过程中的传质作用产生不利影响，使光催化纸对甲醛的吸附作用降低，对其光催化活性不利。

表3.5是压榨压力对纸页厚度和紧度的影响。当压榨压力从0增加到4MPa，纸页厚度从0.278mm减小为0.171mm，紧度从0.322g/cm³增加到0.512g/cm³，而纸张的透气度从2400mL/min下降到1400mL/min（如图3.18所示），透气度的下降是由于在压榨压力作用下，纸页中的孔隙减小，对目标反应物及脱附的生成物在纸页中的扩散不利。

表3.5 压榨压力对纸页厚度和紧度的影响

压榨压力/MPa	定量/（g/m²）	厚度/mm	紧度/（g/m³）
0	89.38	0.278	0.322
1	90.00	0.237	0.380
2	91.25	0.211	0.433
4	87.5	0.171	0.512

纸页的抗张指数主要取决于纤维间的结合力，在紧度增加的过程中，抗张指数并不是随着纸页紧度的上升而不断提高的，而是在2MPa时达到最高值。如图3.18所示，在压力小于1MPa时，抗张指数大幅度增加，由于未经压榨的纸页中纤维形成一个较疏松的网络，纤维与纤维之间的结合点不够多，在最初阶段，随着压榨压力的提高，增加湿纸页中纤维的紧密程

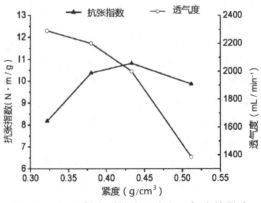

图3.18 纸页紧度对抗张强度和透气度的影响

度，有利于植物纤维间氢键的形成，植物纤维间的结合力增加，抗张指数显著提高；压榨压力1～2MPa，抗张指数增加缓慢，在整个阶段，压榨压力对增加植物纤维之间紧密程度的作用不明显，纤维间的结合力也提高不大，因此抗张强度增加不明显。当超过2MPa后，对紧度的增大，抗张指数反而下降，这可能是由于该纸张中存在的纳米填料TiO_2在压榨过程中破坏了植物纤维的结合点，造成抗张指数的下降。

对不同压榨压力下的纸页进行光催化实验，随紧度的增加，光催化活性略有降低，当紧度为0.322g/cm^{3}时，ACF纤维的吸附率为46%，甲醛气体降解率为94%，当紧度为0.512g/cm^{3}时，ACF纤维的吸附率下降为46%，甲醛气体降解率为90%，因此，催化纸降解效率下降主要是因为压力增加，纸页紧度增加，甲醛气体在纸页中的扩散作用也会受到一定的影响，导致其吸附效率有所下降，使其光降解效率略有下降。

3. 添加有机胶乳增强剂

为进一步增加纸页强度，有机胶乳被用作纸页增强剂用于抄纸过程，有机胶乳具有粒径小、易吸附、有效成分高、性能稳定等优点，可以在纤维间空隙中通过自身活性基团的相互反应，形成立体网状结构或与纤维间形成共价键结合，通过纤维交叉处粘结多根纤维及纤维间的"搭桥"作用，利用这些作用来提高纸页的强度。

ABS胶乳是丙烯腈-丁二烯-苯乙烯的三元共聚物，是一类合成胶乳类纸张增强剂，添加ABS胶乳的性质如下：粒径为200nm，分散度为0.084，Zeta电位为-74.1mV，玻璃化温度为16.5℃，在纸页中的用量为2%～10%。由于ABS胶乳的平均粒径较小，比表面积较大，能较大程度地润湿被粘物的表面，提高粘结强度；其表面带负电荷，要附着在纤维表面，需要添加阳离子助剂，在纤维表面形成正电荷补丁，抄纸过程中使用0.05%的PEI作为阳离子添加剂，使负电性的ABS胶乳颗粒依靠静电作用力吸附在纤维表面。

胶乳添加后对纸页抗张强度和透气度的影响如图3.19所示，随着胶乳用量的增加，纸张的抗张指数一直保持上升的趋势，仅添加2%的胶乳，抗张指数由4.8N·m/g上升为7.6N·m/g，增强作用效果明显，且纸页紧度并未下降，在胶乳用量0～8%之间变化，透气度的变化范围为2000～2200mL/min，这可能是由于胶乳与纤维、填料等发生粘结作用，形成了空间网状结构，提高了纸页强度，但胶乳分子主要附着在纤维表面，在纤维与纤维之间形成点的结合，而不是填充在纤维间的孔隙中，对纸张的孔隙率影响不大，且经纸页干燥过程形成的胶膜也未堵塞纸页中的孔隙，因此添加胶乳可明显改善纸页强度，但对纸页透气度影响不大，不会影响污染气体扩散到纸张内部以及增大其在纸张中的扩散阻力。胶乳在粘结过程中不仅会与纤维粘结，还会与纳米填料粘结，甚至可能由于过度的粘结作用使TiO$_2$粘结成团，从而影响纸张的光催化降解作用，但经试验验证发现其对光催化纸的催化降解效果影响不大，添加8%胶乳，光催化活性仅下降5%。因此，添加ABS胶乳在对可明显提高纸页强度，且对纸页的光催化性能影响不大，可以作为有效提高催化纸纸页强度的一种方法[4]。

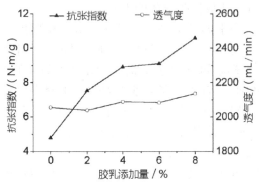

图3.19　胶乳ABS用量对纸页抗张强度和透气度的影响

4. 添加无机溶胶的催化纸

由于无机纤维间不存在氢键、分子间作用力等相互作用，使得纸页强度很低，不能满足使用需要，为进一步提高催化纸的强度，氧化铝溶胶、硅溶胶、TiO$_2$溶胶等无机溶胶被用作粘结剂来提高无机纤维间的结合力，从而提高催化纸的强度。这些无机溶胶一般为多分子聚合物的胶体溶液，颗粒表面存在羟基（-OH）和氢氧根离子（OH$^-$），这些羟基和氢氧根离子在颗粒表面形成双电层，产生的静电作用力使颗粒具有自结合性质。当水分蒸发后，胶体粒子牢固地附着在载体表面，颗粒与氧间形成结合。

氧化铝溶胶是一种热熔无机胶粘剂，其主要成分为[Al$_2$（OH）$_n$X$_{6-n}$]$_m$，一般由铝盐在碱性条件下水解制得，溶胶水分蒸发后会形成铝氧结合。硅溶胶在化工中亦称硅酸溶胶，其基本成份是无定型的二氧化硅，分子式为mSiO$_2 \cdot$nH$_2$O，是硅酸的多分子聚合物形成的胶体溶液，以胶团体形式均匀分散在水中，所以硅溶胶外观多呈乳白色或淡青透明的溶液状。当硅溶胶水分蒸发时，胶体粒子牢固地附着在物体表面，粒子间形成硅氧结台。TiO$_2$溶胶则以钛的烷氧类化合物为原料，水解制得的均匀透明溶胶，当水分蒸发后，形成钛氧结合。

Fukahori等采用氧化铝溶胶作为胶粘剂，在纸页成型过程中添加氧化铝溶胶和成纸后在氧化铝溶胶中浸渍两种方法得到纸页，纸页干燥后在700℃灼烧20min去除植物纤维等有机物，得到不含有机物的催化纸。氧化铝作为热熔胶粘剂，既可作为陶瓷纤维间的粘结剂，又可将TiO$_2$固着在陶瓷纤维上。湿部添加和灼烧前在氧化铝溶胶中浸渍两种方法都可制得高强度的催化纸，可用于水相中污染物的光催化降解。比较两种纸页的光催化活性如图3.20所示，通过内部添加方式制得的催化纸在保证高强度的同时具有与悬浮TiO₂相似的催化活性，但经过浸渍制得的催化纸光催化活性大幅度下降，这可能是由于：①纸页中的孔隙被溶胶占据，导致纸页的微孔变小，通过湿部添加得到的催化纸孔隙的孔径为微米级，而经过浸渍得到的催化纸的孔径为纳米级，孔径变小限制了大分子目标反应物在纸页中的扩散，此外，氧化铝溶胶浸渍处理会使纸页的孔隙率下降，采用压汞法测定通过湿部添加氧化铝溶胶的催化纸孔隙率为77%，而浸渍法制得的催化纸孔隙率仅为44%；②TiO₂被氧化铝溶胶包覆，不能与反应物质接触发生反应。且氧化铝溶胶用量越多，光催化活性越低。如图3.21所示，氧化铝溶胶添加量越多，纤维间的孔隙越小，对物质的传质速度影响越大，所形成的纸页的光催化活性越低。

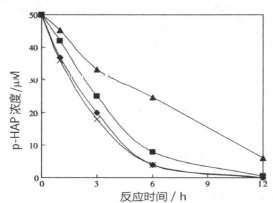

图3.20　氧化铝溶胶不同添加方式对纸页催化性能的影响

×—悬浮 TiO₂ 体系；■—氧化铝采用湿部添加方式的催化纸；◆—采用浸渍方式添加 4% 氧化铝溶胶的催化纸；▲—采用浸渍方式添加 20% 氧化铝溶胶的催化纸

（a）浸渍用氧化铝溶胶量为 4%　　　　（b）浸渍用氧化铝溶胶量为 20%

图3.21　不同氧化铝溶胶用量催化纸的SEM形貌

Fukahori等还采用TiO₂溶胶作为陶瓷纤维粘结剂，在纸页成形后用TiO₂溶胶浸渍得到催化纸，该催化纸具有与内部添加氧化铝溶胶的催化纸同样的强度，其光催化活性随TiO₂溶胶用量的增加反而下降，SEM观察发现TiO₂溶胶附着在陶瓷纤维周围（如图3.22所示），其光催化活性随单位面积TiO₂用量的增大反而降低，这可能是由于TiO₂溶胶会使留着在纸页内部的TiO₂颗粒粘结成团，反而降低其余目标反应物的接触面积，因此，反应目标物能否与固定TiO₂表面是否能够有效接触是影响催化纸催化性能的重要因素，也是提高催化纸催化性能的关键[5]。

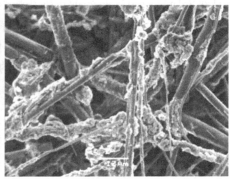

（a）原图　　　　　　　　　　（b）图（a）的放大图

图3.22　添加TiO₂溶胶的催化纸SEM形貌

3.3.2 TiO₂纸基催化材料催化活性提高措施

在保证纸基催化材料具有足够强度的基础上，还需要进一步提高其催化活性。催化活性的提高，可以从以下几方面考虑：

（1）采用高催化活性的TiO₂，如通过贵金属沉积、复合半导体等方式对TiO₂进行改性以提高TiO₂活性。

（2）通过提高TiO₂在纸页中留着率的基础上，改善TiO₂在纸页中的分布，防止生成大的絮体，保证TiO₂在纸页中均匀分布，使截留在纸页中的TiO₂能充分发挥其光催化性能。

（3）提高催化过程中的传质速度，增大目标反应物的扩散速度，缩短其到达催化剂TiO₂表面所需时间。如在纸页中添加部分吸附剂（如沸石、ACF纤维等），前文中采用ACF纤维作为TiO₂的载体，ACF纤维具有优良的吸附性能，可作为吸附目标反应物的活性中心。

（4）选择性能优越的基体材料作为TiO₂载体，防止TiO₂团聚、控制其尺寸分布，从而提高TiO₂的催化性能。如纳米棉纤维和细菌纤维素等纳米纤维材料都具有比表面积大、表面多羟基、易改性等优点，另外还具有可自然降解性、生物相容性高、易加工等特性，可用作催化颗粒的载体。

1. TiO_2催化活性的提高

为提高TiO_2的光催化活性，可对TiO_2进行贵金属沉积、非金属掺杂、复合半导体等方式进行改性，这部分将在后面几章中详细介绍，本部分仅介绍采用TiO_2混晶提高其催化活性这种方式。

祝红丽用锐钛型TiO_2和金红石型TiO_2制备了不同晶相组成的纳米混晶TiO_2，研究了其晶相组成、晶粒尺寸，并测定了其光催化活性，纳米TiO_2的光催化性能并不是随锐钛相含量的增大而增强，当锐钛相含量为83%时，混晶TiO_2具有最高的催化活性。Ko等人研究了不同晶型配比的TiO_2对甲苯的降解效果。在TiO_2混晶中，当锐钛型与金红石型的配比为70∶30时，所得纸页的光学性质最佳，锐钛矿型和金红石型配比为52∶48时，催化纸的催化性能最佳，这可能是由于瑞泰克和金红石型两种不同半导体复合在一起，锐钛矿表面覆盖着金红石薄层，形成包覆型复合半导体，锐钛矿和金红石型矿之间费米能级不同，在一相中产生的光生电子和空穴可能流向另一相，从而大大降低了电子和空穴的复合率，提高了电荷分离的稳定性，另外金红石相的电子库提高了锐钛矿型TiO_2电子和空穴的分离效率，降低了电子/空穴的复合率[6]。

2. TiO_2留着率的提高及纸页成型的改善

作为光催化剂的TiO_2，只有在催化纸中保持高留着率，才能保证催化纸具有高催化活性，但在提高TiO_2留着率的同时，还需要避免TiO_2纳米粒子絮聚形成大絮块。如果TiO_2聚集成大的絮块，絮块内部的TiO_2不能发挥光催化作用，目标反应物与TiO_2的有效接触面积减小，导致其光催化性能下降。

在抄造催化纸过程中，湿部添加负载纳米催化材料的方式多采用助留剂来提高TiO_2留着率，纸张的助留体系包括一元助留系统、二元助留系统和微粒助留系统等类型。一元助留体系主要利用高分子量低电荷密度的阳离子聚合物（如CPAM和阳离子淀粉等）通过桥联作用实现对纤维细料的留着，通过桥联作用，纸页中的细小纤维和填料会聚集成大絮块，影响纸页匀度，且纸页中的TiO_2分布不均匀。

在催化纸抄造过程中使用较多的TiO_2助留剂为二元助留体系（如PDADMAC+APAM、PEI+APAM等），该体系是在纸料中先加入低中等分子量的、高电荷密度的阳离子电解质（如PDADMAC和PEI），在带负电荷的纤维表面产生阳离子补丁，为阴离子聚合物提供连接点，随后加入的高分子量聚合物（如APAM）结合到阳离子连接点上，分子链其他部分为补丁周围的负电荷所排斥，伸展到周围的水溶液中，吸附到其他颗粒的阳离子补丁上（如图3.23 所示）。该二元体系通过补丁效应和高分子架桥机理，可以获得较高的TiO$_2$留着率，但被截留在纸页中的TiO$_2$聚集在一起生成较大的絮体，不利于提高催化纸的光催化性能。

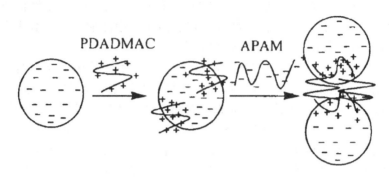

图3.23 PDADMAC+APAM二元助留体系的絮凝机理

图3.24中的图（a）和图（b）分别为添加CPAM和PEI+APAM作为助留剂的纸页SEM形貌，从图中可以看出，不添加PEI的纸页和添加PEI后纸张表面的TiO$_2$分布存在明显区别，不添加PEI的纸页表面絮聚明显，TiO$_2$分布很不均匀。而采用PEI+APAM作为助留体系，当PEI用量为0.15%、APAM用量为0.2%时，TiO$_2$能够较均匀分布于纸页表面。这可能是由于在纤维表面形成的阳电荷区域促使带负电荷TiO$_2$能更加均匀地吸附在纤维表面，而不是单纯地依靠的桥联和机械截留作用。图3.24（c）显示在ACF纤维表面，有大量的TiO$_2$分布在纤维的沟槽里，极大增加了TiO$_2$和ACF纤维间的有效接触面积，有利于两者的协同作用，提高纸页的光催化效率。

为防止TiO$_2$在纸页中形成大的絮聚体，使其在纸页中均匀分布，获得高的纸页匀度，微粒助留体系被引入催化纸抄造过程，在提高TiO$_2$留着率的同时，可防止TiO$_2$生成大的絮凝体。典型的微粒助留体系由高分子阳离子聚合物和带负电的无机或有机微粒组成。其助留原理是先添加高分子阳离子聚合物到纸料中，通过架桥作用形成达到絮团，再经过高剪切力破坏，分散成尺寸小的带适量正电荷的絮团，加入带负电荷且比表面积高的无机或有机颗粒，使分散的小絮团结成网络状。因此，微粒助留体系形成的絮聚体小而致密，能提高浆料的留着和滤水性能，改善纸页的匀度，避免了二元助留体系中填料絮聚形成大絮体而影响纸页匀度的问题，微粒助留体系的絮凝机理如图3.25所示。造纸过程常用的微粒助留体系包括阳离子淀粉/胶体二氧化硅体系、阳离子聚丙烯酰胺/膨润土体系和阳离子淀粉/胶体氧化铝体系三大类。

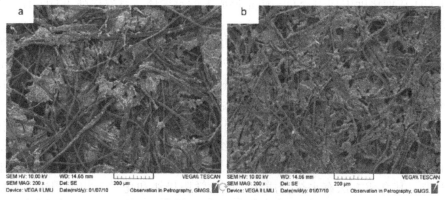

（a）添加 0.2%CPAM 的 TiO$_2$ 催化纸　　（b）添加 0.15%PEI、0.2%CPAM 的催化纸

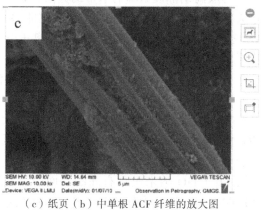

（c）纸页（b）中单根 ACF 纤维的放大图

图3.24　TiO$_2$在纸页表面分布的SEM图

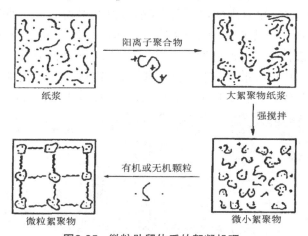

图3.25　微粒助留体系的絮凝机理

Ko等人利用沸石类微粒助留体系，不仅提高了TiO$_2$的留着率，还有助

于TiO_2在催化纸中均匀分布，防止形成大的凝聚体，有效提高了TiO_2的催化效率[7]。

粉末状TiO_2分散性不佳，极易团聚，不利于它的实际应用，TiO_2的一维纳米材料如纳米线、纳米管、纳米带等不仅具有优良的导电导热性能，而且具有较大的比表面积，可提供大量的活性位点，使其化学活性较高，这些独特的物理和化学性质引起了越来越多研究者的关注。

为避免TiO_2粒子在助留剂的作用下絮聚生成大的絮体而影响其光催化性能，将粉末状的纳米TiO_2组装成一维复合物（如TiO_2纳米带或纳米线等）用于代替粉末状TiO_2也被用于催化纸。在催化纸材料中使用较多的为TiO_2纳米带，其合成方法有水热合成法、电化学阳极法和化学气相沉积法。其中水热合成法是一种合成高结晶度TiO_2纳米带的方法，也是最常见的一种制备TiO_2纳米带的方法，包括三个过程：二氧化钛前驱体溶解使得Ti-O-Ti键断裂，从而形成钛酸钠纳米带，钛酸钠纳米带经过离子交换形成钛酸，钛酸纳米带经过煅烧形成二氧化钛纳米带。

Chuahan等以TiO_2粉末作为前驱体，利用水热合成法制备了TiO_2纳米丝，其尺寸为（1~7）mm×（20~40）nm，X射线衍射（XRD）和傅氏转换红外线光谱（FTIR）分析都显示该纳米丝中既有锐钛型TiO_2，也有金红石型TiO_2。将TiO_2纳米丝作为填料加入纸料中，通过纸页抄造工艺制备了含有TiO_2纳米丝的纸页。SEM分析发现纤维间TiO_2纳米丝嵌入纸页纤维间，如图3.26（a）所示，由于TiO_2纳米丝具有高的表面能，在纤维间聚集成团，不利于TiO_2光催化性能的发挥。为保证TiO_2纳米丝在纸张中获得均匀分布，Chuahan等添加三嵌段共聚物P123（PEO_{23}-PPO_{70}-PEO_{23}）作为分散剂，P123为聚氧乙烯-聚氧丙烯-聚氧乙烯的嵌段共聚物，是一种非离子型大分子表面活性剂。将其加入TiO_2悬浊液后，其亲水端与TiO_2纳米丝结合，通过超声波的分散作用，可使已发生凝聚的TiO_2纳米丝絮团分散，疏水端则有助于纳米丝在水中的分散，SEM分析发现添加P123后，TiO_2纳米丝絮团可以分散成单根纳米丝，且在纸页中可获得均匀分布，如图3.26（c）所示。

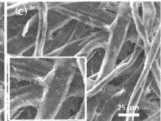

（a）添加TiO_2纳米丝　　　（b）未添加TiO_2纸页　　　（3）P123作分散剂添加TiO_2纳米丝纸页

图3.26　SEM对纸页结构分析图像

　　Chuahan等研究所抄造的纸页强度发现，由于分布在纸页中的纳米丝会减少纤维间的氢键结合，使得纸页强度下降，添加P123作分散剂的纸页，强度会进一步下降，抗张强度由未添加TiO_2纳米丝时的3.1kg／mm，分别下降为2.8kg／mm（添加TiO_2纳米丝）和2.2kg／mm（添加TiO_2纳米丝且以P123作为分散剂）；未添加P123时耐破强度为1.5kg／cm^2，使用P123后的纸页下降为1.0kg／cm^2。由于TiO_2填料的吸光性能和白度均高于纤维，且由于TiO_2在纸页中分布状况的影响，添加TiO_2纳米丝后，纸页的不透明度和亮度均有不同程度增加，纸页强度和光学性质的变化如图3.27所示。虽然纸页中TiO_2纳米丝获得了均匀分布，纸页的光学性质有一定程度的改善，但所得催化纸的催化性能和抗菌性能都较差，这可能是由于TiO_2纳米丝中反应活性强的位置被其他物质占据，不能与反应物有效接触所致[8]。

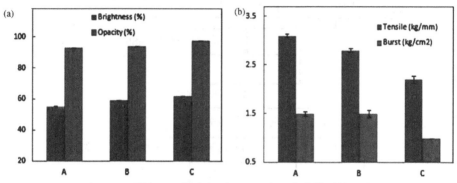

图3.27　添加TiO_2纳米丝对纸页强度和光学性质的影响

A—未添加 TiO_2 纳米丝；B—添加 TiO_2 纸页；C—P123 作分散剂的添加 TiO_2 纳米丝纸页

　　Wang等采用水热法合成了TiO_2纳米带，具体合成方法如下：

　　（1）TiO_2纳米带的合成及改性：如图3.28所示，0.100g P-25 粉末加入到20ml 10M NaOH水溶液中，混合均匀，然后将混合液倒入聚四氟乙烯釜芯中。随后将釜芯置于反应釜内拧紧，置于180℃的烘箱内，反应24h后取出。将反应釜自然冷却至室温后取出釜芯，将上层清液倒掉，将底部所得到的产物用去离子水进行清洗，直至中性，最后再用乙醇清洗三遍，经干燥研磨后便得到钛酸钠纳米带，将合成的钛酸钠纳米带用浓度为0.1 mol/L的HCl溶液清洗，酸洗2~3天后至pH值小于7，得到钛酸纳米带。离心分离，并用去离子水清洗后于70℃干燥10h，将钛酸纳米带在650℃的马弗炉里进行2h煅烧后，得到所需的锐钛矿TiO_2纳米带。

　　（2）酸处理的二氧化钛纳米带（$C-TiO_2$）：将得到的钛酸钠纳米带浸在0.02M硫酸水溶液中，利用硫酸对纳米带表面进行腐蚀，于100℃水热处理10h，离心分离，用去离子水清洗后于70℃干燥10h，然后煅烧得到腐蚀的二氧化钛纳米带样品。

（3）加填 TiO$_2$ 纳米带纸页的制备：将合成的 TiO$_2$ 纳米带以填料形式（20%、30%、40%）加入到 0.1g 纸浆中，按纸页标准成形方式抄造成纸页，干燥得到负载 TiO$_2$ 纳米带的催化纸。

图 3.29 为 TiO$_2$ 纳米带的 SEM 和 TEM 图像，TiO$_2$ 纳米带的长度和宽度都比较均匀，长约几百毫米，带宽 50~200nm，表面较光滑。经硫酸处理后，由于酸的腐蚀作用纳米带表面变得粗糙，比表面积增大，表面附着的颗粒大小为 10~15nm，可以暴露出更多活性反应中心。酸处理使纳米带中的无定型区被腐蚀除去，有利于锐钛矿的重新结晶，因此酸处理后的纳米带有更高的结晶度，XRD 扫描结果也证明了这一结论。

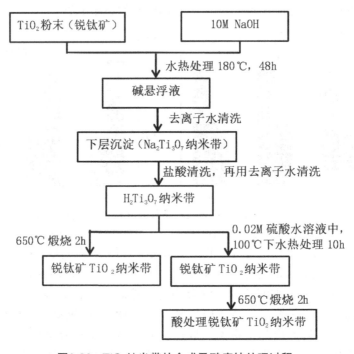

图3.28　TiO$_2$纳米带的合成及酸腐蚀处理过程

利用两种纳米带抄造得到的纸页的催化活性如图 3.30 所示，随光催化时间的延长，甲基橙（MO）的降解率不断提高，加填 TiO$_2$ 纳米带催化纸的催化性能要高于未加纳米带的催化纸，且添加量越多，催化性能越好。反应 4h 后，添加 TiO$_2$ 纳米带的催化纸可使超过 85% 的 MO 降解，而添加 C-TiO$_2$ 纳米带的催化纸可使 90% 以上的 MO 降解，且含 C-TiO$_2$ 催化纸的催化活性要高于含相同质量 TiO$_2$ 纳米带的催化纸，因此经酸腐蚀可提高 TiO$_2$ 纳米带的催化活性[9]。

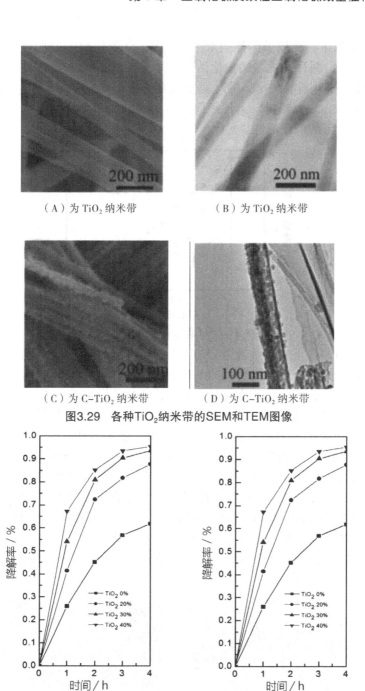

（A）为 TiO$_2$ 纳米带　　　　（B）为 TiO$_2$ 纳米带

（C）为 C-TiO$_2$ 纳米带　　　　（D）为 C-TiO$_2$ 纳米带

图3.29　各种TiO$_2$纳米带的SEM和TEM图像

（a）添加 TiO$_2$ 纳米带的催化纸　　　（b）添加 C-TiO$_2$ 纳米带的催化纸

图3.30　添加TiO$_2$纳米带及C-TiO$_2$纳米带催化纸的催化性能

Zhou等采用与Wang等相同的水热法合成TiO$_2$纳米带，酸蚀后形成

C-TiO₂纳米带，比较了两种纳米带与商品TiO₂催化剂P-25的催化活性，如图3.31所示，两种纳米带的催化活性都优于P-25。将20mL浓度为25mg/L的MO溶液完全降解脱色所需的时间分别为55min、40min。C-TiO₂纳米带由于酸腐蚀处理，表面粗糙，其比表面积由20.78m²/g增加到29.13m²/g，提高了C-TiO₂纳米带的催化活性。

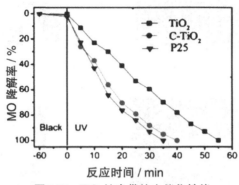

图3.31　TiO₂纳米带的光催化性能

在磁力搅拌下将1g纳米带分散到1L蒸馏水中，在0.1MPa压力下，用微孔滤纸进行抽滤，得到纸页状的纳米TiO₂催化材料，于70℃干燥24h，该催化纸是由TiO₂纳米带形成的纳米纸页，其SEM形貌如图3.32所示。由于TiO₂纳米带表面带有大量OH⁻，留着在纸页中的TiO₂纳米带与纤维间存在氢键链接，形成了纸页多孔隙的三维空间结构，纸页中孔隙为50～500nm。从（c）、（d）可以看出，纸页纵剖面呈多层次的网状结构，这种结构可为纸页提供更多的活性反应中心。如图3.33所示，用TiO₂和C-TiO₂两种纳米带抄造的纳米纸页对MO都有吸附作用，其吸附效率分别为5.46%、13.5%，当光催化反应时间达到40min时，对MO的降解率分别为61%、82.6%。说明TiO₂纳米带表面经酸性修饰可明显提高TiO₂纳米带的光催化性能，这是由于酸性修饰可增加TiO₂纳米带的表面积，使其活性中心增多，有效提高了TiO₂纳米带的光催化性能[10]。

（a）添加 TiO₂ 纳米带的纸页　　　　　（b）添加 C-TiO₂ 纳米带的纸页

（c）添加 TiO₂ 纳米带的纸页　　　（d）添加 C–TiO₂ 纳米带的纸页

图3.32　TiO₂和C–TiO₂两种纳米带制备的纳米纸页

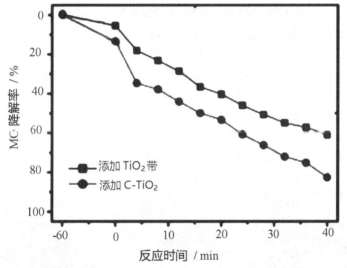

图3.33　添加TiO₂和C–TiO₂的纳米纸页的催化活性

Chauhan等利用水热合成法将TiO₂原位负载于纤维上，改善了TiO₂在纸页中的分布，获得了较好的光催化效果。具体过程如图3.34所示：将TiO₂粉末均匀分散在5M NaOH和乙醇溶液中，搅拌45min，得到分散均匀的TiO₂悬浮液；将1.2g漂白硫酸盐针叶木纤维浸入40mL水中，加入TiO₂悬浮液混合后搅拌15min，然后转入不锈钢的高压灭菌锅中，加热至150℃，在该温度下反应20h，悬浮液自然冷却后先后用0.1N的HCl、乙醇和蒸馏水清洗，得到负载TiO₂的纤维，加入的TiO₂粉末量不同，TiO₂的负载量也不一样。利用标准纸页成形方法，用负载TiO₂的纤维抄造出纸页。

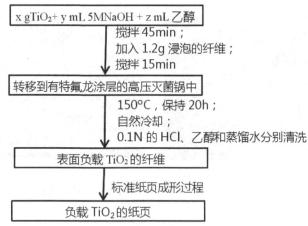

图3.34 TiO₂在纤维表面的原位负载及纸页的抄造

图3.35是负载不同量TiO₂的纤维通过纸页标准成形方法得到的纸页的SEM形貌，图（A）是为未负载TiO₂的纤维形成的纸页，纤维表面是干净的；图（B）~（E）是在纤维表面负载不同TiO₂的纸页SEM图，纳米TiO₂颗粒在纤维表面分布均匀，随负载量增加，纤维表面可见的纳米TiO₂颗粒增加，TiO₂颗粒呈球形，粒径为40~250nm。图（F）是在TiO₂水热处理过程中未添加纤维，得到TiO₂的纳米丝，其长度为2~7μm，宽度为80~90nm。进一步研究负载于纤维表面纳米TiO₂的粒径分布可以看出，随TiO₂负载量的增加，其粒径分布变窄，且小粒径的粒子所占比例增大。

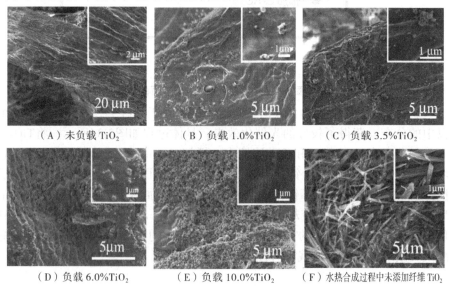

（A）未负载TiO₂　　　　（B）负载1.0%TiO₂　　　　（C）负载3.5%TiO₂

（D）负载6.0%TiO₂　　（E）负载10.0%TiO₂　　（F）水热合成过程中未添加纤维TiO₂

图3.35 负载TiO₂的纸页SEM形貌

纤维表面的化学性质会影响TiO_2粒子在纤维表面的负载，Chauhan等研究了纳米TiO_2在纤维表面的吸附及两者间的相互作用，认为存在于纤维表面的羟基与TiO_2表面的羟基形成氢键链接（如图3.36所示），经过脱水作用，会在纤维与TiO_2之间形成共价键结合，有助于在纤维表面形成TiO_2晶核，随着水热反应的进行，形成的TiO_2晶核逐渐长大，形成负载于纤维表面的TiO_2纳米粒子。当TiO_2的负载量高于3.5%时，TiO_2纳米颗粒更均匀。随Ti^{4+}含量的增加，纤维表面的Ti^{4+}达到饱和，可获得更多的阳离子用于形成新的晶核，与负载量1.0%的样品存在明显差别。若用于作为生长核心的Ti^{4+}数量少，则容易形成不均匀的纳米粒子。

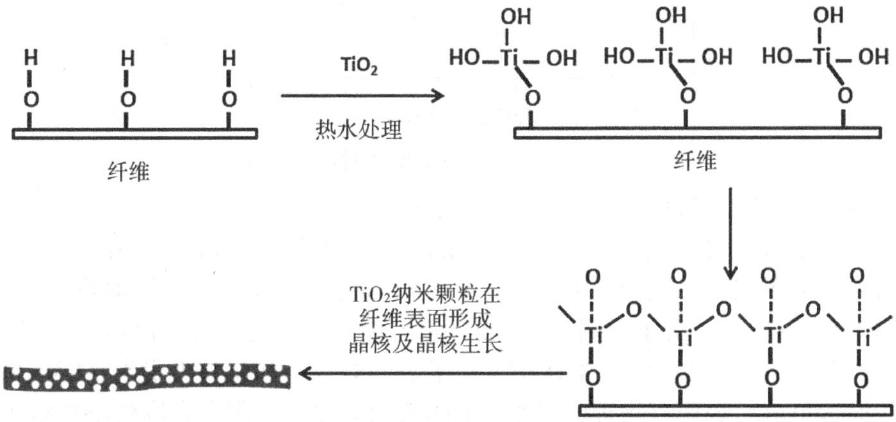

图3.36　纤维表面TiO_2核的生成及纳米粒子形成机理

Chauhan等以72W的紫外灯作为光源，照射波长为320~400nm，研究了负载TiO_2纳米粒子纸页的光催化性能。从图3.37可以看出，未负载TiO_2的纸页对甲基橙没有降解作用，随纸页中TiO_2负载量的增大，甲基橙的降解率逐渐提高。在紫外光下照射16h，TiO_2负载量分别为1.0%、3.5%、6.0%和10.0%的纸页，对甲基橙的降解率分别为41%、76%、86%、95%。如果照射时间增加，甲基橙降解率会进一步提高，当照射时间增加为24h，各种纸页的甲基橙降解率分别为58%、95%、95%、96%。

Chauhan等还研究了负载有TiO_2的纸基材料的抗菌性，考察了当光照强度为0.275J/cm^{2}时，不同光照时间下，负载TiO_2纸页的抗菌性能，结果见表3.6所示。未负载TiO_2的纸页不具有抗菌性；当照射时间为3h，TiO_2负载量分别为1.0%、3.5%、6.0%、10.0%的纸页的抗菌性分别为20%、25%、62%、97%。如果延长光照时间到6h，则四种纸页上的细菌总数分别减少62%、65%、70%和97%。如果进一步延长光照时间到9h，TiO_2负载量为1.0%、3.5%和6.0%的纸页上细菌总数减少85%、85%和95%，而细菌不能

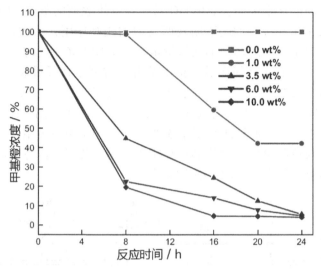

图3.37 不同TiO₂负载量的纸页对甲基橙的降解

在负载量为10.0%的纸页上生长。随TiO₂负载量的增大，纸页的抗菌性增强，而抗菌机理主要是由于在光照条件下产生的·OH破坏细菌细胞膜的磷脂双分子层，从而导致细胞死亡。约45%的革兰氏阴性菌细胞外都含有脂多糖（LSP），LSP由O抗原组成，是细菌细胞间的主要粘性物质。室温下，在一定空气湿度下，TiO₂纳米粒子表面有羟基和化学吸附水，LSP和O抗原带负电，表面有物理吸附水，TiO₂表面的化学吸附水会取代LSP和O抗原表面的物理吸附水，并形成氢键结合，在光照条件下产生·OH等活性分子与细胞膜中的不饱和磷脂发生反应导致细胞死亡。因此，纸页的抗菌性能随负载的TiO₂量的增大而提高[11]。

表3.6 不同 TiO₂负载量的纸页的抗菌性能

纸页种类	不同光照时间的细菌总数		
	3h	6h	9h
0% TiO₂	56×10^5	54×10^5	62×10^5
1.0% TiO₂	52×10^5	25×10^5	10×10^5
3.5% TiO₂	49×10^5	23×10^5	10×10^5
6.0% TiO₂	25×10^5	20×10^5	3×10^5
10.0% TiO₂	2×10^5	2×10^5	无细菌生长

3. TiO₂与沸石的协同作用

通过提高TiO₂留着率和改善TiO₂在纸页中的分布状况，可提高催化纸的光催化性能，而提高目标污染物在纸页中的传质扩散速度，同样可以提高光催化效果。光催化反应的三个步骤分别为：光催化材料对污染物的吸附，光催化材料吸收特定波长的光能发生光催化氧化反应，降解产物从光催化材料表面脱附。光催化反应遵循Langmuir-Hinshewood准一级动力学方程，影响光催化降解速率快慢的一个重要因素是底物在催化剂表面的吸附。反应物于吸附TiO₂表面，是发生光催化反应的前提，在催化纸抄造过程中，引入某些吸附剂作为反应物的吸附中心，可加快目标反应物在催化纸中的传质速度，提高TiO₂的降解效果，沸石是催化纸抄造过程中应用较多的吸附剂。

沸石是沸石族矿物的总称，是一种含水的碱金属或碱土金属的铝硅酸矿物，其化学通式为：$M_xO_y[Al_{x+2y}Si_{n-(x+2y)}O_{2n}] \cdot mH_2O$，其中A为$Ca^{2+}$、$Na^+$、$K^+$、$Sr^{2+}$、$Ba^{2+}$等阳离子，有天然沸石和人工沸石两大类。沸石晶体结构的基本单位是硅氧四面体和铝氧四面体，四面体只能以顶点相连，即两者共用一个氧原子，而不能"边"或"面"相连。铝氧四面体本身不能相连，其间至少有一个硅氧四面休，而硅氧四面体可以直接相连。硅氧四面体中的硅，可被铝原子置换而构成铝氧四面体。但铝原子是三价的，所以在铝氧四面体中，会产生电荷不平衡，使整个铝氧四面体带负电。为了保持中性，必须有带正电的离子来抵消，一般是由碱金属和碱土金属离子来补偿，如Na^+、Ca^{2+}、Sr^+、Ba^{2+}、K^+、Mg^{2+}等金属离子。硅氧四面体在平面上为多种封闭环状结构，有四元环、五元环、六元环、八元环、十元环、十二元环、十八元环等；在三维空间上可形成多种形状的规则多面体，构成沸石的孔穴或笼，如立方体笼（D4R）、六角柱笼（D6R）、八角柱笼（D8R）、α笼、β笼、γ笼和八面沸石笼等（如图3.38所示），笼是构成沸石的基本单元，这些环和笼在三维空间以不同形式连接则构成了沸石晶体中的一维、二维和三维孔道体系。所以沸石基本结构特征表现为三个部分：一是晶体骨架，即铝硅酸盐格架；二是格架中的孔道、孔穴和可交换阳离子M，阳离子可自由地通过孔道发生交换作用，而不会影响其晶体骨架；三是以中性水分子形式，存在于沸石晶格中的沸石水，沸石水与骨架离子和可交换金属阳离子的联系松弛而微弱，比阳离子能更自由地移动和出入孔道。沸石的特殊结构决定了其具有吸附性、扩散性、离子交换性和催化性等特性。

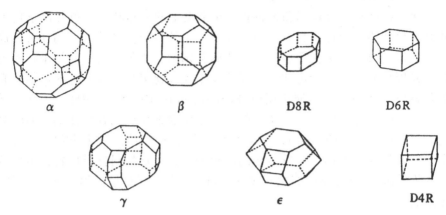

图3.36 沸石笼的基本形式

2001年，Tanaka课题组首先利用沸石的吸附能力作为目标反应物的吸附质，用10%的棉短绒、30%陶瓷纤维和60%沸石通过标准纸页成型方式得到纸页，700℃灼烧除去棉短绒纤维，得到了高沸石含量的纸页，但其强度很低，不能满足使用要求。为提高纸页强度，在纸页抄造过程中，在纸料中加入氧化铝溶胶作为陶瓷纤维的粘结剂，氧化铝溶胶的留着机理主要是机械截留，主要分布在纸页表面，得到的纸页仍不能满足要求，为此将抄造得到的纸页在氧化铝溶胶中浸渍后，700℃灼烧后得到的高沸石含量纸页，SEM观察发现，氧化铝溶胶分布在整个纸页中，700℃能在陶瓷纤维间形成粘结点（如图3.39所示），所以该纸页的强度明显提高，且随陶瓷纤维用量的增大，纸页强度提高更明显[12]。700℃灼烧未对沸石的结构和吸附性能造成影响，但当沸石的吸附能力达到饱和，该纸页就不再具有继续吸附目标反应物的能力，在该纸页中，沸石充当了反应物的吸附中心。

图3.39 高沸石含量纸页在700℃灼烧前后的SEM形貌

因此，为缩短目标反应物到达TiO₂表面活性中心所需时间，可以在催化纸中添加沸石作为吸附剂，利用沸石具有高吸附能力的特点，快速捕捉目标反应物，缩短目标反应物从溶液或气体到达TiO_2表面所需时间，从而提高催化纸的光催化效果。

目前用于制备纸基催化材料的沸石有A型、Y型、F型、斜发沸石等，不同沸石具有不同的平均孔径、极性、Si/Al比、表面电荷，其吸附性能不同，对物质的吸附选择性也不同。Ichiura等在抄纸过程中添加了沸石和TiO_2，研究了两者比例对纸页吸附性能和光催化性能的影响，纸页的抄造过程如下：①依次加入沸石、陶瓷纤维、TiO_2和APAM形成无机悬浮液，APAM添加量为1.0%；②在纸浆悬浮液中添加PDADMAC，再加入无机悬浮液；在标准纸页成形器上抄造成纸，纸页定量250g/m²，PDADMAC的添加量为0.1%；③湿纸页在350kPa压力下压榨5min，在105℃下干燥30min；④纸页在氧化铝溶胶中浸渍，在350kPa压力下压榨5min；⑤纸页置于20℃、65%相对湿度的空调室中平衡24h，置于700℃下灼烧20min，以除去纸页中的植物纤维，并使氧化铝溶胶在陶瓷纤维间形成链接，提高纸页强度，得到纸页TiO_2+Zeolite。

Ichiura等对比了TiO_2+Zeolite纸页对甲醛的吸附和光催化降解性能，如图3.40（a）所示为三种材料对甲醛的吸附效果，没有添加沸石的纸页吸附能力很差，粉末状沸石和添加到纸页中的沸石都能快速吸附甲醛，且两者具有相似的吸附速度和相似吸附能力，说明通过湿部填加和成形作用固定在纸页中的沸石的吸附性能并没有发生改变。图3.40（b）为紫外光照射下，TiO_2+Zeolite纸页对甲醛催化降解效果，0~5min甲醛浓度迅速降低，这是沸石吸附甲醛的结果，超过5min后，若没有紫外光照射，随时间延长，甲醛浓度保持不变，说明沸石的吸附作用达到平衡；若在紫外线照射下，甲醛浓度会进一步降低，这主要是由于吸附在沸石上的甲醛被TiO_2降解，沸石恢复吸附能力，重新从系统中吸附甲醛，直至最后降低为零。对比不同TiO_2：Zeolite比例下纸页的吸附和光催化降解能力可以看出，沸石的含量越高时，吸附能力越强，TiO_2：Zeolite为1：12时，纸页的吸附能力最好，但在紫外光源时，TiO_2：Zeolite为1：4时，光催化效果最佳。TiO_2+Zeolite纸页的光催化降解能力远远高于只含TiO_2的催化纸，说明在纸页中沸石和TiO_2之间存在协同作用，由于沸石具有特殊的三维空间结构，具有较大的内表面积，能够吸附并储存大量的气体分子，因此当纸页中有沸石存在时，沸石和TiO_2间存在协同作用，由于沸石的高效吸附性能，可快速吸附甲醛气体，被吸附的甲醛经表面扩散过程与TiO_2表面活性反应中心有效接触，能缩短目标反应物扩散到达活性反应中心所需时间，从而使光催化效率得到提高，反应过程如图3.41所示[13]。

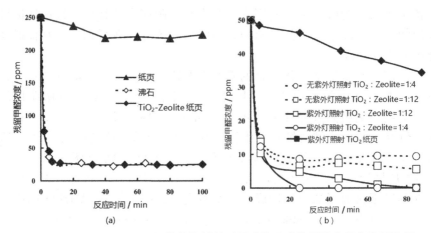

图3.40 TiO₂+Zeolite纸基催化材料对甲醛的吸附作用及光催化降解作用

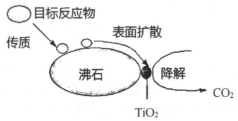

图3.41 TiO₂与沸石的协同效应

NOx在被TiO_2氧化过程中会生成中间产物NO_2，继续被氧化生成HNO_3，在此过程中生成的NO_2在被彻底氧化前会从释放出来，造成环境污染，且生成的HNO_3会沉积在TiO_2表面，影响TiO_2催化活性，甚至使TiO_2失活。为解决这个问题，Ichiura等研究了在纸页中添加不同类型沸石对催化纸氧化去除氮氧化物（NOx）效果的影响，以湿部添加方式抄造出含有TiO_2和沸石的纸页（纸页TiO_2+Zeolite），利用沸石的吸附作用避免了HNO_3在TiO_2表面的沉积，解决了催化纸使用过程中TiO_2催化效率下降的问题。A型和Y型沸石分别被添加到纸页中，按上述TiO_2+Zeolite纸页的抄造方法得到不同催化性能的纸基催化材料。从表3.7可以看出，纸页TiO_2+Zeolite Y对NOx的去除效果低于纸页TiO_2+Zeolite A，这是由于不同类型沸石的空间结构、Si/Al比、碱金属和碱土金属离子的种类及数量不同，使得沸石的吸附作用具有较高的选择性，Zeolite Y的平均孔径为0.7nm，明显大于Zeolite A的孔径（0.4nm），两者Al/Si、Na^+含量明显不同，Zeolite Y对硝酸的吸附能力较弱，导致纸页TiO_2+Zeolite Y中沸石和TiO_2的协同作用不明显，其去除NOx的能力与纸页TiO_2（只添加TiO_2而未添加沸石的纸页）相当；纸页TiO_2+Zeolite A去除NOx的能力远远高于纸页TiO_2，在紫外灯照射下，可连续去除NOx，不会因HNO₃沉积在TiO₂表面导致催化效率的下降。

图3.42揭示了NOx在纸页TiO₂+Zeolite A中的催化降解机理。NO被Zeolite A吸附后，迁移到TiO₂表面并被氧化为NO₂，生成的NO₂一部分返回Zeolite A被其吸附，这部分NO₂在后续过程中会扩散到TiO₂表面，进一步被氧化成HNO₃，使NO₂的继续氧化作用具有足够的时间，使更多的NO₂被彻底氧化生成HNO₃，因此，在整个反应过程中生成的NO₂较少（0.78mmol），低于纸页TiO₂和纸页TiO₂+Zeolite Y产生的NO₂（0.98mmol）。这些生成的HNO₃会从TiO₂表面转移到Zeolite表面，因此不会发生HNO₃在TiO₂表面累积而导致纸页催化性能下降的现象。

表3.7　不同纸基催化材料去除的NOₓ和释放的NO₂

纸页类型	NOx / μmol/g	NO₂ / μmol
纸页TiO₂	4.52	0.97
纸页TiO₂+Zeolite A	10.7	0.78
纸页TiO₂+Zeolite Y	6.44	0.98
纸页Zeolite A+Ti sol	16.2	0.32
纸页Zeolite Y+Ti sol	7.21	0.59

注：去除的 NOₓ 为换算得到的纸页中单位质量 TiO₂ 去除的 NOₓ。

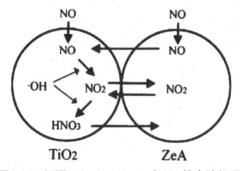

图3.42　纸页TiO₂+Zeolite A对NOx的去除机理

Ichiura等在抄纸过程中加入Zeolite Y、Zeolite A，通过湿部留着被截留在纸页中，湿纸页通过浸渍TiO₂溶胶完成TiO₂的负载，得到了纸页Zeolite Y+Ti sol、纸页Zeolite A+Ti sol，发现纸页强度与采用氧化铝溶胶作为无机胶粘剂的纸页相当，浸渍负载TiO₂得到的催化纸对NOₓ的去除效果好于通过是湿部添加得到的纸基催化材料，这是由于纸页Zeolite A+Ti sol中，TiO₂含量高于纸页TiO₂+Zeolite，且TiO₂均匀分布在纸页表面，能保证NO更快地被氧化成HNO₃。纸页Zeolite A+Ti sol对NOₓ的氧化去除效果最好，由表3.7可以看出，其中单位质量去除的NO_x为16.2 μmol/g。通过浸渍TiO_2溶胶得到的纸页在反应过程中产生的NO_2都低于通过湿部添加TiO_2制得的纸基材料，由此可假设在纸页Zeolite A-Ti sol中NOx的反应机理如图3.43所示，在·OH的作用下，大部分NO可直接被氧化为HNO_3，未经过生成NO_2的中间反应[14]。

由此可见，在纸基催化材料中添加Zeolite A可明显提高其氧化去除NO_x性能。沸石在整个过程中充当了反应物NO、和产物NO_2和HNO_3的载体，加速了NO到达TiO_2表面所需的时间，降低生成的HNO_3沉积在TiO_2表面沉积造成的催化剂失活的不利影响，且可减少反应过程中生成的NO_2。

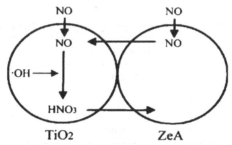

图3.43 纸页Zeolite+Tisol去除NO_x的机理

鉴于沸石特殊的吸附性和多孔结构，研究者在纸基催化材料制备过程中加入了沸石作为吸附剂，可有效吸附反应物，缩短其到达TiO_2活性中心所需的时间，也可吸附生成物，防止其在TiO_2表面累积，阻止TiO_2失活。祝红丽在纸页的光催化涂层中加入4~5份斜发沸石Clinoptilolite，甲苯的降解效率可提高9.15%~13.85%，有效提高了光催化涂层的光催化效率。

由于沸石具有高选择吸附性，不同沸石对不同物质的吸附能力不同，在纸页中添加不同种类的沸石，可降解不同物质，Fukahori等人采用A型、Y型、F型沸石抄造纸基催化材料用于降解双酚A，发现Y型沸石的吸附效果最好，而A型、F型对双酚A几乎没有吸附效果，这可能由于Y型沸石的平均孔径大，为0.7nm，对大分子物质双酚A的吸附效果好，而其余两种沸石由于孔径较小，较大的双酚A分子无法进入沸石的微孔结构中，因此，添加A型和F型沸石两种沸石的纸基催化材料对双酚A的催化降解效果差，而在添加Y型沸石的催化纸中，Y型沸石和TiO_2存在协同作用，有利于TiO_2快速地捕捉污染物，可大幅度提高双酚A的降解效果[15]。

在上述添加沸石的纸基催化材料中，沸石和TiO_2是分别加入纸料中，利用作为目标反应物的吸附中心，可缩短其扩散到TiO_2活性中心所需的时间；沸石还可作为产物的吸附中心，减少其在TiO_2表面的累积，阻止TiO_2失活，因此加入沸石可提高TiO_2催化纸的催化性能。根据沸石和TiO_2的协同作用原理，若将TiO_2直接负载到沸石上，TiO_2产生的光生电子可以在沸石孔道内传递，减少了电子与空穴的复合几率，可有效提高TiO₂的光催化效率，另外，沸石与TiO₂直接接触，增大两者之间的接触面积，缩短物质在两者之间转移的距离，能进一步提高纸基催化材料的催化活性。

Ko等将TiO₂纳米粒子固定在沸石上，形成Zeolite-TiO₂纳米粒子用于抄纸过程。具体过程是：通过凝胶-溶胶法使钛酸异丙酯在2-丙醇中水解制备TiO₂胶体，得到平均粒径为2~3nm的TiO₂溶胶。将天然沸石在剧烈搅拌下加入到TiO₂溶胶中，通过挥发作用除去溶剂，使TiO₂负载在沸石上，于110℃干燥后，在600℃下灼烧形成锐钛型TiO₂晶体，负载在沸石上的TiO₂粒径为13nm，大于沸石孔穴的孔径，因此TiO₂不会进入沸石内部孔穴中，而是在沸石表面形成多种纳米胶体颗粒，即Zeolite-TiO₂纳米粒子。将Zeolite-TiO₂纳米粒子加入纸料中，以阳离子淀粉、CPAM和沸石作为助留剂，在标准纸页成形器上成纸得到催化纸，纸页定量100g/m²。SEM 观察纸页结构如图3.44所示，纸页中的纤维和细小纤维通过氢键结合，形成一个结合紧密的纤维网络。在添加TiO₂和Zeolite-TiO₂纳米粒子的纸页B和C中TiO₂或Zeolite-TiO₂纳米粒子都均匀分布在纤维之间的微孔里，奥斯龙公司的TiO₂催化纸纸页中纤维间的孔隙较大，TiO₂均匀地分布在纤维表面。

（a）原纸

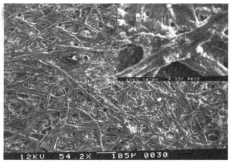
（b）添加 TiO₂ 的纸基催化材料

（c）添加负载 TiO₂ 的沸石的纸基催化材料

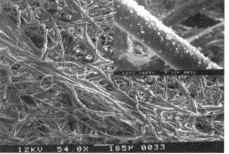
（d）奥斯龙 TiO₂ 纸基催化材料

图3.44　纸页的SEM形貌

　　以甲苯作为模型化合物，在365nm黑光灯照射下，对比各种催化纸对甲苯的降解性能，如图3.45所示。奥斯龙催化纸与甲苯接触后，甲苯浓度很快降低，这主要是由于其纸页中的孔隙率较大，且以SiO$_2$作为TiO$_2$固定在无纺布纤维上的胶黏剂，使纸页具备良好的吸附能力，仅依靠吸附能力可去除50%的甲苯；而其他纸基催化材料的吸附能力较弱，仅去除10%~20%的甲苯。在紫外灯照射下，各种催化纸可进一步降解甲苯气体，其中奥斯龙纸基催化材料要好于仅添加p-25的纸基催化材料，两种添加Zeolite-TiO$_2$纳米粒子的纸基催化材料效果高于奥斯龙纸基催化材料，进一步说明将TiO$_2$负载到沸石上要比沸石和TiO$_2$分别添加到纸料中更有效，将TiO$_2$预先负载到Zeolite上有利于对反应物的吸附作用；利用沸石的孔道作用传递电子，阻止了电子-空穴的复合；利用沸石对产物的吸附作用，有利于降解产物及时从TiO$_2$表面脱附，因此，添加Zeolite-TiO$_2$纳米颗粒在光催化反应的三个阶段都能增大光催化降解反应效率，从而提高该纸基材料的催化活性[16]。

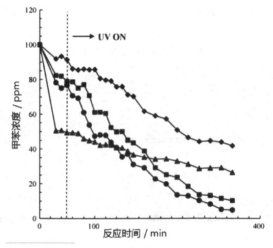

图3.45　各种纸基催化材料对甲苯的光催化降解效果

◆—添加 P-25 的纸基催化材料；■—添加 Zeolite-TiO$_2$ 纳米粒子的纸基催化材料（TiO$_2$ ： Zeolite=3）；●—添加 Zeolite-TiO$_2$ 纳米粒子的纸基催化材料（TiO$_2$ ： Zeolite=5）；▲—奥斯龙 TiO$_2$ 纸基催化材料

4. 生物偶联技术固定TiO$_2$

　　为提高纸基催化材料的强度，提高TiO$_2$留着率，在其抄造过程中加入了助留助滤剂，无机纤维，沸石、胶黏剂等助剂，这些添加剂会占据纸页中TiO$_2$表面的部分活性点位，使目标反应物不能尽快达到TiO$_2$表面的活性位点，导致TiO$_2$纸基催化材料的光催化活性降低；通过添加助留剂虽可以提高TiO$_2$留着率，但也容易使TiO$_2$凝聚成团，降低TiO$_2$的表面积。为解决这些问题，Ye等首次采用生物偶联技术通过生物分子（链霉亲合素）的链接将TiO₂纳米粒子负载于纤维上，使其在纤维表面获得了均匀分布。

具体过程如下：

（1）纤维素酶结合域CBM2a-Strep-tagⅡ的表达和纯化：在500mL含有0.1%氨苄青霉素的LB培养基中接种含有CBM2a-Strep-tagⅡ结构的大肠埃希氏菌 $E.coli$，在37℃、转速180rpm的摇瓶中培养，使其菌悬液在波长为600nm的吸光度达到0.6~1.0，加入0.1 mN 异丙基-β-D-1-硫代半乳糖吡喃糖苷（IPTG）诱发 $E.coli$ 合成蛋白质组氨酸-CBM2a-Strep-tagⅡ，菌悬液于30℃下培养14h。菌悬液在10000g作用力下离心分离，上清液丢弃，在分离出固体部分中加入10mL三羟甲基氨基甲烷-HCl缓冲液，使菌体细胞上浮除去，并将其置于冰水槽中保持低温下用超声处理，通过离心分离，得到的上清液于-20℃下冷冻保存。

（2）纳米粒子TiO₂的氨基硅烷化及TiO₂生物酰化：在N₂保护下，0.03gTiO₂与0.15mL 3-氨丙基三乙基硅烷（APTS）在100mL的无水二甲亚砜（DMSO）中85℃下搅拌4h，固体物质经离心分离后，用180mL 无水DMSO洗涤3次除去剩余APTS，将所得固体分散在100mL 无水DMSO中，在120℃下用N₂处理2h，得到硅烷化TiO₂。室温下，0.015g TiO₂与0.1g N-羟基琥珀酰甘业氨在50mLDMSO中反应3h，所得固体用超纯水洗涤后，于65℃下真空干燥除去溶剂，即得生物酰化的TiO₂（如图3.46所示）。由于硅烷化改性和生物酰化反应会使TiO₂的电性升高，甚至变为带正电颗粒，因此在反应过程中，控制硅烷化和生物酰化的程度，保证所得的TiO₂带负电，表3.8是pH值为7.4时，各种TiO₂在三羟甲基氨基甲烷-HCl中的电泳迁移速率。从表中可以看出两种改性TiO₂都带负电，避免了其与纤维混合后因静电引力而吸附在纤维表面。

（3）TiO₂在纸页的固定：将CBM2a-Strep-tagⅡ溶于三羟甲基氨基甲烷-HCl缓冲液，配成 3.96×10^{-5} mol·L^{-1}的溶液，将沃特曼（Whatman）1号滤纸裁切成2cm×6cm纸条浸渍于3mL上述溶液中，室温下在40r/min频率的摇床上反应3h，取出纸页，将其置于15mL超纯水中在80r/min频率下洗涤，直至未与纤维形成链接的CBM2a-Strep-tagⅡ被全部除去。

（4）将（3）所得纸页置于 1.65×10^{-5} mol·L链霉素亲合素溶液中，重复（3）中的浸渍洗涤过程，直至未与纤维结合的链霉亲和素全部被除去。

（5）以三羟甲基氨基甲烷-HCl缓冲液为溶剂，配制生物酰化TiO₂溶液（浓度为0.4g·L），将该溶液超声处理10min，将（4）所得的纸页在5mL生物酰化TiO₂溶液中浸渍20s，立即转移到5mL三羟甲基氨基甲烷-HCl缓冲液进行（4）中的洗涤过程，最终用2L三羟甲基氨基甲烷-HCl缓冲液洗涤除去未反应的颗粒，得到通过生物欧联技术负载TiO₂的纸基催化材料。

表3.8　各种TiO₂的电泳迁移率

TiO₂种类	电泳迁移率 / (m²/Vs)
P-25	$-1.06 \pm 0.14 \times 10^{-8}$
APTS硅烷化TiO₂	$-0.56 \pm 0.04 \times 10^{-8}$
生物酰化TiO₂	$-0.71 \pm 0.04 \times 10^{-8}$

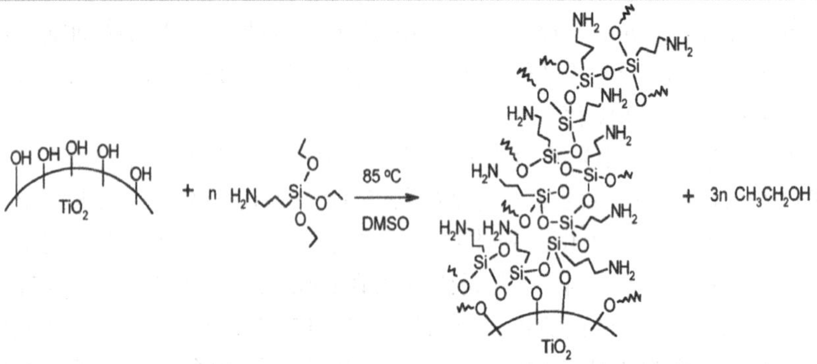

（a）APTS 对纳米 TiO₂ 进行硅烷化

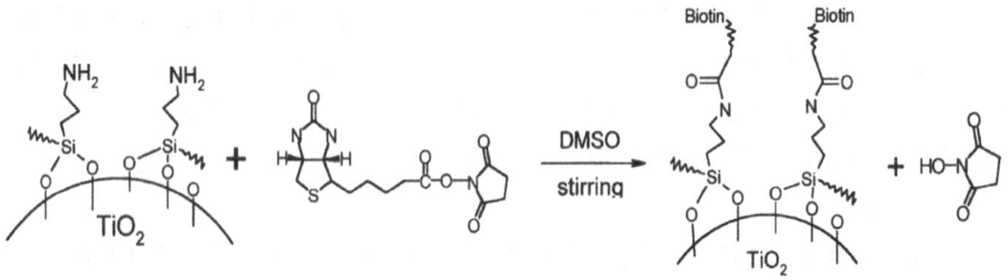

（b）硅烷化 TiO₂ 的生物酰化

图3.46　纳米TiO₂的生物酰化反应

如图3.47所示，通过生物偶联技术将TiO₂分子固定在纤维表面，形成纤维/CBM2a-Strep-tagII/链霉亲合素/生物酰化TiO₂链接，其中纤维与CBM2a-Strep-tagII之间为化学吸附，CBM2a-Strep-tagII与链霉亲合素、链霉亲合素与生物酰化TiO₂之间均为化学链接。SEM观察结果如图3.48所示，经过CBM2a-Strep-tagII、链霉亲合素、生物酰化的纳米TiO₂粒子处理形成的催化纸中TiO₂均匀分布在纤维表面，经分析可知24%的纤维表面被TiO₂覆盖。而未经这三者同时处理的纸页（b）、（c）、（d）中纤维表面负载的TiO₂较少。

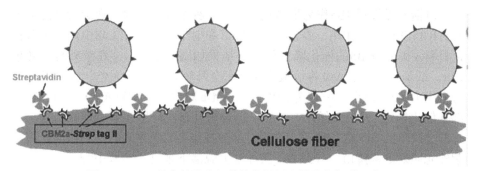

图3.47　TiO₂纳米粒子在纸基催化材料上的生物偶联示意图

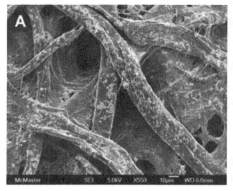

（a）用 CBM2a-Strep-tagII、链霉亲合素、生物酰化的纳米 TiO₂ 粒子处理得到的纸基催化材料

（b）用链霉亲合素、生物酰化的纳米 TiO₂ 粒子处理得到的纸基催化材料

（c）用 CBM2a-Strep-tagII、链霉素亲合素、未处理纳米 TiO₂ 处理得到的纸基催化材料

（d）用 CBM2a-Strep-tagII、链霉素亲合素、硅烷化纳米 TiO₂ 处理得到的纸基催化材料

图3.48　纸页的SEM形貌

　　以活性黑染料RB5作为模型化合物，三种纸基催化材料在无紫外灯照射时对RB5没有降解作用，在365nm紫外灯照射下，研究图3.48中两种纸基催化材料A和D对RB5的催化降解效果，结果如图3.49所示，在紫外灯下照射12h，纸基催化材料A可将溶液中RB5完全降解，溶液呈无色，而纸基催化材料D对RB5的降解效率仅为10%。用SEM重新观察在紫外光下反应12h后的纸基催化材料A，发现纳米TiO_2粒子仍均匀分布在纤维表面，但在溶液中也有部分脱落的TiO_2纳米粒子，说明有部分纤维与TiO_2之间的生物偶联链接在紫外光照射下被降解，导致TiO_2从纤维上脱落下来进入溶液中[17]。

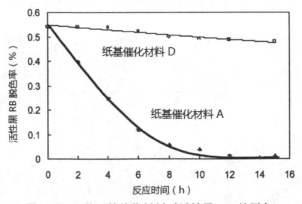

图3.49　两种纸基催化材料对活性黑RB5的脱色

　　由此可见，生物偶联技术可以将单个TiO_2纳米粒子均匀分布在纤维表面，所得催化纸具有较高的光催化性能，为将TiO_2纳米粒子均匀分布到纤维表面找到了一种新方式。但生物偶联负载TiO_2的方式也存在一定缺陷，首先，纤维与TiO_2之间的生物链接也是有机物，仅能抵抗一定程度的紫外辐射，在长时间紫外光照射过程中仍有部分生物链接会发生降解，使部分TiO_2从纤维上脱落下来，这必然会导致纸基催化材料催化活性的降低，因此，如何进一步研究提高生物链接抵抗紫外光降解的能力，是采用生物偶联方式负载光催化材料必须要解决的问题。再者，在纤维和TiO_2间是纤维与CBM2a-Strep-tagII、CBM2a-Strep-tagII/链霉亲合素、链霉亲合素/生物酰化TiO_2三层链接，纳米TiO_2的固定过程十分烦琐，目前研究较多的是对纳米晶体纤维素进行生物偶联改性，尚未发现其他用生物偶联技术负载催化材料的报道，如何简化纤维和TiO_2纳米粒子的生物偶联处理过程是需要考虑的问题。

　　5. 超声波合成和负载纳米TiO_2

　　超声波的空化作用能促进晶核的形成，在超声波作用下，在液体中气泡快速的形成、生长、崩溃，可瞬时产生局部的高温高压（>5000K和

>20MPa），具有快速的冷却速度（>1010K·s⁻¹），可使金属离子还原为金属或生成金属氧化物。超声波作用的主要优点是反应可在温和的条件下进行，反应条件简单且节省能源，TiO_2的合成和在载体上的负载过程可一步完成，省去了后续烦琐的处理过程。

Akhavan等在超声波作用通过一步反应合成了TiO_2纳米颗粒并将其负载于棉纤维上，具体处理过程如下：

（1）棉纤维织物的预处理：将漂白棉纤维织物（118g/m²）在温度为60℃、浓度1g/L的非离子表面活性剂Rucogen DEN水浴中清洗15min。

（2）在棉纤维上原位合成TiO_2纳米粒子：在250rpm搅拌速度下，将100mL蒸馏水与0.2mL醋酸混合，搅拌5min，将棉纤维织物（10×10cm）浸入溶液中，将其超声处理5min后，在超声波作用下，将9mL四异丙醇钛逐滴加入溶液中，混合物在25±3℃的条件下超声处理4h，25℃空气中干燥24h，用蒸馏水洗涤后，于70℃干燥15min，得到负载TiO_2纳米颗粒的棉织物。其SEM形貌如图3.50所示，图（a）~（c）为未处理的纤维表面，可以看出未经处理的纤维表面干净而光滑，经过超声处理后的纤维（如图（d）~（f）所示）表面均匀覆盖了一层TiO_2纳米粒子。

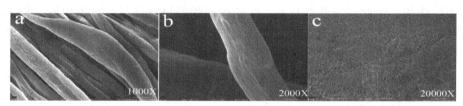

（a）~（c）：未负载 TiO_2 的纤维

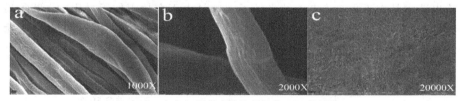

（d）~（f）：经超声波处理负载 TiO_2 的纤维

图3.50　经超声处理后表面负载TiO_2纳米颗粒的纤维形貌

经X射线衍射（XRD）检测可以看出，未经超声处理的TiO_2以无定形的形式存在，不会形成晶体。经超声处理后形成的TiO_2纳米晶体粒径都小于6nm。超声作用和四异丙醇钛的用量会影响TiO_2结晶度和晶体粒径。随着超声处理时间的延长，四异丙醇钛用量的增大，形成TiO_2晶体的结晶度提高。在超声波作用下，TiO_2纳米粒子的合成和负载可以一步完成，钛醇盐的水解作用、脱水缩聚反应可按下面反应式进行：

$$Ti(OC_3H_7)_4 + H_2O \rightarrow Ti\text{-}OH + C_3H_7OH$$
$$Ti\text{-}OH + Ti\text{-}OH \rightarrow Ti\text{-}O\text{-}Ti + H_2O$$

在超纯水中加入四异丙醇钛进行水解，形成的水解产物缩聚形成大量的微小凝胶核，再逐步聚集成大的簇。在超声波作用于液相过程中，气泡的崩溃会产生局部瞬间的高温和高压，使得H_2O被分解为·OH和·H自由基，这些自由基有利于四异丙醇钛的水解和Ti-OH与Ti-OC$_3$H$_7$的缩合脱水，从而生成TiO_2纳米颗粒。此外，超声波作用会在液体中产生强烈的对流作用，在液体中形成微湍流和冲击波，这两种作用对纳米粒子结晶会产生不同的影响，冲击波是高振幅的波动，主要影响晶核的形成；而微湍流则是由空化气泡的径向运动引起的持续振荡运动，主要影响晶粒的生长。超声波产生的瞬间局部高温、冲击波和微湍流是可以在低温下形成纳米TiO_2晶体的主要原因。在纤维织物上，由于超声波作用会导致纤维发生润张，有利于在纤维分子间负载纳米TiO_2。Ti-O-Ti会在纤维间形成交联作用，减少纤维的起皱，纳米TiO_2与纤维上的羟基存在较强亲合作用，可通过脱水作用与纤维上的羟基形成链接，从而使TiO_2纳米粒子牢固地附着在纤维上，使其具有较好的洗涤耐久性。由于TiO_2的UV-vis吸收光谱在270～280nm会发生明显的吸收作用，因此，可收集负载TiO_2的棉织物经过洗涤过程后流出液，检测其UV-vis的吸收光谱，以确定是否有TiO_2颗粒从棉织物上脱落。若未与纤维形成牢固结合的TiO_2粒子会从纤维上脱落而进入洗涤流出液中。如图3.51所示，经过第一次洗涤作用，流出液在270~280nm处有明显吸收，这可能是未与纤维形成链接的TiO_2纳米粒子脱落下来，进入流出液中。而继续进行5、10、15、25次洗涤后，其流出液在270~280nm处不存在明显吸附，说明流出液中基本不再含有TiO_2纳米粒子，这是由于在超声作用过程中，TiO_2与纤维上的羧基和羟基形成了共价键链接，在未形成共价键结合的TiO_2纳米颗粒脱落后，形成共价键结合的纳米TiO_2不再脱落。

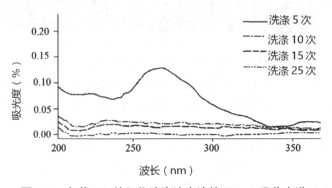

图3.51　负载TiO_2棉织物洗涤流出液的UV-vis吸收光谱

　　经过超声处理负载TiO_2纳米颗粒后，棉织物的强度性质也会发生变化，未经处理的棉织物的断裂应力为$1096gf/mm^2$，经过超声处理负载TiO_2纳米颗粒后降低为$1039gf/mm^2$，断裂载荷则从524.2N降低为508.9N，两者相对于未经处理的棉织物分别下降了5.2%和2.9%，这可能是由于在超声作用过程中，酸性条件和超声的空化作用会对纤维结构造成破坏，造成纤维分子间的链接断裂。但超声处理及在纤维上负载TiO_2纳米颗粒都未对棉织物造成明显损害[18]。因此可见，超声处理可在低温下，经一步反应完成TiO_2纳米颗粒的生成及其在棉织物上的负载过程，且未对纤维强度造成显著影响，为TiO_2的合成及负载提供了一种简便易行的方式。

　　6. TiO_2-BC复合材料

　　Sun等人利用细菌纤维素（BC）的超细纳米纤维网状结构，通过原位水热反应制备了TiO_2-BC复合纳米纤维。首先，将BC纤维用乙醇溶剂进行交换预处理，除去BC膜中不规则分布的H_2O分子。在BC纤维表面覆盖着一层H_2O分子，会与BC纤维间形成氢键链接。在内层水分子有序排列，而外层的水分子则是无序排列。通过溶剂交换作用得到覆盖一层有序水分子的BC纤维。离心分离后，浸入200mL的$Ti(OBu)_4$的乙醇溶液中，在30℃下，以200r/min的转速搅拌反应2h，$Ti(OBu)_4$在BC纤维表面发生水解反应生成$Ti(OH)_4$。将混合物转移到200mL特氟龙管中，并置于高压灭菌锅中，在150℃下反应5h，在水热条件下，$Ti(OH)_4$脱水生成TiO_2纳米颗粒附着在BC纤维上。通过离心分离出薄膜后，分别用乙醇和蒸馏水洗涤3次，60℃真空干燥过夜，得到TiO_2-BC复合材料。在制备过程中，若加入尿素可制备N掺杂的TiO_2-BC复合材料（N-TiO_2-BC）。

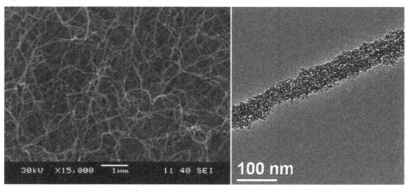

（a）BC纤维　　　　　　　　　（b）TiO_2-BC膜

图3.52　TiO_2-BC纳米纤维的SEM形貌

　　图3.52是TiO_2-BC纳米纤维的SEM形貌，BC纳米纤维的平均直径约为30nm，长度为几微米至几十微米；图（b）显示TiO_2沉积在BC纤维表面，

TiO_2-BC纤维的直径为4.3~8.5nm，平均直径为7.8 ± 0.2nm，TiO_2规则地沉积在BC纤维表面，增大了TiO_2-BC纤维的比表面积，由BET测试可知，经过TiO_2的负载过程，其比表面积从$1.37m^2/g$增大到$208.17m^2/g$，孔隙的体积从$0.006cm^3/g$增大到$0.151cm^3/g$。BC纤维孔隙的孔径分布范围较广（2-100nm），而负载TiO_2后，其孔径分布变窄，中孔的平均孔径为3.5nm。

图3.53比较了在紫外光照射下，TiO_2-BC、N-TiO_2-BC两种复合材料和P-25对MO的降解作用。两种复合材料的光催化性能明显高于P-25，P-25的比表面积为$50m^2/g$，粒径为30nm，两种复合材料的比表面积要大于P-25，颗粒粒径都小于P-25，因此，在催化降解MO的过程中表现出更高的活性。且N-TiO_2-BC由于存在N掺杂，能降低TiO_2的带隙能级，并扩展了其光谱响应范围，在可见光区域也会发生吸收，因此N-TiO_2-BC的光催化效率明显要高于TiO_2-BC[19]。

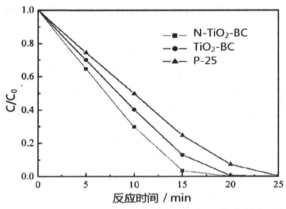

图3.53　TiO_2-BC和N-TiO_2-BC复合材料对MO的光催化降解性能

7. TiO_2/纳米棉纤维复合材料

纳米纤维是以来源丰富、可自然降解的天然高分子纤维素为原材料，通过静电纺丝技术生产的一种柔性、可折叠、形状可任意裁剪控制的薄膜。由于其相对较大的比表面积以及自身多羟基结构，可以给其他物质的复合提供丰富的结合位点，且作为有机物基底，纳米纤维可以控制无机纳米颗粒的形貌，阻止颗粒团聚，因此纳米纤维纤开拓了纤维素材料新的应用范围，成为一种优选的纳米颗粒载体。刘秋艳选择棉纤维作为原材料，通过静电纺丝技术制备了纳米棉纤维基底材料，对棉纤维进行进一步功能化修饰，采用溶胶-凝胶法和水热法制备了TiO_2/纳米棉纤维复合材料，并研究了其在光催化过程中的应用。

首先，制备天然棉超细纳米纤维。天然白棉纤维（DP=12000）经过NaOH活化处理，溶解在8.5% LiCl/N,N-二甲基乙酰胺（DMAc）溶剂中，控制棉纤维含量为1.15%。将配好的溶液在80℃至少搅拌4h，直至溶液均一、透明，将溶液置于冰箱中，使棉花更好地溶解。通过静电纺丝过程得到分布均匀的超细纳米棉纤维，纤维直径约为100nm，如图3.54（a）所示。将超细纳米棉纤维浸入体积比为9∶1的甲醇水溶液中，并在冰箱中放置12h，以消除无纺布成膜现象。第二步，通过溶胶凝胶法制备TiO_2/纳米棉纤维复合材料。利用钛酸四丁酯在乙醇溶液中酸性水解得到均一透明的TiO_2溶胶，调节钛酸四丁酯用量可控制溶胶中TiO_2含量，将超细棉纳米纤维在TiO_2溶胶中浸渍5h，去离子水和乙醇洗涤后，室温下自然晾干备用，由于棉纤维表面有较多的羟基，通过范德华力和氢键作用力，TiO_2可固定在纳米棉纤维表面，形成一层TiO_2薄膜，如图3.54（b）所示。增加溶胶中TiO_2的含量，可使附着在纤维表面的TiO_2厚度增加，复合纤维的直径增加。为提高TiO_2结晶度，将制得的TiO_2/棉纤维在180℃水热处理6h后取出洗涤、干燥备用，经过水热处理，可以得到结晶性能较好的TiO_2纳米粒子负载于棉纤维表面，在纤维表面形成一层致密的包覆层，如图3.54（c）所示，且溶胶中TiO_2含量高的情况下形成的TiO_2更加致密。在制备TiO_2溶胶过程中分别加入6mL、8mL、10mL和12mL的钛酸四丁酯所得的TiO_2溶胶，浸入纳米棉纤维并经过水热处理得到的TiO_2/棉纤维复合材料分别标记为HT6、HT8、HT10、HT12。

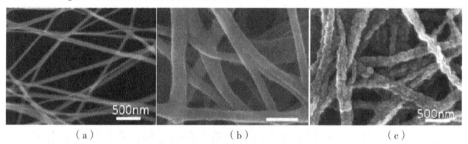

（a）　　　　　　　　（b）　　　　　　　　（c）

图3.54　TiO_2/纳米棉纤维复合材料的SEM形貌

图3.55显示了TiO_2/纳米棉纤维复合材料对MB的光催化降解效果，随TiO_2含量的增加，TiO_2/纳米棉纤维复合材料的光催化效率提高，当HT12对MB的催化降解效果要高于P–25悬浮体系的催化降解效率，当反应140min时，MB的降解率高达97%。在该反应条件下，MB的光催化反应符合一级动力学反应，其反应速度常数的变化次序为HT12>P–25>HT10>HT8>HT6，说明在一定范围内，TiO_2/纳米棉纤维复合材料的光催化活性随TiO_2含量的增加而提高。TiO_2/纳米棉纤维复合材料可获得比悬浮体系P–25更高的催化活性，这可能是由于纳米棉纤维作为纳米颗粒载体，其小的直径、大的比表面积有利于MB分子在TiO_2/纳米棉纤维复合材料表面的吸附，可加快光催化降解速度；纳米纤维可有效阻止TiO_2纳米颗粒的团聚，有利于进一步可加快

光催化反应速度[20]。

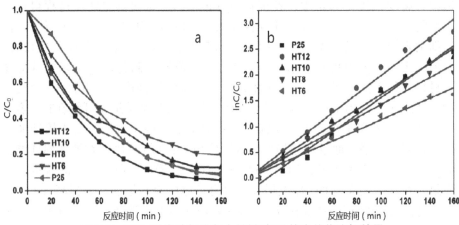

图3.55　TiO₂/纳米棉纤维复合材料对MB的光催化降解效果

天然棉超细纳米纤维具有较大的比表面积，有利于吸附目标反应物；其表面有大量的羟基，易于进行改性或进行纳米催化颗粒的负载，且棉纤维的来源丰富，价格较低，因此，纳米棉纤维已经成为一种优良的光催化剂载体。

3.4 Ag/TiO$_2$纸基催化材料

使用Ag、Au、Pt等贵金属对TiO$_2$进行贵金属掺杂处理，可对光生电子产生较强的吸引力，有利于光生电子向TiO$_2$表面迁移，有效阻止了电子和空穴的复合，从而提高改性TiO$_2$的催化性能。目前，研究者一般采用Ag对TiO$_2$进行修饰改性，得到了Ag/TiO$_2$纸基催化材料。而用Au、Pt等贵金属对TiO$_2$改性制备纸基催化材料的研究尚未见报道。

3.4.1 Ag/TiO$_2$体系光催化机理

目前，Ag/TiO$_2$复合体系由于具有特殊的界面结构及化学和电子性质，在光催化反应中受到了广泛关注，银纳米颗粒（AgNPs）在制备和催化反应的过程中因存在颗粒间的范德华力和高的表面能而容易聚集，导致其表面积有损失，降低了其整体的催化性能。为保持AgNPs的活性和稳定性，一般通过将AgNPs有效固定在固体支撑物上来防止AgNPs的聚合或团聚。用TiO$_2$

负载AgNPs从其制备、表征到性能的应用各方面都已经被广泛研究。

　　Ag负载在TiO_2表面，在金属半导体界面的肖特基势垒比较高，在紫外光照射下，TiO_2被激发产生光生电子和空穴，光生电子容易被金属捕获，从而促进了光生电子和空穴的分离，使光生电子有效还原氧气，而光生空穴留在半导体价带氧化有机物，减小了光催化过程中光生电子和空穴的复合机率，如图3.56（a）所示。通过Ag的沉积，使二氧化钛的能带结构发生变化，通过等离子共振效应提高TiO_2对可见光的吸收，当入射光为可见光时，AgNPs由于其表面等离子共振效应产生光生电子和空穴，光生电子转移到二氧化钛导带参与氧气的还原反应，而空穴氧化有机污染物，如图3.56（b）所示。

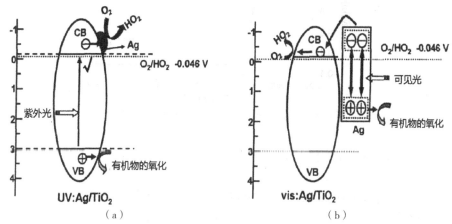

图3.56　在紫外光和可见光下，Ag/TiO_2的光催化机

　　由此可见，Ag/TiO_2不仅光催化活性高于TiO_2，还能利用可见光，扩大了催化材料的光谱响应范围。图3.57是催化材料TiO_2和Ag/TiO_2在紫外–可见光范围内的漫反射吸收光谱，从图中可以看出，TiO_2仅在紫外光区域有吸收峰，在可见光区域没有吸收峰存在，而Ag/TiO_2则不仅在紫外光区域有明显吸收，在可见光470~580nm范围内也有强烈吸收，这主要是由于Ag/TiO_2存在表面等离子共振效应，使Ag/TiO_2材料具有很好的可见光响应，扩大了光源的应用范围。

　　目前广泛使用的将Ag负载到TiO_2上的方法有光还原法、热还原法、化学还原法、热化学还原法。在TiO_2上负载的AgNPs的粒度及其负载量都会影响到Ag/TiO_2复合体系的催化性能。AgNPs的粒径会影响Ag/TiO_2的光吸收强度，随AgNPs粒径减小，其光吸收强度增加，有利于提高Ag/TiO_2的光催化活性。在一定范围内，随Ag负载量的增加，Ag/TiO_2的光催化性能增强，若银的沉积量太少，光生电子和空穴的分离效率得不到根本性改善；但若

Ag的沉积量太多，AgNPs容易聚集，使粒径增大，活性位点反而减少，且AgNPs覆盖在TiO₂表面的比例增加，会影响TiO₂对光子的吸收，最终导致其催化性能下降。

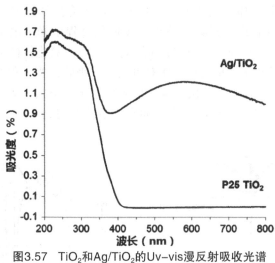

图3.57 TiO₂和Ag/TiO₂的Uv-vis漫反射吸收光谱

3.4.2 Ag/TiO₂催化纸

鉴于Ag/TiO₂良好的催化性能和在可见光区域存在明显吸收，将其用于纸基催化材料可进一步提高改材料的催化性能，有效弥补TiO₂催化纸对太阳光吸收利用效率低的缺点。Ag/TiO₂催化纸的制备多采用光还原法，在紫外光照射下，将Ag^+还原为Ag，使其沉积到TiO₂纳米粒子上，组成Ag/TiO₂复合纳米材料，通过纸页成形过程或表面涂布方式将其固定在纸页的三维空间结构中。

Park等人采用光还原法在P-25颗粒上沉积了Ag，具体过程如下：将0.3g商品TiO₂催化剂P-25与50mL 浓度为15mN的AgNO₃溶液混合后剧烈搅拌，逐滴加入NH₄OH溶液，调节pH值为10~11，在15W黑光灯照射下搅拌4~5h，将悬浮液在5000rpm下离心分离，用去离子水清洗，得到的固体物质于180℃真空干燥过夜得到灰紫色的Ag/TiO₂粉末，EDS分析可知Ag的沉积量为3.0 wt%。TEM观察发现TiO₂纳米颗粒的粒径大约35nm，而沉积在TiO₂上的AgNPs粒径约为3nm，其均匀分布在TiO₂表面或其絮体表面。通过湿部加填的方式将得到的粉末状催化剂Ag/TiO₂与纸浆混合，以0.5% CS、0.1% CPAM和2%斜发沸石作为助留剂，按纸页标准成形方法得到Ag/TiO₂催化纸。

图3.58 是原纸和Ag/TiO2催化纸的SEM图像，在两种纸页中，植物纤维

形成了紧密的纤维网络，在图3.58（b）中，Ag/TiO$_2$和沸石被截留在纸页中的孔隙中，细小粒子均匀分布在整个纸页中。以甲苯作为模型化合物，以波长大于390nm自然光作为光源，光催化降解效果如图3.59所示。空白纸页对甲苯的去除效果最差，含有TiO$_2$和Ag/TiO$_2$的催化纸都能使甲苯的浓度连续下降，但Ag/TiO$_2$催化纸的光催化性能要明显高于 TiO$_2$催化纸，反应时间为180min时，Ag/TiO$_2$催化纸对甲苯的降解率可达到65%，远高于TiO$_2$催化纸的23.2%，这是由于纸页中AgNPs与TiO$_2$、沸石三者协同作用的结果，在纸页中不仅有Ag与TiO$_2$之间的相互作用，沸石作为吸附中心和电子转移中心，也有利于提高纸页的催化性能，添加沸石的作用机理在3.3.2节已经详细介绍，本节不再重复。Ag/TiO$_2$催化纸被废弃后能方便地进行资源化利用，可将该催化纸进行碎解，通过筛选回收其中的Ag/TiO$_2$颗粒[21]。

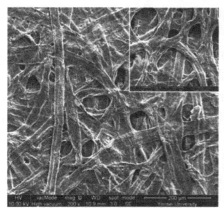 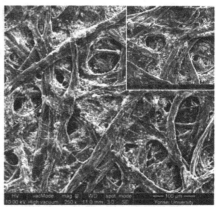

（a）原纸 （b）添加 Ag/TiO$_2$ 的催化纸

图3.58 Ag/TiO$_2$催化纸的SEM图

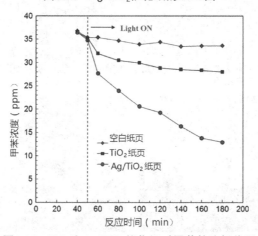

图3.59 TiO$_2$和Ag/TiO$_2$催化纸对甲苯的降解作用

Youssef等利用光还原法将纳米TiO₂进行载银处理制备了载银TiO₂纳米粒子（Ag@TiO₂），将其与聚苯乙烯溶液混合制成涂料，涂覆于纸页表面制成Ag/TiO₂基抗菌纸。具体过程如下：

（1）将AgNO₃溶液与TiO₂纳米颗粒混合后，在紫外光照射下光解产生Ag负载于TiO2纳米粒子上，得到载银的TiO₂纳米粒子（Ag@TiO₂）。

（2）按标准纸页成形方法抄造得到定量为67g/m²纸页，用湿压榨压榨4min，60℃干燥2h。

（3）纸页涂布：将20g苯乙烯溶解于200ml甲苯中，在其中加入2~4 g丁腈橡胶（NBR）或苯乙烯丁二烯（SBR）作为塑化剂，再加入不同Ag沉积量的Ag@TiO₂纳米颗粒制得胶乳。将（2）中纸页在胶乳中浸渍5min后自然风干，得到负载Ag@TiO₂的抗菌纸。纸页形貌如图3.60所示。在涂料中有足够的PS，随Ag@TiO₂加填量的增加，颗粒分布更加均匀。涂布胶乳主要分布在纤维上，纸页中纤维间仍保持多孔隙结构，可为光化学反应提供足够的活性反应中心。涂布含有5% Ag@TiO₂纳米粒子胶乳得到的催化纸，其抗菌性明显强于涂布含TiO₂纳米粒子胶乳的抗菌纸，该抗菌纸对Pseudomonas、S.aureus、Candida和Staphylococc四种测试微生物都可以形成抑菌圈，而以TiO₂纳米粒子为催化材料的抗菌纸仅对Pseudomonas和Staphylococc形成抑菌圈[22]。

未涂布纸页　　　　　　　　　5%PS、2%NBR和5%Ag@TiO₂胶乳

5%PS、2%NBR和5%Ag@TiO₂胶乳　　5%PS、2%SBR和5%Ag@TiO₂胶乳

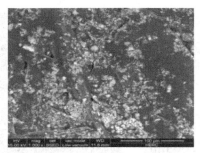 

5%PS、2%NBR和2.5%Ag@TiO$_2$胶乳　　　5%PS、2%NBR和2.5%Ag@TiO$_2$胶乳

图3.60　涂料组成对催化纸涂层的影响

Zhou等采用水热合成法制备了TiO$_2$纳米带，经酸修饰后采用光还原法进行载银处理得到了载银TiO$_2$纳米带，用加填方式在纸料中添加Ag/TiO$_2$纳米带得到催化纸，并对该催化纸的光催化性能和抑菌性能进行了研究。纳米带（TiO$_2$）及酸蚀纳米带（C-TiO$_2$）制备的具体过程如前部分所述。载银TiO$_2$纳米带（Ag/C-TiO$_2$）的制备：将0.5gAgNO$_3$溶于50mL乙醇中，并加入0.5g C-TiO$_2$纳米带，将此悬浮液在磁力搅拌下用20W紫外灯照射1min，然后离心分离并用去离子水清洗，室温下干燥得到Ag/C-TiO$_2$纳米带。（3）加填 TiO$_2$纳米带的清洁纸的制备：在磁力搅拌下将1g纳米带分散到1L蒸馏水中，在0.1MPa压力下，用微孔滤纸进行抽滤，得到纸页状的纳米TiO$_2$催化材料，于70℃干燥24h得到由TiO$_2$纳米带形成的纳米纸页。

图3.61为TiO$_2$纳米带的SEM和TEM图像，TiO$_2$纳米带表面光滑且柔软，长约几百毫米，带宽50~200nm。经硫酸处理后，由于酸的腐蚀作用，使纳米带表面变得粗糙，酸处理可腐蚀除去纳米带中的无定形区，有利于锐钛矿的重新结晶，因此酸处理后的纳米带有更高的结晶度。从图3.61（e）和（f）可看出，经载银处理后，银纳米粒子（AgNPs）附着在TiO$_2$纳米带表面，研究三种TiO$_2$纳米带的催化性能并将其与P-25的光催化性比较，结果如图3.62（a）所示，P-25的光催化性最差，TiO$_2$纳米带、C-TiO$_2$、Ag/C-TiO$_2$使20mL浓度为25mg/L甲基橙（MO）溶液完全降解脱色所需的时间分别为55min、40min和30min。C-TiO$_2$纳米带由于酸腐蚀处理，表面粗糙，其比表面积由20.78m^2/g增加到29.13m^2/g，Ag/C-TiO$_2$则由于AgNPs和TiO$_2$的协同作用，使其光催化效率提高。图3.61（b）是显示Ag/C-TiO$_2$的催化稳定性，该纳米带反复使用七次，其催化活性仅仅略有下降，说明Ag/C-TiO$_2$具有很好的催化稳定性。

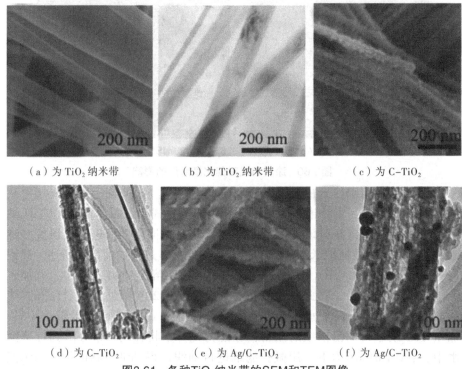

（a）为TiO$_2$纳米带　　（b）为TiO$_2$纳米带　　（c）为C–TiO$_2$

（d）为C–TiO$_2$　　（e）为Ag/C–TiO$_2$　　（f）为Ag/C–TiO$_2$

图3.61　各种TiO$_2$纳米带的SEM和TEM图像

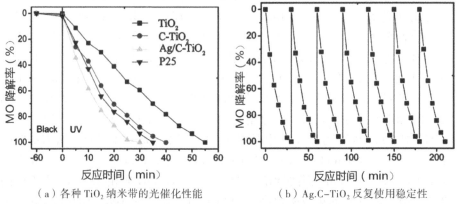

（a）各种TiO$_2$纳米带的光催化性能　　（b）Ag.C–TiO$_2$反复使用稳定性

图3.62　为三种TiO$_2$纳米带的光催化性能及Ag/C–TiO$_2$纳米带的稳定性

图3.63是经湿部添加了三种TiO$_2$纳米带抄造得到的各种催化纸的SEM和TEM图像，由于TiO$_2$纳米带表面带有大量OH$^-$，留着在纸页中的TiO$_2$纳米带与纤维间存在氢键链接，形成了类似于纸页的多孔隙三维空间结构，材料中的孔隙为50~500nm。从图3.63（g）、（h）（i）可以看出，其纵剖面呈

多层次的网状结构，这种结构可为催化反应提供更多的活性反应中心。

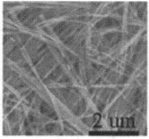

（d）添加 TiO₂ 纳米带的纸页　　（e）添加 C-TiO₂ 的纸页　　（f）添加 Ag/C-TiO₂ 的纸页

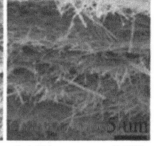

（g）添加 TiO₂ 纳米带的纸页　　（h）添加 C-TiO₂ 的纸页　　（i）添加 Ag/C-TiO₂ 的纸页

图3.63　添加三种TiO₂纳米带的纸页的SEM图像

将三种纸页分别用于降解连续流甲基橙溶液，结果如图3.64所示，加填 TiO_2、$C-TiO_2$、$Ag/C-TiO_2$ 三种纳米带得到的催化材料对甲基橙（MO）都有吸附作用，其吸附效率分别为5.46%、13.5%、14.1%，光催化反应时间达到40min时，对MO的降解率分别为61%、82.6%和100%。说明TiO_2纳米带表面经酸性修饰和载银处理后可明显提高TiO_2纳米带的光催化性能，酸性修饰可增加TiO_2纳米带的表面积，使活性中心增多，载银处理则有效减少了光生电子和空穴的复合，将光源响应范围扩大到可见光区域，这些都能有效提高TiO_2纳米带的光催化性能。此外，由于该催化材料的三维立体多孔结构可以为反应提供更多的反应中心，位于其内部孔隙中的TiO_2纳米带也能吸收紫外光的辐射，表现出光催化降解能力，多层材料复合后的催化降解能力高于单层材料，且材料复合层数越多，其降解效果越好。

将三种催化材料用于降解室内气态污染物甲苯，经过184min反应后，三种催化材料可使甲苯气体分别降解46%、58%、69.5%，且随反应时间的延长，甲苯气体会进一步被分解为小分子物质，说明该催化材料对干燥的气体污染物也有一定的去除效果。与在液相中的光催化反应相比，气相中的光催化反应速度低，需要更长的反应时间，这是由于甲苯气体分子中没有水蒸气，不利于光生电子的快速转移，使光生电子和空穴的复合率提高，对光催化反应不利。

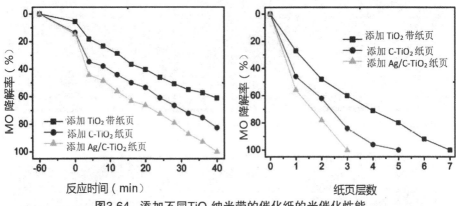

图3.64　添加不同TiO₂纳米带的催化纸的光催化性能

Zhou等还比较了传统滤纸与三种催化材料的对大肠埃希氏菌菌株（E.coli.）的抗菌性能。在黑暗条件下，只有负载Ag/C–TiO₂的催化材料具有抗菌性能，说明黑暗条件下抗菌性能来自于AgNPs，AgNPs可通过与细菌蛋白质的巯基发生反应，破坏其结构，产生活性氧簇（ROS），损伤细菌DNA，达到抗菌效果。在紫外光照射下，紫外光本身具有杀菌性能，四种催化材料上的E.coli.都可被杀死。在紫外光照射下，TiO₂也具有杀菌作用。纳米TiO₂光催化杀菌有直接反应和间接反应两种机理，直接反应机理是光激发TiO₂产生了电子–空穴，这些电子–空穴能直接与细菌的细胞壁、细胞膜或组成细胞的一些成分发生反应，破坏细胞的正常功能，从而导致细菌死亡；间接杀菌机理是TiO₂光催化产生的光生电子或光生空穴，可与水或水中溶解的氧气反应，可以形成·OH，具有高达402.8mJ/mol的能量，比各种有机化合物的化学键能都要高；还会产生·O₂⁻和H₂O₂等强氧化性物质，它们再与细胞壁或细胞膜或细胞内的组分反应，破坏细胞结构。由此可以Ag/TiO₂纳米带作为原料，利用纸页成形方式得到多孔结构的催化材料，用于去除水中和空气中的污染物，或者用于水和空气的杀菌[10]。

在以TiO₂纳米带作为填料得到的催化纸中，由于TiO₂纳米带表面存在OH⁻，与纤维间可形成氢键链接，使纳米带能够牢固地固定于纸页中，使用过程中不易发生流失，且Ag/C–TiO₂纳米带具有很好的光催化稳定性，由此可推测以Ag/C–TiO₂为催化材料的催化纸应该具有较高的催化稳定性，因此，从催化活性保持方面，采用纳米带作为光催化剂的方法为TiO₂的固定提供了新思路。但目前未对该化纸在催化反应过程中的耐久性进行研究，即在光催化过程中纤维强度是否会因为光催化降解而降低，从而导致纸页的强度发生变化，影响纸页的耐久性。如果存在这种情况，如何在光催化过程中减少对纤维的降解作用，提高纸页的耐久性也是制备性能稳定的催化纸必须考虑的问题。

3.4.3 TiO₂/SiO₂催化材料

SiO_2化学性质稳定，与TiO_2复合可有效阻止TiO_2纳米颗粒的团聚，获得粒径较小的TiO_2纳米颗粒，另外还可增加TiO_2的表面酸性，有效提高其光催化性能。Pakdel等人利用溶胶凝胶法制备了TiO_2/SiO_2复合半导体，并通过浸-烘-焙工艺将其附着在棉纤维织物上。具体过程如下：

（1）SiO_2和TiO_2溶胶的制备：将97%的钛酸四异丙酯（TTIP）加入冰醋酸、37%盐酸和水的混合液中，在60℃保持2h，使其进行水解反应和缩聚反应，得到TiO_2溶胶，TTIP、盐酸、冰醋酸和水的比例分别为5：1.4：5：88.6。通过正硅酸乙酯在pH=3的酸性条件下的水解缩聚反应得到SiO_2溶胶，室温下搅拌2h，得到的溶胶储存12h后使用。在室温下将TiO_2溶胶与SiO_2溶胶按不同比例混合搅拌1h，在使用前稀释成5%的浓度即可。

（2）棉织物的表面处理：40℃下，将棉织物按液固比50：1的比例浸入2g/L的无色非离子表面活性剂（Keiralon F-OL-B）溶液中，浸渍处理20min，将棉织物取出后用蒸馏水洗涤，于室温下干燥24h。

（3）溶胶在棉织物表面负载：室温下，将经表面处理过的漂白织物（130g/m²）和未漂白织物（135g/m²）浸入溶胶中保持1min，压力为2.75kg/cm，用水平辊压榨，压榨后样品80℃干燥5min，120℃烘焙2min，得到负载TiO_2/SiO_2的棉织物。

制备得到混合溶胶SiO_2/TiO_2的UV-vis吸收光谱如图3.65所示，可以看出加入SiO_2后不仅提高了TiO_2在紫外区的吸收能力，而且在可见光区域也有吸收峰。纯SiO_2在波长350~800nm范围内都没有吸收，但SiO_2具有较低的折射率，可降低TiO_2/SiO_2复合材料的折射率。同时，SiO_2的加入可阻止TiO_2纳米颗粒的团聚，获得粒径更小的TiO_2纳米颗粒，提高其在可见光区域的吸收强度，从而拓展了TiO_2/SiO_2的有效光谱范围。由图3.65可以看出，三种比例的TiO_2/SiO_2在可见光区域都有一定的吸收作用，当TiO_2：SiO_2=1：2.33时，其在可见光区域的吸收最大。

图3.66是加入TiO_2/SiO_2在纤维上的负载作用机理，TiO_2对纤维表面的羟基和羧基有很大的亲合性，TiO_2和SiO_2都可以与纤维表面的羟基形成共价键结合，在烘焙过程中可在纤维和纳米颗粒之间形成共价键结合，使纳米颗粒牢固附着在纤维表面。

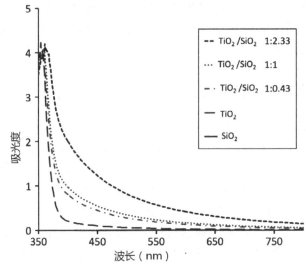

图3.65　不同比例的TiO_2/SiO_2溶胶UV-vis吸收光谱

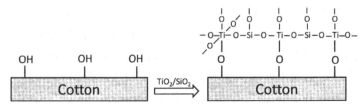

图3.66　TiO_2/SiO_2在纤维上的负载机理

　　棉纤维具有α-纤维素结晶的网络结构，其表面含有大量的羟基，棉纤维的反应性很大程度上取决于葡萄糖单元C3、C3和C6的羟基。增加SiO_2的含量，可增加TiO_2表面的羟基数目，从而增大TiO_2表面吸附的水分子数。当水分子与光生空穴发生作用，能产生更多的·OH，因而亲水性表面能极大地提高光催化剂的光催化性能；加入SiO_2还可以减少TiO_2颗粒的团聚，SiO_2的多孔结构可进一步增大TiO_2纳米颗粒的表面积；加入SiO_2形成Ti-O-Si键，会导致电荷的不平衡，形成Lewis酸性位，从而使更多的OH-吸附在纳米颗粒表面，能有效降低光生电子-空穴的复合，因此掺加SiO_2可有效提高TiO_2纳米颗粒的光催化活性。

　　在UV灯照射下，当溶液pH=6时，以负载TiO_2/SiO_2的棉织物（$1 \times 1cm$）降解25mL浓度10mg/L的亚甲基蓝（MB）溶液，负载不同物质的棉纤维的降解结果如图3.67所示。UV光照射2h，MB溶液的浓度未发生变化，说明在酸性条件下，MB具有光稳定性，未经处理的纤维和仅负载SiO_2的纤维也未表现出光催化降解活性；经过2h反应后，负载TiO_2的棉织物可使MB降解

28%，负载TiO_2/SiO_2复合材料的棉织物的光催化降解能力明显高于仅负载TiO_2的棉织物，且TiO_2：SiO_2=1：2.33时，其光催化降解能力最强，这可能主要是由于该比例的TiO_2与SiO_2复合可获得更高的表面酸性，从而在TiO_2纳米颗粒表面具有更多的吸附点位，有利于MB分子在颗粒表面发生吸附作用，有利于光催化反应的进行[23]。

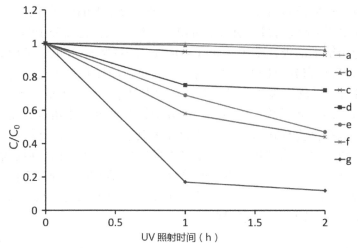

图3.67　负载不同比例TiO_2/SiO_2的棉织物对MB的光催化降解性

a–MB 溶液；　b– 未处理棉织物；　c– 负载 SiO_2 棉纤维；　d– 负载 TiO_2 棉纤维；

e–TiO_2 ：SiO_2=1 ：0.43；f–TiO_2 ：SiO_2=1 ：1；g–TiO_2 ：SiO_2=1 ：2.33

3.5 以共轭高分子 /TiO_2 复合材料为催化材料的催化纸

　　具有共轭分子结构的聚合物是强的电子体和优良的空穴传输材料，在TiO_2中引入具有共轭 π 电子体系的大分子可有效抑制光生电子–空穴对的再复合，增强光生电子–空穴对的分离效率，同时还能拓宽TiO_2的光吸收范围。通过TiO_2与共轭材料的复合，有效提高 TiO_2的量子效率。以共轭高分子聚合物为基体的复合材料成为近几年TiO_2改性研究的热点，聚吡咯（PPy）、聚糠醛、β–环糊精等共轭分子用于提高TiO_2的光催化降解效率。

3.5.1 聚合物/TiO_2复合材料的光催化机理

　　催化氧化反应速率受电子从催化剂传递给溶解氧速率的限制，由于氧的Pp轨道和过渡金属的3d轨道相互作用较弱，使TiO_2中产生的光生电子不能有效传递给溶解氧，使TiO_2的催化氧化效率较低。首先，共轭高分子具有类似半导体的能带结构，其导带位于半导体导带之上，所以位于共轭高分子导带上的电子容易注入到半导体的导带，共轭高分子是一种有效的电子供体，在自然光下，共轭高分子与TiO_2形成强的相互作用后，由$\pi \rightarrow \pi^*$跃迁产生的电子极易迁移到TiO_2的导带上，而TiO_2价带上的电子迁移到共轭高分子中，使电子-空穴对得到有效的分离；另外，从共轭高分子的结构特点来看，高分子链上的极性基团（如-C-O-Ti、C=O等）和π电子结构的存在，使其具有高度可极化性和不对称的电荷分布，同样有助于光生电荷的有效分离。此外，共轭高聚物分子中有许多的重复单元，可形成大π键，在可见光区具有大的消光系数，采用共轭高分子聚合物改性能拓展其光谱响应范围，还可以提高光催化系统中电荷的分离效果，使其光催化活性得到显著改善。另外，聚合物的每一个分子可以提供多个连接部位，通过静电、电荷转移、氢键及其他作用与TiO_2纳米颗粒形成复合材料，通过表面改性可以增强TiO_2粉体在介质中的界面相容性，使其容易在有机化合物或水介质中分散，从而拓宽了TiO_2的应用领域。

3.5.2 聚吡咯（PPy）修饰TiO_2催化纸

1. 聚吡咯的特征

吡咯单体（pyrrole，Py）是C、N五元杂环分子，在常温下为无色油状的液体，微溶于水，易溶于醇、苯等有机溶剂，无毒，吡咯聚合反应的活化能较低，在有电场或氧化剂的环境下很容易被氧化聚合生成聚吡咯（PPy）。单体Py在氧化剂环境中失去一个电子被氧化为阳离子自由基，阳离子自由基之间通过加成偶合反应脱去质子生成二聚物，二聚物继续被氧化成阳离子自由基，与单体自由基或其他低聚的阳离子自由基继续该链式偶合反应，从而生成长链PPy。

聚吡咯（Polypyrrole，简称PPy）作为典型的导电高分子材料，有着较高的导电能力、较好的环境稳定性以及可逆的氧化还原特性。由于其原料吡咯价格低廉、制备方法简单，非掺杂状态下的导电性更强，PPy可以很简单地由Py聚合而成，成为研究最多的导电聚合物之一。

PPy是2,5偶联的吡咯环相连的结构，由于在晶体中相邻吡咯环的排列方式并不相同，所以两个吡咯环是构成聚吡咯的重复单元。分子结构如图3.68所示。其碳碳双键和单键交替排列，构成了它的共轭结构，π电子和σ电子构成了它的碳碳双键，再通过碳原子间的共价键将s电子固定住。构成共轭双肩的两个π电子并没有被定域在某个碳原子上，因此这些电子可以从一个碳碳键转移到另一个碳碳键上，也就是说π电子倾向于在整个聚吡咯分子链上延伸。聚吡咯分子链中重叠的π电子云为整个分子产生了共有的能带，这些π电子类似于金属导体中的自由电子，当外界加上电场后，这些π电子就可以沿着分子链快速地移动，从而使得聚吡咯具备了导电性。

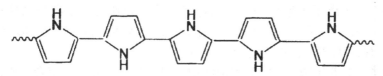

图3.68　聚吡咯的分子结构

　　PPy属于本征型导电聚合物，通过其分子结构供给导电载流子，但自身的导电性不强，可通过掺杂的方式大幅度提高材料的电导率。常用金属盐类、卤素类、质子酸类及Lewis酸等物质作为聚吡咯的掺杂剂，掺杂机理有所不同，主要的掺杂机理有氧化还原机理和质子酸机理，如图3.69所示，分别为a结构和b结构。图（a）中的正电荷仅画在一个吡咯环上，但实际上其具有一定范围的离域性。吡咯的质子酸掺杂是在吡咯环分子单元的β-C上发生质子化来进行掺杂的，使得质子所带的正电荷在聚吡咯的主链上转移的同时伴随着对阴离子的掺杂。

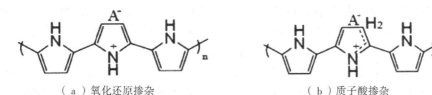

（a）氧化还原掺杂　　　　　　　　　　（b）质子酸掺杂

图3.66　聚吡咯的两种掺杂结构

　　2. 聚吡咯的合成方法

　　聚吡咯的合成方法有电化学法、化学氧化法、等离子体聚合法、酶催化法等方式。

　　（1）电化学法。在一定溶剂中加入单体Py和支持电解质进行电解反应，在电极表面沉淀获得共轭高分子膜，微观下在电极表面得到的薄膜比较细致。该方法易控制、合成PPy后的材料具有较好的导电性和力学性能，各种惰性金属电极、导电玻璃、石墨等都可作为电化学聚合使用的电极，改变电流、电位和反应时间可以调节形成的薄膜厚度。

　　（2）化学氧化法。在一定的反应介质中通过加入氧化剂使单体反应合成聚合物并完成掺杂的方法。该掺杂过程中反应物质会对聚合物的电化学性质产生较大影响，常见的氧化剂有$FeCl_3$、H_2O_2等，反应介质一般有水、乙醚等。该方法工艺简单、合成速度快、成本低，适用于大批量生产。但此方法得到的聚吡咯产物多为固体粉末状，颗粒较粗，难溶于一般有机溶剂。在制备聚吡咯的过程中，还可通过加入表面活性剂提高材料的导电性和产量。此外，单体浓度、氧化剂种类与浓度、聚合温度等因素都会对聚吡咯的物理和化学性质产生影响。

（3）等离子体聚合法。采用等离子体聚合获得的聚吡咯结构相对复杂、电导率低。聚吡咯交联和枝化度更高，膜表面的光滑度和均匀度更好，具有较好的发光性，但其稳定性有所下降。

（4）酶催化法。在室温水溶液中通过生物酶引发单体聚合，不需要有机溶剂吡咯就可发生聚合反应的方法，该方法反应过程较温和。

3. 聚吡咯与TiO_2的复合方法

聚吡咯在TiO_2上的固定方法有溶胶–凝胶法、共混法、电化学方法、原位聚合法、水热法等。

溶胶凝胶法是先在水或有机溶剂中将无机纳米粒子前驱物溶解，再加入聚吡咯或吡咯单体形成均质溶液，并用酸、碱或盐催化，使前驱化合物水解形成溶胶，然后通过加热等方法处理，经干燥形成凝胶。溶胶凝胶法反应的特点就是所需的反应条件比较温和，两相能够均匀分散。实验过程中通过控制有机、无机各组分的所占的比例与反应条件，将产品由无机改性聚合物变为含有少量有机成分的无机材料，有机与无机相之间从无化学键结合转变为复键、共价键的结合。该方法目前存在的缺点是在干燥凝胶时，可能会因为溶剂、水分的蒸发而造成产物的破裂。

共混法是指将合成出纳米颗粒通过某种方式与聚吡咯混合。目前有四种典型的共混方法：①溶液共混：将吡咯单体或聚吡咯溶于某一溶液中，然后加入TiO_2，不断搅拌使其分散均匀后聚合。②乳液共混：使用乳液将溶液替换，再加入TiO_2，充分搅拌使其分散均匀后聚合；③熔体共混：将反应物熔融混合；④经机械研磨共混。由于共混法是TiO_2与聚吡咯两者的制备过程分开，故其生成物的尺寸、形态可控。其缺点是生成的产物易团聚，且分散不均。

电化学合成法是制备导电聚吡咯/TiO_2复合膜的常用方法。反应在三电极的电化学体系中操作，通过将吡咯单体、溶液与电解质分散，在电极表面发生聚合，反应需在外加电压的作用下进行。由于此方法可直接制备出功能型导电聚吡咯复合薄膜，且操作简单，实用性强。

原位聚合法是指先在吡咯单体溶液中将TiO_2纳米颗粒分散均匀，然后再在一定反应条件下进行原位聚合，形成分散状态良好的复合材料。该方法所需反应条件温和，分散均匀，同时可以良好保持物质的纳米特性。

水热法是指吡咯单体和TiO₂的前驱体混合，再加入FeCl₃作为氧化剂，转移至水热反应液中，在一定温度下进行聚合得到复合材料。此方法操作简便，绿色环保，因此是制备复合材料的一种有效途径。

4. 聚吡咯修饰TiO₂的光催化机理

在PPy/TP复合材料中，PPy与TiO₂通过复合作用以较强的作用力结合在一起，有效改善了其与TiO₂之间的接触，有利于能量的转换，提高了光能的利用效率。PPy在光催化过程中的作用如图3.70所示。在紫外光照射下，TiO₂吸收紫外光产生电子空穴对，由于TiO₂价带上的能量与PPy的最高占据轨道（HOMO）上的能量相当，所以TiO₂价带上的空穴转移到PPy的HOMO上，空穴再迁移到PPy的表面与其表面的OH⁻和H₂O反应氧化生成·OH，·OH为强氧化剂，可对有机污染物氧化分解。在可见光条件下，由于PPy是一种窄带隙的有机半导体，具有类似于无机半导体的能带结构。能量大于其带隙能的光可以被PPy充分吸收，使处于HOMO轨道的电子被激发到最低空轨道（LUMO），因为PPy的导带位于TiO₂导带之上，被激发的电子很容易迁移到TiO₂的导带，再进一步迁移到TiO₂的表面，与表面的水和氧反应产生·OH和过氧化物，从而氧化降解有机污染物。因此，通过PPy对TiO₂进行表面敏化将有效促进复合材料对太阳光的利用率，提高光生电子–空穴对的有效分离效率，降低其复合的几率，从而使复合材料表现出较高的催化活性。

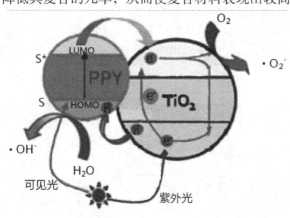

图3.70　聚吡咯修饰TiO₂的光催化机理图

5. 聚吡咯修饰TiO₂催化纸（TP/PPy）

张清爽等以滤纸为模板，制备出类似纸状结构的TiO₂催化纸后，用吡咯进行原位复合，制备了聚吡咯（PPy）修饰的二氧化钛催化纸。具体的制备过程分为二氧化钛纸（TP）的制备和聚吡咯修饰TP，形成PPy/TP纸两步。

（1）TP的制备：在60mL无水乙醇中加入20mL 钛酸四丁酯，30℃快速搅拌30min,得到浅黄的溶液。用浓盐酸调整pH值至3左右,停止搅拌,将定性滤纸浸入反应液中,于30℃保持3h,再放入超声波中震荡3h,由于滤纸由棉质纤维组成,纤维表面有丰富的羟基,对带有羟基或能生成氢键的物质有较强的亲和力,钛酸四丁酯吸附在滤纸纤维表面。抽滤除去反应液后,将负载钛酸四丁酯的滤纸常温下干燥8h以上,在这个过程中,吸附在纤维表面的钛酸四丁酯会与空气中的水分接触,在酸性条件的抑制下发生缓慢的水解反应,生成$Ti(OH)_4$。$Ti(OH)_4$由于跟纤维表面的羟基或分子间的羟基生成更多的氢键,牢固地吸附在滤纸纤维的周围。80℃恒温干燥2h使溶剂挥发除去溶剂,干凝胶包裹在滤纸纤维的表面,干燥后的滤纸于马弗炉中缓慢升温至600℃,煅烧2h,自然降温,得到白色二氧化钛纸(TP)。在煅烧过程中,纤维分解,生成的热气流冲破纤维表面的包裹,生成了带状的二氧化钛。各个二氧化钛带编织起来,就形成了二氧化钛纸,如图3.71(a)所示。

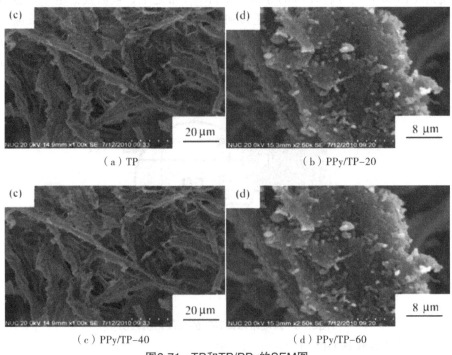

（a）TP　　　　　　　　　　　（b）PPy/TP-20

（c）PPy/TP-40　　　　　　　　（d）PPy/TP-60

图3.71　TP和TP/PPy的SEM图

（2）TP/PPy的制备:将三份TP(0.01g)分别加入到$FeCl_3$溶液中(3mmol.L-1,pH值为3左右)中,于超声波中震荡1h;将3mL吡咯和0.25g十二烷基苯磺酸钠加入到50mL蒸馏水中,调节pH值为3,磁力搅拌30min,

得到浅黄色反应液，分别准备三份。将三份抽滤后的TP纸分别浸入到上述反应液中，反应20min、40min、60 min。抽滤，用蒸馏水冲洗6遍，稀盐酸洗1遍，乙醇洗3遍，然后用保鲜膜密封起来，分别标记为PPy/TP-20、PPy/TP-40、PPy/TP-60，进行催化性能研究。在TP浸入FeCl$_3$溶液的过程中，FeCl$_3$会吸附到TP表面，充当吡咯聚合反应的氧化剂。当吸附有FeCl$_3$的TP浸入到吡咯的混合液中时，单体吡咯和FeCl$_3$接触，在TP表面引发聚合反应；TP形状会影响聚吡咯的取向度，使其沿着二氧化钛带的表面生长。由于反应是在静态的条件下进行，反应生成的单体阳离子自由基和低聚物中间产物在聚合过程中扩散速度缓慢，有利于聚吡咯的缓慢生长；不同的反应时间，直接影响着聚吡咯对TiO$_2$的包覆程度，从图3.72可以看出，反应时间为20min，TiO$_2$仅部分被包覆，且不均匀。PPy/TP-40包覆均匀，但仅仅包覆在单根二氧化钛带的表面。反应时间为60min 时，TiO$_2$纳米带完全被聚吡咯包覆，包括单根二氧化钛带的凹陷处也已被聚吡咯包覆。

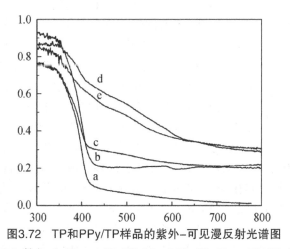

图3.72　TP和PPy/TP样品的紫外-可见漫反射光谱图

a-TiO$_2$ 粉末；b-TP；c-PPy/TP-20；d-PPy/TP-40；e-PPy/TP-60

图3.72为 TP和PPy/TP样品的紫外-可见漫反射光谱图。TiO$_2$粉末的吸收边约为414nm，接近于文献中纯TiO$_2$的本征带隙3.2eV；二氧化钛纸的吸收边约为413nm，但是对紫外和可见光的吸收强度增强，这可能源于二氧化钛纸特有的三维孔隙结构；PPy/TP复合材料在波长200～800nm范围内都有较强的吸收，尤其是样品PPy/TP-40的吸收边约为631nm，其带隙约为2.03eV，以上结果表明，通过PPy对TP的敏化可以拓展TP在可见光区域内的光谱响应范围，且提高其吸收强度，为PPy/TP材料以太阳光作为激发光源进行光催化降解有机污染物提供了可能。

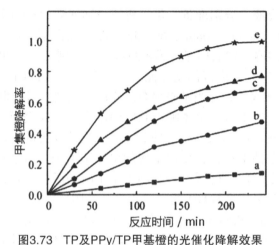

图3.73　TP及PPy/TP甲基橙的光催化降解效果

a–TP+ 太阳光；b–PPy/TP–20+ 太阳光；c–PPy/TP–40+ 太阳光；

d–PPy/TP–60+ 太阳光；e–TP+ 紫外光

由图3.73 可以看出，导电PPy的修饰明显提高了TP在太阳光照射下的催化活性，但仍没有TP在紫外光下的催化效率高。但如果能利用丰富的太阳光资源来代替紫外光，则可以节省大量的能源。PPy/TP复合物在太阳光下的催化活性随着PPy 聚合时间的长短而变化，聚合时间为40min时，复合物的光催化活性最高。这可能是因为当聚合时间较短时，TP表面包覆PPy的量较少，PPy在单位时间内注入给TiO_2的电子较少，TP生成的电子–空穴对分离较慢，其光催化活性较低；随着聚合时间的增大，TP表面包覆PPy的量增多，光激发PPy在单位时间内产生的电子较多，电子注入到TiO_2导带，再迁移到表面形成超氧自由基，加速了TiO_2电子–空穴的分离，使其光催化活性增大；但当聚合时间超过40min，TP表面被包覆过度，反而降低了PPy/TP复合物的光催化活性，这可能是过多的包覆使注入到TiO_2表面的电子不能有效地迁移到表面，导致TiO_2载荷电子的复合，并且减少了PPy/TP复合物对有机污染物的有效吸附，大大增加甲基橙分子TiO_2表面接触扩散所要经过的距离，同时也不利于分解产物的脱除，从而降低甲基橙的光催化降解速率，因而降低了半导体的光催化活性。另外，PPy/TP 类似于纸页多孔隙的三维网状结构，光线在纸页中多次反射，也有利于提高其催化性能[24]。

3.5.3 聚糠醛修饰的TiO_2催化纸

1. 糠醛的性质

糠醛也叫呋喃甲醛，是一种最重要的呋喃衍生物，它最初从米糠与稀酸共热制得，其分子式为$C_4H_3O(CHO)$，结构式如图3.74所示。常温下是无色透明液体，工业中的糠醛是一种具有杏仁油气味的淡黄色油状液体。相对密度为1.1594（20℃），沸点为161℃，熔点为-38.7℃，挥发性小，具有一定毒性，对皮肤具有刺激作用，应避免与人体直接接触。暴露在空气中极易变黑。在20℃可配置成8.3%的水溶液，能溶于乙醚、乙醇、丙酮、苯、乙醚、醋酸、异丁醇、三氯甲院、醋酸乙醋、己二醇、四氯化碳等有机溶剂。糠酸能和有机酸（如醋酸、蚁酸、乳酸、油酸、丙酸、环烷酸等）混溶。糠醛极易溶解芳烃和烯烃，而脂肪族饱和经类在糠醛中溶解度很小，因此被广泛的用作精制润滑油、松香、牛油、丁二烯等的选择性溶剂。

糠醛经过还原可生成呋喃甲醇，经过氧化可生成2-呋喃甲酸。其结构中有羰基、环醚、双烯等官能团，因此同时具有醚、醛、芳香烃、双烯烃等化合物的性质，能发生氧化、氢化、硝化、氯化和缩合等化学反应，生成大量化工产品。

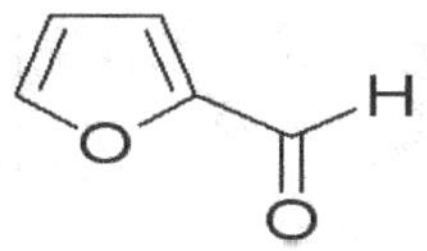

图3.74　糠醛的结构式

2. 糠醛的聚合反应

周朝华等研究了糠醛聚合物的交联和固化过程，通过扭辫法对糠醛及衍生物糠酸在浓硫酸作用下的聚合机理进行了研究，并探讨了糠醛树脂形成过程与催化剂用量和反应温度的关系。周朝华等认为糠醛、糠酸在浓硫酸催化下，随着温度的升高，糠醛聚合反应为分段的逐步聚合过程，首先生成具有一定粘度的线性缩聚物，然后在100~128℃进行体型交联，最终形成共轭结构的体型缩聚物。形成体型缩聚物的时间比形成线型缩聚物的时间长，所得糠醛系高分子的热分解温度较高，糠酸树脂为350℃、糠醛树脂可达445℃，主要的开环及其聚合过程如图3.75所示。研究发现糠醛及其衍生物在酸催化下的聚合反应与所用酸的强弱有关，酸的质子化能力越强，则反应越容易发生且反应越难控制。其发生凝胶反应的快慢正交于催化剂酸性的强弱，即浓硫酸>盐酸>苯磺酸>Lewis酸（$AlCl_3$>$FeCl_3$>$ZnCl_2$）>>氯乙酸。糠醛及其衍生物通过缩聚反应最终得到高度交联的三维网络结构，体型结构的形成使糠醛系高分子材料具有高强度、耐高温、耐化学腐蚀等特点。同时，其开环缩聚产物的分子链结构中含有呋喃环、共轭不饱和大π键以及醛基、羟基等反应性功能基，大π键体系中存在高度共轭及非定域化的自由电子，有利于制备功能高分子材料。随着体系共轭程度的增大，电子离域性显著增加，这为电子的迁移提供了可能性并会赋予其半导体性能，从而为糠醛材料在电学方面的应用提供了可能。

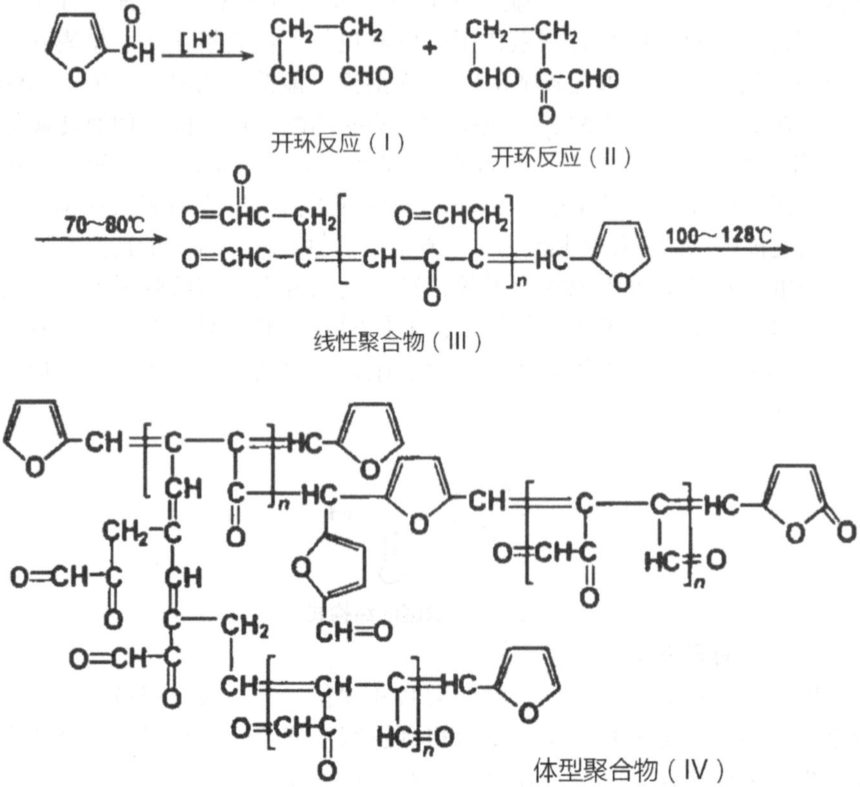

图3.75 酸催化糠醛聚合反应的机理

3. 纳米TiO_2/聚糠醛催化纸

苗冉冉等以H_2SO_4为催化剂，在TiO_2表面形成具有壳/核结构的不同比例的纳米TiO_2/聚糠醛复合材料，将其涂覆于纸张表面得到纸基催化材料，用该催化材料进行甲醛光催化降解的研究。具体过程如下：

（1）纳米TiO_2/聚糠醛复合物的制备：在TiO_2纳米微粒的表面，进行糠醛的表面聚合。具体方法：在搅拌条件下将10g纳米TiO_2粉体分散于20mL体积比为1∶1（v/v）的硫酸水溶液中，继续搅拌直至分散均匀。在室温条件下，将10mL糠醛单体缓慢滴入该悬浮体系中（滴加速度约为10滴/min），继续搅拌2h，直至糠醛完全聚合，于80℃烘干，即得纳米TiO_2/聚糠醛复合物，记为TFP1∶1，即糠醛体积（mL）和纳米二氧化钛质量（g）比例为1∶1；固定纳米TiO_2的质量，改变加入的糠醛体积即可得到一系列纳米复合微粒。

（2）功能涂布纸的制备：将2g 的TiO_2加入到120mL的热水中，用高速乳化机在1×10^4r/min下强力分散1min，然后逐渐加入2g的羧甲基纤维素（CMC），搅拌约1h直到CMC全部溶解，且TiO_2在其中分散均匀。将分散好的涂料用涂布器手工涂覆于涂布原纸上，自然晾干。以同样的方式涂覆不同配比的纳米TiO_2/聚糠醛复合物得到涂布纸。

图3.76为纳米二氧化钛的AFM 照片，从图（a）可以看出，TiO_2粉体基本上是一个外形较为规整的纳米球体，颗粒均匀、分散性很好。平均粒径为20~40nm。图3.76（b）为复合物TFP1：2的AFM形貌照片，复合物颗粒粒径约为60nm，说明纳米二氧化钛外部包裹了一定量的聚糠醛，二氧化钛和聚糠醛很好地复合在一起。但由于聚糠醛作为高分子材料所特有的黏弹性，造成的TiO_2/糠醛复合物的分散性不如二氧化钛单体好。而且与二氧化钛单体的AFM 照片相比，复合物颗粒边缘比较模糊，这可能是由于高分子可塑性比较强，在测试过程中有一定的位移变形，导致测试所得粒径比实际粒径略微偏大。

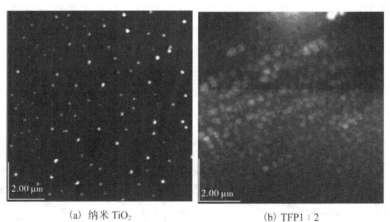

(a) 纳米 TiO_2　　　　　　　　　　(b) TFP1：2

图3.76　TiO_2和TiO_2/糠醛复合物（1：2）的原子力显微镜照片

从图3.77中可以看出，纳米TiO_2在小于340nm的紫外光范围内，有着较高的吸光度，在整个可见光区域其吸光度都几乎为零。图3.77（b）是TFP比例为1：2时的复合物在波长200~800nm的范围内的吸光度。复合物在340nm 以下紫外光区域内吸光度较高，并且在可见光区域内，吸光度也有大幅度的提升，说明复合之后的物质对可见光的吸收有了很大改善，说明高分子糠醛的加入极大地拓宽了TiO_2的光谱响应范围，且两者之间具有协同作用，增加了光吸收强度，使该复合材料利用太阳光进行激发成为可能。

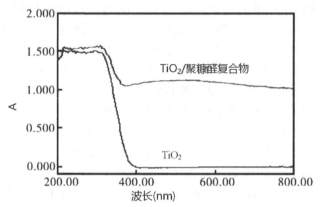

图3.77　TiO₂和TiO₂/糠醛复合物（1∶2）的紫外可见光光谱

图3.78为TFP比例分别为1∶1、1∶2、1∶5的三种TiO₂/聚糠醛聚合物对亚甲基蓝溶液的光催化降解效果。无论是在紫外光源的照射下还是自然光源照射下，当糠醛与TiO₂比例为1∶2时，复合物光催化能力达到最佳，说明复合物中糠醛的含量对其催化性能有很大影响。只有聚糠醛含量在聚合物中达到一定的程度时，才能实现TiO₂和聚糠酸的充分键合，从而实现二者之间的偶合，对催化剂光催化性能促进作用得以充分展示。当糠醛的掺杂量过高或者过低时，降解率都会有所下降，这可能是因为过多的糠醛有可能会影响纳米TiO₂对光的吸收，而过少的糠醛则不能提供充分的电子，从而不能很有效地提高电子的分离效率。

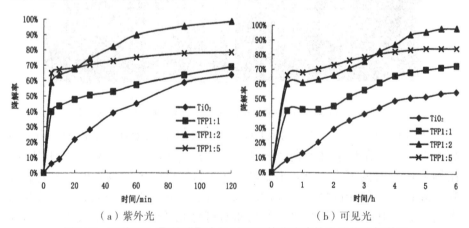

（a）紫外光　　　　　　　（b）可见光

图3.78　三种TiO₂/聚糠醛聚合物对亚甲基蓝溶液的光催化降解效果

纳米TiO₂在紫外光下有较高的光催化活性，当其在紫外光下辐照2h，对亚甲基蓝溶液的降解率可达到64%，但其对自然光利用率低，自然光照射6h，纳米TiO₂对亚甲基蓝溶液的降解率仅为55%，而TiO₂与聚糠醛复合后，可见光照射4.5h，TFP为1∶2的聚合物对亚甲基蓝溶液的降解在90%以上，虽然与紫外光相比需要的反应时间更长，但甲基橙能得到90%以上的降解率，说明TiO₂与聚糠醛复合后，可增大其对可见光的利用率，提高其光催化效率。

图3.79 是用TiO₂和TiO₂/聚糠醛聚合物制成胶乳涂布后得到的纸页对甲醛的光催化降解性能。无论是在紫外光还是在自然光条件下，当糠醛和纳米TiO₂的比例为1∶2时，甲醛的降解率达到最高，经6h光照，其对甲醛的降解率可达到86%，在自然光下亦可达到78%，说明TFP为1∶2时得到复合物的光催化活性最高。在气相条件下，TiO₂和糠醛复合后，其对紫外光和自然光的利用率都明显增加，尤其是对自然光的利用率比对紫外光的利用率提高得更多，这可能是由于纳米TiO₂本身对紫外光已经相当敏感，与糠醛复合后，对紫外光的吸收并没有明显增加。因此，TiO₂/聚糠醛复合物与TiO₂相比不仅提高了光生电子和空穴的分离效率，提高了其光催化活性，还有效拓宽了对光谱的响应范围，提高了对可见光的利用率[25]。

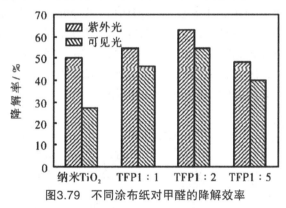

图3.79　不同涂布纸对甲醛的降解效率

3.5.3　TiO₂/β–环糊精涂布纸

1. β–环糊精的结构和性质

环糊精（Cyclodextrins，CDs）是一类由D（＋）–吡喃葡萄糖单元通过α–1,4–糖苷键连接而成的环状低聚物，常见的包括α–环糊精、β–环糊精及γ–环糊精，分别由6、7、8个葡萄糖单元构成。由于α–环糊精和γ–环糊精高昂的纯化成本，因此市场上使用的都是β–环糊精。

β–环糊精（β–Cyclodextrin，β–CD）是由7个葡萄糖分子组成的环状结构化合物，是一种无臭无毒的白色结晶粉末，在水中比较容易结晶。在水中的溶解度比较低，在室温下为1.85%，随着温度的升高溶解度增加，因此可通过热水溶解后冷却重结晶提纯。但在碱性条件下成盐后，溶解度大大增加。β-CD不具有吸湿性，容易形成稳定的水合物。其在相对湿度50%~70%之间的水合程度，相当于每个β-CD分子吸收10~11个水分子（含水量在13.7~14.8%）。β-CD不溶于一般有机溶剂，在甲醇、已醇、丙醇等有机溶剂中的溶解度很低，但在吡啶、二甲基甲酰胺、二甲基亚砜和乙二醇中能够微溶。β-CD一般没有固定的熔点，在200℃左右开始分解，热稳定性和机械性能都较稳定。

构成环糊精分子的每个D（＋）-吡喃葡萄糖单元都是椅式构象，连接葡萄糖单元的糖苷键不能自由旋转，因此，环糊精分子略呈锥形的圆环而不是圆筒状（见图3.80）。当葡萄糖单元超过9个的时候，环糊精分子由于尺寸变大，极易发生弯曲折叠，不再呈圆锥台形，而表现出独特的性质。环糊精的开口较大处由2-、3-位的仲羟基构成，开口较小处则由6-位的伯羟基构成，这使其环糊精分子外侧边框呈亲水性。空腔内由于C3和C5上的氢原子对C1上的氧原子的屏蔽作用，使其形成了有C1、C4、C5组成的疏水区。这种结构非常稳定，不易受酶、pH值、热等外在条件的影响。利用这个特殊的筒状结构，β-CD可与许多无机、有机分子结合成主客体包络物，并能改变客体分子的理化性质，具有保护、稳定、增溶客体分子和选择性定向分子的特性，因此，β-CD作为改良剂、稳定剂、吸附剂、赋形剂等，在食品、环保、医药等领域都有广泛的应用。

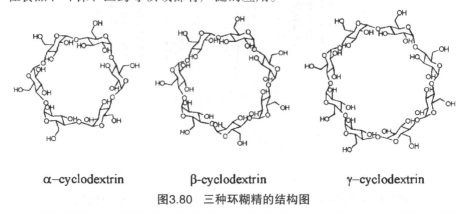

α-cyclodextrin　　　　β-cyclodextrin　　　　γ-cyclodextrin

图3.80　三种环糊精的结构图

环糊精另一个明显的特征是可以通过其疏水的空腔，与非极性分子形成"主—客体"模式的包络物。当客体分子全部或者部分进入环糊精空腔内的时候，包络作用就被认为已经发生，目前绝大多数环糊精的应用都利用了其包裹小分子的能力。包络作用发生的同时，环糊精的空腔与客体分子存在着一些弱作用力，比如范德华力、静电作用、氢键作用及亲疏水作用等相互作用力。包络作用主要取决于客体分子的尺寸、形状以及环糊精空腔的大小。只有形状、大小与空腔相匹配的疏水性物质分子或基团嵌入空腔中，才可形成包络配合物。β-CD的空腔大小适中，能与大多数分析物分子形成较稳定的包络作用，而α-CD的空腔偏小，γ-CD的空腔较大，导致包络作用不够紧密（如图3.81所示）。环糊精具有分子识别能力，能与特定的客体分子形成稳定的包络化合物。

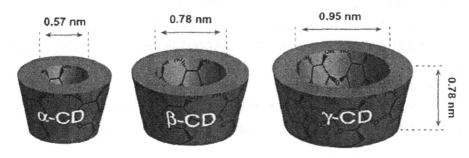

图3.81　三种环糊精的空间三维结构图

β-CD具有高吸附性、高选择性、使用寿命长以及成本低，可大量生产等特点，可作为选择性吸附剂，与TiO$_2$复合提高其光催化活性。通过交联、光诱导自组装和吸附等作用方式将β-CD负载于TiO$_2$表面，借助β-环糊精单元对反应物分子的包结络合作用，可有效增加目标反应物在TiO$_2$表面的吸附。同时还能增加底物在水相中的分散作用，提高光催化降解速度。且环糊精只与分子体积适当的物质构成稳定的包络化合物，即具有分子识别能力，改变了光催化反应无选择性的特点。在实际的废水处理过程中，各种易降解的污染物可通过廉价的生物法加以去除，而对于低浓度、毒性大而又难以去除的污染物，则可通过TiO$_2$/β-CD复合后具有选择性的高级氧化技术加以弥补。

3. TiO$_2$/β-CD复合体系的催化机理

在光催化反应过程中，反应物在催化剂表面是否能够发生有效吸附是决定光催化反应速度的重要因素。选择一种吸附剂对TiO$_2$进行表面修饰，可有效增加反应物在二氧化钛表面的吸附，提高光催化反应速度。比如在3.2.2节部分，在添加沸石的纸基催化材料中，因为沸石能增加目标反应物在TiO$_2$表面的有效吸附，使沸石与TiO$_2$存在协同作用，可提高该催化材料的光催化性能，因此也可以利用β-CD的高吸附性和高选择性对TiO$_2$进行表面修饰，得到具有高光催化降解速率和选择性的TiO$_2$/β-CD复合材料。

在β-CD存在的二氧化钛体系中，主要存在以下三步反应：反应主客体之间的包络作用，主客体分子在催化剂表面的吸附，主客体分子在催化剂表面的降解。而反应物在TiO$_2$的表面吸附是影响光催化处理效果的重要因素，在β-CD存在的二氧化钛体系中，污染物的降解存在直接降解和间接降解两种方式，直接降解是反应物分子被吸附在TiO_2表面发生直接降解反应，而间接降解则是β-CD吸附在TiO_2表面，反应物首先与β-CD形成包合作用，被固定在β-CD的腔体内，形成包合化合物，通过腔体作用发生降解反应。在TiO_2/β-CD的复合体系中，由于TiO_2部分表面被β-CD占据，会使直接降解作用受到影响，但如果反应物分子与环糊精的包结作用较强，则很容易通过环糊精腔体发生的间接降解反应来弥补直接降解作用。对于和环糊精包结作用较弱的反应物分子，由于较少的间接降解反应不能弥补由于直接降解反应减少带来的损失，会导致整体降解速率减慢。

4. TiO_2/β-CD涂布纸

严安制备了纳米TiO_2/β-环糊精涂布纸，并研究了其对二甲苯的光催化降解性能及在紫外光下的耐老化性能。纳米TiO_2/β-环糊精涂布纸的制备过程如下：

（1）涂料的制备：在水中加入少量分散剂，再加入一定量的纳米TiO_2和β-环糊精，超声分散30min，然后加入羧甲基纤维素（CMC）作为黏度和稠度调节剂，使涂料具有一定的成膜性和黏结力，磁力搅拌至CMC完全溶解。

（2）将配好的涂料用涂布器手工涂覆在面积为$0.06m^2$的涂布原纸上，自然晾干，置于恒温恒湿条件下处理24h，每张涂布纸上的TiO_2/β-环糊精的涂布量均为$2g/m^2$。SEM观察其纸页形貌如图3.79所示。涂布原纸表面光滑，能够看到清晰的纤维束及纤维走向；而TiO_2/β-CD涂布纸表面纤维被表层涂料所覆盖，并且能明显看出TiO_2粒子以簇集状态分散于原纸表面，并没有形成连续、致密的TiO_2涂层，这与涂料中纳米TiO_2的含量低有关。由于涂料中的纳米TiO_2含量很低，导致涂层中清晰可见离散的TiO_2团簇颗粒，而不是致密的颜料涂层。

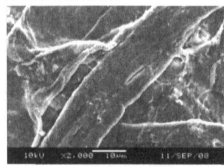 

（a）涂布原纸　　　　　　　（a）TiO_2 β-CD 涂布纸

图3.82　涂布原纸和TiO_2/β-CD涂布纸的SEM形貌

由图3.83可以看出，在不同光源下照射6h，涂布原纸、TiO_2涂布纸、

TiO₂/β-CD涂布纸对二甲苯气体均有不同程度的降解，三种纸基材料在紫外线下的降解效果明显强于在室内自然光和无光源的情况下。而$TiO_2/β-CD$涂布纸对二甲苯的光催化效果好于TiO_2涂布纸和涂布原纸，这是由于$TiO_2/β-CD$涂布纸的涂层中有β-环糊精和纳米TiO_2，β-环糊精具有"内亲油，外亲水"的化学结构，易与甲苯等有机化合物发生吸附包合作用，形成了主客体包合物，使得$TiO_2/β-CD$涂布纸表面TiO_2表面的二甲苯浓度增加，从而提高了其光催化降解效率。在$TiO_2/β-CD$涂布纸中，纳米TiO_2和β-环糊精起到了包结-光催化的协同作用。

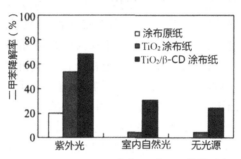

图3.83　TiO₂/β-CD涂布纸对二甲苯的降解

由于该种方法制备的涂布纸主要是针对室内壁纸，因此要考虑纸张的使用寿命，即涂覆和光照是否会影响到纸基材料的物理性能，结果如表3.9所示。光照前，除了白度以外，涂布纸的各项物理性能均高于涂布原纸。光照后，涂布纸的的不透明度略有上升，在紫外光下白度明显下降，而室内自然光对白度影响不明显。由于在光催化氧化作用会对纤维造成一定程度的降解，使得纸页的强度性质除横向耐折基本保持不变外，其他各项指标均有所降低，经过紫外光照射的纸样尤为明显[26]。

表3.9　光照对涂布纸物理性能的影响

序号	不透明度/%	白度/%	撕裂度/mN		耐破度/kPa	耐折度/次		抗张强度/（kN/m）	
			横向	纵向		横向	纵向	横向	纵向
A	93.6	94.6	766.3	723.2	250.6	17	49	2.75	5.93
B	93.9	92.2	979.1	827.1	296.8	27	65	2.88	6.48
C	94.6	88	840.1	780.6	263.2	27	50	2.65	5.63
D	94.2	92.0	956.2	810.4	289.5	28	55	2.80	6.42

注：A—涂布原纸，光照前；B—TiO₂/β-CD 涂布纸，光照前；C—TiO₂/β-CD 涂布纸，紫外光照12h；D—TiO₂/β-CD 涂布纸，室内自然光照 12h。

3.6 其他 TiO_2 催化纸

3.6.1 石墨烯/TiO_2复合催化材料

石墨烯是一种新型的由碳原子组成的单层片状结构材料,于2004年由英国曼彻斯特大学物理与天文学院的安德烈·海姆以及康斯坦丁·诺沃肖洛夫采用快速剥裂石墨的办法得到。石墨烯是由碳原子以SP^2杂化轨道之间形成键能很大的σ键,键角为120°,组成六角蜂巢晶格状的二维平面结构材料,由于碳原子之间以键能很大的σ键相连接,其机械力学强度很高,能达到300~400N/m。碳原子的未参与杂化的p轨道垂直于二维平面,相互肩并肩叠加形成离域大π键,由于π键是能自由移动的,电子能在石墨烯层面中自由移动,从而导致石墨烯具有的电子运输比较便利,石墨烯也具有良好的导电性能,成为电子或空穴传递的功能材料。

石墨烯的单层厚度仅为0.34nm,仅有2.3%的光能够被吸收,理论上的比表面积能够达到2600m^2/g,其强度能够达到130GPa,是世界上目前存在的最坚硬以及最薄的纳米材料。石墨烯的热导率约为5000W/mK。石墨烯具有的这种高的光学透射率、大的比表面积、高的电子迁移率、高的热导率、低的电阻率,使其在吸附、能源、材料、电子等相关领域都有非常好的应用前景。

石墨烯制备方法可分为机械法与化学法,机械方法主要包括机械剥离法和溶剂剥离法。化学方法主要包括氧化还原法、溶剂热法、化学气相沉淀法以及晶体外延生长法等。

氧化石墨烯(GO)是石墨烯的氧化产物,通过氧化作用,在石墨的层与层之间形成$-OH$、$-COOH$以及$-C-O-C-$等不同含氧官能团,从而增大石墨的层间距。通过这些活性官能团,可以在GO表面接入TiO_2形成复合材料,鉴于石墨烯的优良的导电性能,可有效抑制光催化过程中产生的光生电子和空穴的复合,从而提高TiO_2的光催化性能。

Karimi等人利用直接氧化还原法将石墨烯/TiO_2复合纳米材料负载到棉织物上,使其具有自净、抗菌等性能。具体的制备方法如下:

(1)氧化石墨烯的制备:用改良的Hummers'法氧化石墨,将2g石墨加入50mL硫酸中,室温下搅拌20h,放入冰浴中,缓慢加入7g $KMnO_4$,控制反应温度低于50℃,搅拌2h,加入140mL蒸馏水和10mLH_2O_2,搅拌30min,

最后利用离心分离出产品，并用蒸馏水、5%HCl和蒸馏水连续洗涤，重复3次，将得到的褐色膏状物分散在水中，得到不同浓度的混合液，在超声波中进行剥离60min，即可得到氧化石墨烯。

（2）氧化石墨烯在棉织物上的负载：将漂白的棉织物浸渍在不同浓度的氧化石墨烯的分散液中（0.02%、0.05%、0.1%、0.2%和0.5%w/v），于70℃加热45min，为保证氧化石墨烯在棉织物上形成牢固固定，升温至80℃保持30min。

（3）纤维织物上氧化石墨烯的还原及TiO_2纳米颗粒的生成：将负载有氧化石墨烯的棉织物在10mL浓度为10mg/L聚乙烯及吡咯烷酮混合液中浸渍10min，在搅拌状态下加入不同体积的$TiCl_3$的盐酸溶液，混合物在95℃搅拌60min，取出棉织物样品，将其于75℃干燥15min，130℃烘焙3min，使TiO_2纳米颗粒负载到棉纤维表面，得到负载石墨烯/TiO_2纳米复合材料的棉纤维织物。

在棉纤维上石墨烯和TiO_2的负载过程如图3.84所示，棉纤维浸入氧化石墨烯的混合液中，由于氧化石墨烯的基面和边缘富含羟基和羧基等含氧集团，在静电排斥力的作用下，在水中可获得很好的分散，加入棉织物后，氧化石墨烯的含氧基团与棉纤维表面的羟基形成氢键结合，氧化石墨烯均匀负载于棉织物表面，使白色的棉织物变成黄色，使纤维表面呈带负电的羧基、羟基和环氧基等，易与带正电的Ti^{3+}发生作用。当加入$TiCl_3$溶液，具有还原性的Ti^{3+}可还原棉纤维表面的含氧基团，使氧化石墨烯被还原为石墨烯，而被氧化的Ti^{3+}生成TiO_2纳米粒子附着在石墨烯表面，利用水热合成法得到石墨烯/TiO_2复合材料。反应按下式进行：

$$TiCl_3 + 氧化石墨烯 + H_2O \rightarrow TiO_2 + 石墨烯 + 3HCl$$

氧化石墨烯被还原生成石墨烯和生成TiO_2纳米颗粒后，棉织物由黄色变为褐色或灰色。

负载TiO_2/石墨烯复合材料的棉纤维SEM形貌如图3.85所示，未负载的棉纤维表面光滑而干净[图3.85（a）]，负载氧化石墨烯的棉纤维表面有些褶皱[图3.85（b）]，在负载TiO_2纳米颗粒且氧化石墨烯被还原后，在纤维表面形成了一层致密的石墨烯/TiO_2薄层，且对比图3.85（c）（没有负载石墨烯只负载TiO_2）和图3.85（d）可以看出，由于在纤维上负载了氧化石墨烯后，TiO_2在纤维表面的负载量更大，这可能是由于平坦的氧化石墨烯片负载在纤维表面，由于$TiCl_3$的还原作用可能由于表面能的增加而形成褶皱，可暴露出更多的含氧基团，有利于与更多带正电的Ti^{3+}发生静电作用，从而形成更致密的石墨烯/TiO_2附着层。TiO_2纳米粒子的粒径为8~13nm，且均匀分布在石墨烯片上。

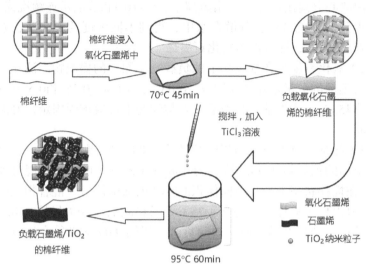

图3.84　石墨烯/TiO₂在棉织物纤维上的负载过程

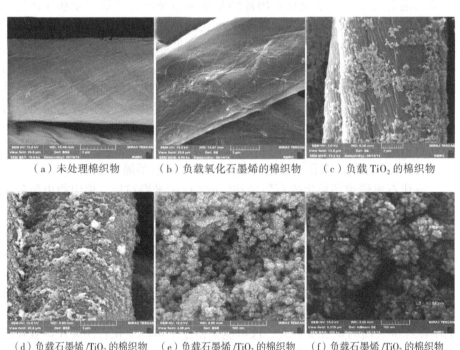

（a）未处理棉织物　　　（b）负载氧化石墨烯的棉织物　　　（c）负载 TiO₂ 的棉织物

（d）负载石墨烯 /TiO₂ 的棉织物　　（e）负载石墨烯 /TiO₂ 的棉织物　　（f）负载石墨烯 /TiO₂ 的棉织物

图3.85　负载石墨烯/TiO₂纳米复合材料纤维的SEM形貌

织物导体的表面电阻率范围为（$1\sim2$）$\times10^{9}\,\Omega/\square$，未经处理的棉织物、负载TiO₂的棉织物、负载氧化石墨烯的棉织物都不属于导体范围，而经过$TiCl_3$还原处理后的负载石墨烯/TiO_2后的棉织物其导电性增加，说明氧化石墨烯的含氧基团发生了有效还原生成了石墨烯，其表面电阻率为3.6×10^3-$19.6 \times 10^6 \Omega/\square$。在负载过程中，随棉织物浸渍过程中氧化石墨烯用量的增加，其表面电阻率逐渐降低，这可能是由于氧化石墨烯用量增加，棉纤维上负载的氧化石墨烯数量较高，因而石墨烯片层之间的接触较好，可获得较好的导电性。

用负载不同量的石墨烯与TiO_2的棉织物（$4 \times 6cm^2$）降解100mL浓度为10mg/L甲基兰溶液，在紫外灯下照射45min和在太阳光下连续照射4d得到甲基兰的脱色率如表3.10所示。未经处理的棉织物对甲基蓝的降解率很低，若仅负载氧化石墨烯，由于氧化石墨烯的具有高的比表面积，随其用量的增大，吸附作用也增大，甲基蓝溶液的脱色率增大，所以未负载TiO_2的棉织物无论在紫外灯下，还是在可见光下都不具有光催化活性。随加入的$TiCl_3$溶液体积增大，棉纤维上负载的TiO_2量增大，其光催化活性增大，在紫外灯下，当加入$TiCl_3$溶液1.2mL，氧化石墨烯混合液浓度为0.2%（w/v）时得到的棉纤维具有最高的光催化活性；在可见光下，当加入氧化石墨烯混合液浓度为0.5%（w/v）时得到的棉纤维具有最高的光催化活性，石墨烯与TiO_2复合可有效提高TiO_2的光催化活性。首先，石墨烯的比表面积高，因此具有高吸附能力，可优先吸附甲基蓝到达TiO_2表面发生光催化反应；其次，在太阳光下，石墨烯可作为电子供体，在光催化反应过程中其sp^2杂化轨道上的电子可激发进入TiO_2导带，产生自由基，因此，与石墨烯复合后，可大幅度提高TiO_2在日光下的光催化活性；再者，石墨烯具有高的电导率，可接受并快速转移光生电子，有效避免了光生电子和空穴的复合。

表3.10　紫外光和可见光照射下，石墨烯/TiO_2棉织物的光催化性能

光源	NG浓度/（%w/v） $TiCl_3$溶液体积	0	0.02	0.05	0.1	0.2	0.5
紫外光	0	4	6	7.5	10	12	15
	0.1mL	14	17	17.5	23	25	28
	0.3mL	18	19.5	32	52	50	50
	0.6mL	26	32	40	75	77	75
	0.8mL	35	39.5	48	79	85	89.5
	1.2mL	45	46	56	88	91	90
	1.8mL	53	57	59.5	88	90	87.5

光源	NG浓度/（%w/v） TiCl₃溶液体积	0	0.02	0.05	0.1	0.2	0.5
太阳光	0	4	6	8	11	12	16
	0.1mL	5	15	16	21	25	27
	0.3mL	9.5	17	30	33	48	46
	0.6mL	11	25	40	42	69	66
	0.8mL	15	27	40.5	55	75	78
	1.2mL	16	30.5	43	63	84	87
	1.8mL	18.5	31	45	64	83	84

仅负载石墨烯的棉纤维织物没有抗菌性，而负载石墨烯/TiO_2纳米复合材料的棉纤维则具有良好的抗菌性。按《美国化学家协会和染色家协会测试方法》（100-2004），当加入氧化石墨烯混合液浓度为0.5%w/v，$TiCl_3$溶液用量为1.2mL时，得到的负载石墨烯/TiO_2的棉纤维可分别使 S. aureus、E. coli、C. albicans 三种微生物减少99%、99.4%、99.2%，说明该条件下得到的棉纤维具有良好的抗菌性和抗真菌性。且对负载石墨烯/TiO_2的织物进行细胞毒性测试，发现处理后的棉织物对人体细胞的影响与未处理的棉织物相似，不具有生物毒性[27]。

Karimi等利用石墨烯的层状结构和优异的性能，采用水热合成法将TiO_2前驱体$TiCl_3$负载到氧化石墨烯片上，在水热条件下通过一步还原法生成高结晶度的纳米结构，不需要退火或高温煅烧，且同时可将氧化石墨烯还原为石墨烯。石墨烯与TiO_2纳米材料复合的方法还有原位生长合成法、溶胶凝胶法、紫外-微波还原法等方法。将TiO_2纳米颗粒嵌入石墨烯片层中，通过两者的协同作用可有效提高TiO_2的光催化性能。

3.6.2 负载TiO_2/Fe_3O_4/Ag复合催化材料的聚酯纤维织物

在超声波作用下，Harifi等通过一步反应合成了TiO_2/Fe_3O_4/Ag纳米复合材料，并将其负载于聚酯纤维上，得到了具有光催化活性和抗菌性能的聚酯纤维织物。

具体制备方法如下：0.2mL冰醋酸加入100mL蒸馏水中，得到pH=3的混合物，将其在25℃超声波水浴中处理10min，将聚酯纤维织物浸入混合液中，逐滴加入8mL钛酸四异丙酯，并在超声下处理4h，期间混合液温度由25℃升高到75℃，加入预先确定用量的$AgNO_3$、$FeSO_4$、$FeCl_3$，用NaOH溶液调节pH=12，超声处理1h，混合液温度升高至90℃，将织物取出后进行彻底洗涤，室温下干燥，得到负载$TiO_2/Fe_3O_4/Ag$复合催化材料的聚酯纤维。在处理过程中，由于超声作用产生的空化作用，钛醇盐氧化物前驱体发生水解、醇缩聚和水缩聚反应得到TiO_2纳米颗粒。反应如下列反应式进行：

$$Ti-OR + H_2O \rightarrow Ti-OH + R-OH$$

$$Ti-OH + OR-Ti \rightarrow Ti-O-Ti + R-OH$$

$$Ti-OH + OH-Ti \rightarrow Ti-O-Ti$$

在冰醋酸存在时，还可能通过下列途径生成TiO_2纳米颗粒。

$$Ti-OR + AcOH \rightarrow Ti-OAc + R-OH$$

$$Ti-OAc + R-OH \rightarrow R-OAc + Ti-OH$$

$$Ti-OR + Ti-OAc \rightarrow Ti-O-Ti + ROAc$$

在超声作用下，Ti—OH或Ti—OR之间的缩聚反应可通过气泡的内爆产生的局部高温而加速，不需要对织物进行后续的加热即可加快TiO_2纳米颗粒的结晶过程。在纤维表面产生大量的晶核会减小生成的TiO_2纳米颗粒的粒径。超声波空化作用产生类似高速搅拌的效果，使产生的纳米颗粒被导向织物表面，由于聚酯纤维表面没有能与TiO_2纳米粒子形成化学键结合的官能团，纳米颗粒通过物理吸附作用负于织物表面，超声作用下产生的微湍流可使纳米颗粒与聚酯纤维间形成较强的链接。当加入银盐和铁盐，pH值被调整至12，伴随着纳米粒子形成，聚酯纤维的碱性水解过程去除了对苯二甲酸乙二醇酯阴离子和乙二醇的低聚物，并在聚酯纤维上形成凹坑。产生的乙二醇可将Ag^+还原为Ag纳米颗粒，水受到超声作用会产生高活性的·OH和·H自由基，也能还原将Ag^+还原为Ag纳米颗粒，但由于负电势的阻止作用，使Ag^+在水中的还原作用进行的比较慢。

$$Ag^+ + H_2O \rightarrow 2Ag^0 + 1/2\ O_2 + 2H^+$$

由超声作用引起的局部高温高压使Ag^+的还原反应成为可能。在碱性条件下，超声作用下，OH^-可作为电子供给体，使Ag^+还原，反应如下式：

$$2Ag^+ + 2OH^- \rightarrow H_2O + 1/2\ O_2 + 2Ag$$

在碱性条件下，磁性纳米颗粒Fe_3O_4可通过下述反应生成：

$$Fe^{2+} + 2OH^- \rightarrow Fe(OH)_2$$

$$Fe^{3+} + 3OH^- \rightarrow Fe(OH)_3 \rightarrow \alpha\text{-}FeOOH + H_2O$$

$$Fe(OH)_2 + 2\alpha\text{-}FeOOH \rightarrow Fe_3O_4 + 2H_2O$$

TiO_2纳米晶体可形成晶核，并为Fe_3O_4和Ag纳米颗粒提供成核的点位。由于超声作用的冲击波和微射流作用会使纳米粒子与聚酯纤维表面发生物理吸附，使纳米颗粒快速迁移到纤维表面。此外，聚酯纤维在碱性条件下发生的水解作用可产生-OH和$-COO^-$，也为纳米颗粒与纤维间发生氢键作用提供了活性位点，使纳米颗粒负载于聚酯纤维上。因此，在超声的作用下，$TiO_2/Fe_3O_4/Ag$纳米颗粒的合成及其在聚酯纤维上的负载，可经过一步反应完成。

得到负载$TiO_2/Fe_3O_4/Ag$纳米颗粒的聚酯纤维SEM形貌如图3.86所示。图3.86（a）是未经处理的聚酯纤维，纤维表面光滑，而图3.86（b）是经过碱性水解处理后的聚酯纤维，在碱性条件下，聚酯纤维表面经过可控的降解作用，使部分聚合水解生成低聚物，在纤维表面形成了若干凹坑，从而使部分羟基和羧基暴露出来，有利于纳米颗粒的负载。图3.86（c）和图3.86（d）是负载$TiO_2/Fe_3O_4/Ag$纳米颗粒的聚酯纤维形貌，纳米颗粒均匀负载于聚酯纤维表面，通过图3.86（d）可估计出$TiO_2/Fe_3O_4/Ag$纳米颗粒的粒径约为40nm。

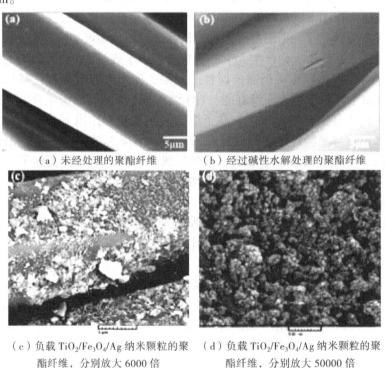

（a）未经处理的聚酯纤维　　　　（b）经过碱性水解处理的聚酯纤维

（c）负载 $TiO_2/Fe_3O_4/Ag$ 纳米颗粒的聚　　（d）负载 $TiO_2/Fe_3O_4/Ag$ 纳米颗粒的聚
　　酯纤维，分别放大 6000 倍　　　　　　酯纤维，分别放大 50000 倍

图3.86　聚酯纤维及其负载$TiO_2/Fe_3O_4/Ag$纳米颗粒的SEM形貌

沉积在TiO_2表面的Fe_3O_4和Ag可有效降低光生电子–空穴的复合，提高TiO_2的光催化性能，其机理如图3.87所示。TiO_2在紫外光下激发产生的光生电子和空穴可分别传递给Fe_3O_4，阻止了两者的复合，被Fe_3O_4捕捉的电子与其表面吸附的O_2反应产生自由基$\cdot O_2^-$、$HO_2\cdot$和$\cdot OH$；被捕捉的空穴则会发生氧化作用，生成$\cdot OH$。此外，附着在TiO_2表面的Ag纳米颗粒也

能捕捉光生电子，降低电子和空穴的复合，并能冲淡电子供体，生成自由基·O_2，因此，负载$TiO_2/Fe_3O_4/Ag$复合纳米颗粒的聚酯纤维具有较高的光催化作用和抗菌性，在太阳光下对甲基蓝的降解率高于同样条件下负载Ag/TiO_2纳米颗粒的聚酯纤维。分别负载TiO_2、Fe_3O_4/TiO_2和$TiO_2/Fe_3O_4/Ag$的聚酯纤维可使S. aureus的细胞数量分别减少50%、89.04%和100%，体现出较高的抗菌性。

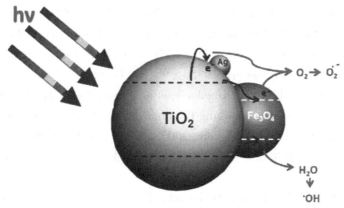

图3.87　$TiO_2/Fe_3O_4/Ag$纳米颗粒的光催化作用机理

负载$TiO_2/Fe_3O_4/Ag$纳米颗粒后，聚酯纤维的强度变化见表3.11。经过碱处理后的聚酯纤维的最大负荷降低10.5%，这可能是由于碱性水解过程使得聚酯纤维表面发生降解，但抗拉应变和抗弯刚度分别增长71.4%和75.5%，这可能是由于由于碱性水解作用，使聚酯纤维更加柔软。而负载$TiO_2/Fe_3O_4/Ag$纳米颗粒后，聚酯纤维的最大负荷相对于碱水解聚酯纤维上升28%，这表明超声作用并没有对聚酯纤维造成明显破坏，且由于合成的纳米颗粒均匀分布在纤维织物的表面，将碱水解产生的凹坑填充上纳米颗粒，当纤维受力时，能将应力均匀分布，延缓其断裂。且在聚酯纤维表面的羟基和羧基可与纳米颗粒作用形成共价键结合，因此经过负载$TiO_2/Fe_3O_4/Ag$纳米颗粒，聚酯纤维的强度有所改善，而其抗弯刚度经负载过程后进一步下降，这可能是由于碱水解的聚酯纤维经过超声处理后会进一步增加其柔性[28]。

表3.11　负载$TiO_2/Fe_3O_4/Ag$纳米颗粒对聚酯纤维强度的影响

样品	最大负荷/N		抗拉应变/%		抗弯刚度/mg.cm
	平均值	CV/%	平均值	CV/%	
未处理聚酯纤维	543.34	1.66	29.87	0.83	515
碱水解聚酯纤维	485.80	1.60	51.20	1.40	126
负载$TiO_2/Fe_3O_4/Ag$聚酯纤维	625.20	2.20	44.80	1.10	28

参考文献

[1] Asshi R, Morikawa T, Ohwaki T, et al. Visible-light photocatalysis in Nitrogen-doped titanium oxides, Science, 2001, 293, 269-271.

[2] Matsubara H, Takada M, Koyama S, et al. Photoactive TiO_2 containing paper- preparation and its photocatalytic activity under weak UV-light illumination. Chemistry Letters. 1995,（9）: 767-768.

[3] Iguchi Y, Ichiura H, Kitaoka T, et al. Preparation and characteristics of high performance paper containing titanium dioxide photocatalyst supported on inorganic fiber matrix. Chemosphere, 2003, 53（10）:1193-1199.

[4] 王芳. 二氧化钛光催化纸张的制备与性能研究. 广州：华南理工大学，2010.

[5] Fukahori S J, Ichiura H, Kitaoka T, et al. Preparation of porous sheet composite impregnated with TiO_2 photocatalyst by a papermaking technique. Journal of Materials Science, 2007,42（15）: 6087-6092.

[6]祝红丽. 纳米TiO_2晶相组成的优化及其光催化活性纸的研究. 广州：华南理工大学，2009.

[7] KoS, FlemingPD, JoyceM P, et al. Optical and photocatalytic properties of photoactive paper with polycrystalline TiO_2 nanopigment for optimal product design. Tappi Journal, 2012, 11（5）: 33-38.

[8]Chauhan I, ChattopadhyayS, MohantyP. Fabrication of titania nanowires incorporated paper sheets and study of their optical properties. Materials Express, 2013, 3（4）: 343-349.

[9]Wang J X, Liu W X, Li H D, et al. Preparation of cellulose fiber-TiO_2 nanobelt - silver nanoparticle hierarchically structured hybrid paper and its photocatalytic and antibacterial properties. Chemical Engineering Journal, 2013, 228: 272-280.

[10]Zhou W J, Du G J, Hu P G, et al. Nanopaper based on Ag/TiO_2 nanobelts heterostructure for continuous-flow photocatalytic. Journal of Hazardous Materials, 2011, 197: 19-25.

[11]Chanhan I, Mohanty P. In situ decoration of TiO_2 nanoparticles on the surface of cellulose fibers and study of their photocatalytic and antibacterial

activities.Cellulose, 2015, 22（1）：507–519.

[12]Ichiura H, Okamura N, Kitaoka T, et al. Preparation of zeolite sheet using a papermaking technique Part II The strength of zeolite sheet and its hygroscopic characteristics. Journal of Materials Science, 2001, 36（20）：4921–4926.

[13] Ichiura H, Kitaoka T, Tanaka H. Preparation of composite TiO_2+zeolite sheets using a papermaking technique and their application to environmental improvement. Part I: Removal of acetaldehyde with and without UV irradiation. Journal of Materials Science, 2002, 37（14）：2937–2941.

[14] Ichiura H, Kitaoka T, Tanaka H, et al. Preparation of composite TiO_2+zeolite sheets using a papermaking technique and their application to environmental improvement. PartII: Effect of Effect of zeolite coexisting in the composite sheeton NOx removal. Journal of Materials Science, 2003, 38: 1611–1616.

[15]Fukahori S, Ichiura H, Kitaoka T, et al. Photocatalytic decomposition of bisphenol A in water using composite TiO_2+zeolite sheets preparation by a papermaking technique. Environmental Science Technology, 2003, 37（8）:1048–1051.

[16]Ko S, Fleming P D, Joyce M P, et al. High performance nano–titania photocatalytic paper composite. Part II: Preparation and characterization of natural zeolite–based nano–titania composite sheets and study of their photocatalytic activity. Materials Science and Engineering: B, 2009, 164（3）：135–139.

[17] Ye L,Filipe C D M,Mojgan K, et al. Immobilization of TiO_2 nanoparticles onto paper modification through bioconjugation. Journal of Materials Chemistry, 2009, 19（15）：2189–2198.

[18] Akhavan S F, Montazer M. In situ sonosynthesis of nano TiO_2 on cotton fabric. Ultrasonics Sonochemistry, 2014, 21（2）：681–691.

[19]Sun D P, Yang J Z, Wang X. Bacterial cellulose/TiO2 hybrid nanofibers prepared by the surface hydrolysis method with molecular precision. Nanoscale, 2010, 2: 287–292.

[20]Liu Q Y, Li J, Cao J, et al. Synthesis of composite TiO_2/natural cotton nanofiber with photocatalytic property. Applied Mechanics and Materials, 2014, 665: 393–396.

[21] Park I, Ko S. Preparation, characterization and evaluation of photoactive

paper containing visible light−sensitive Ag/TiO$_2$ nanoparticles. Nanoscience andNanotechnology Letters, 2014, 6（11）: 965−971.

[22]Youssef A M, Kamel S, EI−Samahy M A. Morphological and antibacterial properties of modified paper by PSnanocomposites for packaging applications. Carbohydrate Polymers, 2013, 98（1）: 1166−1172.

[23] Pakdel E, Daoud W A. Self−cleaning cotton functionalized with TiO$_2$/SiO2: Focus on the role of silica. Journal of Colloid and Science, 2013, 401: 1−7.

[24] 张清爽，李巧玲，陈海利，等. 静止原位复合法制备聚吡咯/TiO$_2$纸及其催化性能. 化学学报，2011，69（17）: 2009−2014.

[25] 苗冉冉，刘泽华，贾成成. 纳米TiO$_2$/聚糠醛复合物涂布纸的光催化性能. 天津科技大学学报，2011，26（4）: 26−30.

[26]严安. 光催化型空气净化涂料及其涂布纸老化性能研究. 天津：天津科技大学，2010.

[27]Karimi L, Yazdanshenas M E, Khajavi R, et al. Using graphene/TiO$_2$ nanocomposite as a new route for preparation of electroconductive, self−cleaning, antibacterial an antifungal cotton fabric without toxicity. Cellulose, 2014, 21: 3813−3827.

[28] Harifi T, Montazer M. A robust super−paramagnetic TiO$_2$:Fe$_3$O$_4$:Ag nanocomposite withenhanced photo and bio activities on polyester fabric via one step sonosynthesis. Ultrasonics Sonochemistry, 2015, 27: 543−551.

第 4 章
ZnO 纸基催化材料

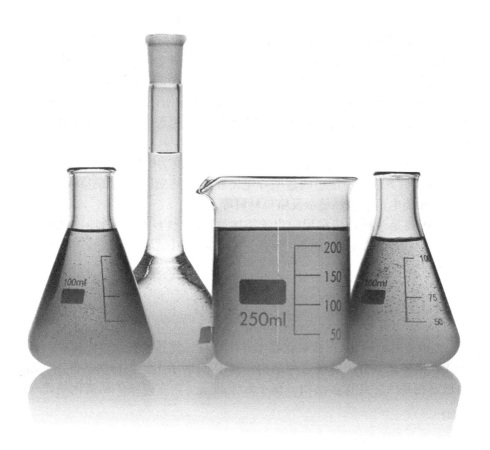

氧化锌作为一种新型的第三代半导体材料，具有原材料资源丰富、价格低廉、抗辐射能力强、绿色环保等优点，吸引了研究者的广泛关注，已成为半导体材料领域的研究热点之一。

4.1 ZnO 的性质及构造

4.1.1 氧化锌的性质

氧化锌（ZnO）又被称为锌氧粉、锌白、锌白粉、活性氧化锌。分子量为81.39，呈白色，属两性氧化物，密度5.606g·cm^{-3}，折射率2.0041，无毒、无臭、无味、无砂性。熔点为1975℃，加热至1800℃，升华而不分解。高温加热时呈黄色，冷却后恢复白色。

ZnO常温下稳定，能溶于酸、碱以及氨水、氯化铵等溶液，不溶于水、醇（如乙醇）和苯等有机溶剂。这是因为锌的最外层是2个电子，却有四个轨道，可以失去最外层2个电子形成金属盐（此时最外层18个电子，也比较稳定），也可以结合6个电子形成最外层8电子的稳定结构。通常情况下，ZnO晶体很难达完美的化学计量比，天然存在着氧空位和锌间隙缺陷。

在潮湿空气中，ZnO能吸收二氧化碳和水分渐渐生成碱式碳酸锌，也能被碳或一氧化碳还原为金属锌，因此，ZnO应当密闭保存。ZnO具有良好的遮盖力和着色力，着色力是碱式碳酸铅的2倍，遮盖力是二氧化钛和硫化锌的一半。

ZnO具有高的光学折射率（约为2.0），厚度为0.4～2μm的范围的ZnO薄膜内透明，是一种理想的透明导电薄膜，可见光透射率高达90%，可应用于太阳能电池、液晶显示及窗口材料等。

ZnO还是一种比较常用的化学添加剂，广泛应用于润滑油、硅酸盐制品、电池、塑料、涂料油漆、药膏、粘合剂、阻燃剂、合成橡胶、食品等产品的制作过程中。

4.1.2 ZnO的构造

ZnO是典型的 II-IV 族氧化物半导体材料，其晶体有六角纤锌矿、氯化钠式八面体和立方闪锌矿三种结构（如图4.1所示）。在自然条件下，ZnO的稳定相是六方纤锌矿结构，属于六方晶系。立方闪锌矿和氯化钠式八面体两种亚稳定相存在的条件比较苛刻。氯化钠式八面体只有在高压条件下才能获得，室温下，当压强达到9GPa左右时，纤锌矿结构的ZnO转变为氯化钠式八面体结构，体积相应缩小17%，处于这种高压下的氯化钠式八面体结构，当外加压力消失时依然会保持在亚稳状态，不会立即重新转变为六方纤锌矿结构。立方闪锌矿只能在六方结构的衬底上生长，在亚稳ZnO的薄膜中可观察到立方闪锌矿结构。

六角纤锌矿晶体结构中锌原子和氧原子各自都以密堆积方式排列，每个锌原子位于四个相邻氧原子所形成的四面体间隙中，组成正四面体，同时每个氧原子也与其周围相邻的四个锌原子构成正四面体。这种四面体配位模式使氧化锌具有非对称结构，在不存在应变情况下，晶格常数为$a=0.3243nm$，$c=0.5195nm$，$c/a=1.6$，Zn-O间距$d_{Zn-O}=0.194nm$，配位数为$4:4$，分子结构的类型介于离子键与共价键之间。

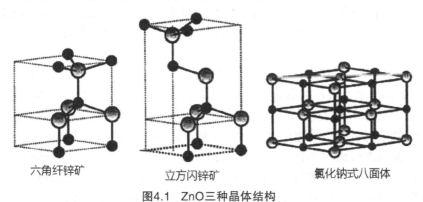

六角纤锌矿　　　　　立方闪锌矿　　　　　氯化钠式八面体

图4.1　ZnO三种晶体结构

4.2 ZnO 的光催化和抗菌作用机理

4.2.1 ZnO的光催化机理

ZnO利用太阳光的能力和量子效率均高于TiO_2，且生产成本相对较低，所以ZnO极有可能成为继TiO_2之后的又一种应用前景广阔的光催化剂。其光催化降解机理与TiO_2的光催化机理相同，都是依据半导体能带理论。ZnO是一种直接带隙宽禁带半导体材料，它的价带是由氧原子2p态构成，导带主要是锌原子的4s态构成，其能级结构与TiO_2相似。室温下，ZnO的禁带宽度为3.37eV，截止波长为380nm。ZnO半导体在波长小于380nm的紫外光照射下，其价带上的电子（e^-）被激发，越过禁带进入导带，同时在价带上产生相应的空穴（h^+）。光生电子会和吸附在半导体表面的溶解氧发生相互作用，而光生空穴则会和OH^-离子等发生反应，产生具有强氧化能力的·OH，·OH能够快速将各种有机物彻底氧化分解成CO_2和H_2O等无机小分子，从而实现将污染物降解的目的，表现出较好的光催化活性。

纳米氧化锌是迄今为止发现的形貌和结构最丰富多样的纳米材料之一，ZnO具有良好的形貌可控性，（0001）晶面的表面能较高，而（01$\bar{1}$0）和（2$\bar{1}\bar{1}$0）等低指数晶面的表面能较低，这些能量不同的晶面会引起晶体生长过程中自组装速度的差异，从而用以调控晶体的形貌。依据形貌特点，典型结构有纳米线、纳米棒、纳米棒阵列、四针状纳米棒、纳米带、纳米电缆、纳米管、纳米环、纳米梳、纳米钉、纳米盘等类型。ZnO晶面对光催化活性是具有选择性的，其（0001）晶面暴露面积越大，其光催化活性越高。如ZnO纳米棒、哑铃状ZnO、ZnO微米棒、ZnO纳米盘等ZnO纳米结构中，ZnO纳米盘的（0001）晶面暴露最多，具有最高的光催化活性。ZnO纳米棒变化到ZnO纳米片的过程中，极性（0001）和（000$\bar{1}$）晶面暴露比率增加，亚甲基蓝降解实验结果显示，ZnO纳米片的光催化活性比ZnO纳米棒。

ZnO纳米材料作为具有广泛应用前景的光催化剂，目前还存在着以下三方面的问题需要解决：第一，ZnO纳米材料的光催化效率仍然不理想，提高ZnO纳米材料的光催化性能主要通过控制ZnO纳米结构的形貌和对ZnO纳米结构表面进行修饰两种途径；第二，拓宽ZnO纳米材料的光谱响应区间，使其光谱响应区从紫外区拓宽到可见光区，一般可通过对ZnO进行掺杂、贵金属沉积、制备复合半导体等方式，将其光谱响应范围由紫外光扩展到可见光区域，拓展ZnO的纳米材料的光谱效应范围；第三，作为光催化剂如何实现对ZnO纳米材料的回收利用，由于ZnO纳米颗粒粒径较小，不容易沉淀，回收困难，因此需要选择合适的载体固定纳米颗粒，使其容易从反应物中分离出来。

4.2.2 ZnO的抗菌机理

ZnO的抗菌机理有光催化抗菌机理和金属离子溶出机理2种假设。因为纳米ZnO具有很强的光催化能力，纳米ZnO通过紫外光照射具有强大的氧化能力，可以降解许多种有机化合物。光催化抗菌原理认为，在紫外线的照射下，纳米ZnO价带电子被激发到导带，形成光生电子和空穴，与吸附在材料表面的O_2、OH^-和H_2O等反应生成·OH、·O_2^-和H_2O_2等活性氧物质，具有非常强的氧化性，可以把大多数有机物氧化，使有机化合物的化学键断裂，这样就可以将组成微生物的成分分解，破坏细菌细胞的增殖，从而抑制或杀死破坏细菌。同时，粒径越小的纳米氧化锌，越有可能在其周围产生活性氧，从而使其具有更强的杀菌、抗菌能力。由于纳米粒子独特的表面效应，促使其与接触到的细菌容易产生亲合力，从而使其具有杀菌的能力。

接触式杀菌机理也被称为金属离子溶出机理：ZnO 在含水介质中缓释 Zn^{2+}，使 Zn^{2+} 逐渐释放出来，形成游离的 Zn^{2+}，Zn^{2+} 和细菌的细胞膜结合时就会与其中的有机成分反应，从而破坏其电子传递系统的酶与 -SH 基的反应，使膜蛋白结构遭到破坏，细胞没有能量供应而失去活性，从而杀死细菌。与此同时，纳米 ZnO 表面的空穴会产生电子，这些电子直接参与到反应中，空穴数量的增多也会促使电子数量的增多，电子越多，杀死的细菌也就越多。接触杀菌的第一个条件是 Zn^{2+} 与细菌要直接接触，不需要紫外照射，并且当细菌被杀死后，Zn^{2+} 将会从细胞中释放出来，又达到游离状态，然后再与其他的细菌接触，完成新一轮的杀菌任务，所以纳米锌粒子呈现出了强烈的杀菌活性。

由此可见，纳米 ZnO 的抗菌机理是光催化产生的 $\cdot OH$ 和 H_2O_2 等活性氧物质和溶出金属离子 Zn^{2+} 共同作用的结果，在光照条件下 ZnO 的抗菌作用是光催化和 Zn^{2+} 溶出两种方式共同作用的效果，但是在没有光照的条件下，则主要是通过溶出的 Zn^{2+} 产生氧化反应而产生抗菌作用。

4.3 ZnO 纸基催化材料

与 TiO_2 在纸页或纤维上多种负载方式相同，ZnO 在纸页上的负载方式也包括湿部添加、表面施胶压榨法、层层沉积自组装法、直接组装法和原位合成等方式，将 ZnO 负载到纸页或纤维表面。在目前关于 ZnO 纸基催化材料的研究过程中，多数研究者采用原位合成法进行 ZnO 的负载。

4.3.1 ZnO 纳米棒在棉纤维的负载

Wang 等人用原位合成法，在室温下经两步反应合成了六角形 ZnO 纳米棒阵列，并将其负载于棉纤维上。如图 4.2 所示，反应分为在纤维上形成晶核和均一的同质外延晶体的生长两步，第一步反应，首先制备没有凝胶的 ZnO 纳米胶体，在剧烈搅拌下，将前驱体二水合醋酸锌 $[Zn(Ac)_2.2H_2O]$ 加入 85℃ 的异丙醇中；为保证前驱体溶液的稳定，逐滴加入与醋酸锌相同摩尔数的三乙基胺，用以溶解醋酸锌，形成透明的均匀溶液，混合物保持在85℃下搅拌反应10min，在室温下老化数小时。通常金属醇盐非常活泼，由于其具有强负电性的烷基醚键基（–OR），可使金属以稳定的最高价态存在，容易受到亲核攻击。配位数达到饱和的Zn^{2+}，水解和缩合反应都按照亲核机理进行，包括亲核加成、质子从进攻分子转移到烷基氧化物，脱去质子的烷氧基化作用。通过上述方法制备的ZnO胶体可稳定存在数周，被反复用于载体的浸渍涂覆过程，用于在载体上形成厚的晶种。在涂布之前，载体在150℃退火，保证纳米晶种牢固地附着在载体上。室温下，将负载晶种的载体在0.025M的醋酸锌开放溶液中浸渍，根据所需要的纳米棒长度决定浸渍时间。最终将形成的样品用去离子水清洗，除去盐离子和氨基化合物，60℃干燥得到负载在棉纤维上的六角形ZnO纳米棒阵列。该过程是将溶胶凝胶过程和晶体的分层生长过程结合起来，形成的ZnO纳米棒直径为10～50nm，长度为300～500nm。研究发现溶胶的浓度、前驱体溶液的温度和浓度会影响ZnO自由结晶过程。溶胶的浓度会影响形成的ZnO凝胶粒子粒径，从而影响到ZnO纳米棒的直径，ZnO的形状受前驱体浓度影响很大。按该方法负载ZnO应具有光催化性能，但Wang等人未对负载纤维上的ZnO的光催化性和抗菌性等性质进行进一步研究[1]。

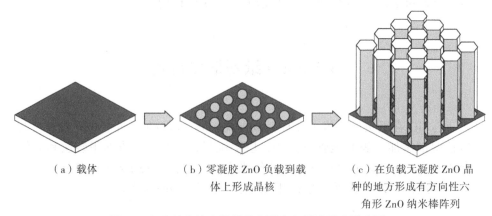

（a）载体　　　　　　（b）零凝胶 ZnO 负载到载　　　（c）在负载无凝胶 ZnO 晶
　　　　　　　　　　　　　体上形成晶核　　　　　　　　种的地方形成有方向性六
　　　　　　　　　　　　　　　　　　　　　　　　　　角形 ZnO 纳米棒阵列

图4.2　ZnO纳米棒在棉纤维上两步负载法反应示意图

4.3.2 直接组装法制备ZnO催化纸

2006年，Ghule等人借助于超声波的作用，采用直接组装法，首次制备了以纸张为基材负载ZnO纳米颗粒的催化材料，并研究了其抗菌性能。具体负载过程如下：

（1）ZnO的预处理与分散：ZnO纳米粒子置于450℃高温炉中灼烧，除去其中的有机物，将2g ZnO纳米颗粒分散到200mL去离子水中，用固定功率的超声仪分散10min。

（2）逐滴加入氨水，使分散液pH=8，超声处理10min。在这个过程中加入氨水，一方面可以保证体系处于碱性状态，另一方面NH^+可在ZnO纳米粒子表面形成单分子层吸附，使纳米颗粒带正电荷，由于颗粒间的静电排斥作用可保证ZnO纳米颗粒在悬浮液中不会发生絮聚，能够分散均匀。

（3）将待处理纸页置于悬浮液上方，调整纸页高度，使纸页仅有一面与悬浮液接触，用超声处理不同时间，如图4.3 所示。在超声波的作用下，纳米ZnO在分散介质中被分散过程中产生的微射流会对纤维表面产生压溃作用，使ZnO颗粒均匀负载于纤维表面；负载作用可能是由于超声处理对纤维产生高冲击作用，或者通过纤维与ZnO间形成氢键作用，纳米ZnO颗粒的压溃过程使得纳米粒子更靠近纤维，ZnO与纤维间结合更紧密。

（4）将纸页从悬浮液中分离，80℃下干燥，脱去NH_3，得到负载了ZnO纳米颗粒的纸页。

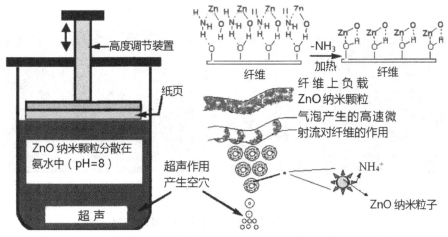

图4.3　超声作用下，ZnO纳米颗粒在纤维表面负载的机理

SEM观察纸页及负载ZnO纳米颗粒的纸页，如图4.4所示。未负载ZnO的纸页[图4.4（a）]是由纤维组成的三维网状结构，纤维间有孔隙，由于超声波对纤维形成的冲击作用，部分纤维有撕裂和压溃的现象。图4.4（b）为负载过程中，用超声处理10min所得纸页的SEM形貌，部分ZnO颗粒附着在纤维表面，由于纸页仅有一面与ZnO悬浮液接触，ZnO负载在纸页的一面而不会进入纸页内部孔隙中，TEM观察显示ZnO纳米粒子的直径为20nm，随超声处理时间的增加，负载的颗粒粒径未见明显变化，但ZnO纳米颗粒的负

载量增大，纸页中纤维间的孔隙减少，ZnO负载量随超声作用时间变化如图4.5所示，当超声作用时间为10min时，负载量为14.3%，当延长到30min时，ZnO负载量增大到17.7%。随超声作用时间的延长，ZnO的负载量增加并不明显，这可能是由于NH_4^+吸附在ZnO颗粒表面，使颗粒带正电荷，由于颗粒间的静电斥力阻止ZnO颗粒在纤维表面形成多层吸附。通过该种方式负载的ZnO主要位于纸页表面，进入内部孔隙中的ZnO很少，ZnO在纸页表面的负载情况，将主要取决于缠绕的纤维网络的密度。

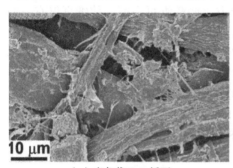

（a）未负载 ZnO 纸页

（b）超声作用时间 10min 的负载 ZnO
纸页，右下角放大图为 TEM 图

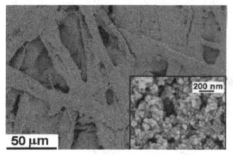

（c）超声作用时间 20min 的负载 ZnO
纸页，右下角为纸页的放大图

（d）超声作用时间 30min 的负载 ZnO 纸页

图4.4 不同超声作用时间负载ZnO纤维的SEM形貌

该纸页的抗菌性见表4.1，将负载ZnO纳米颗粒的纸页在543nm光源照射24h可获得最好的抗菌效果，光照强度为$0.1464mW/cm^2$（普通的家用荧光灯管即可达到这个光照强度），对E. coli的24h灭活率可达99.99%。负载ZnO纳米颗粒的纸页即使在无光照条件下，仍具有一定的抗菌性能，这可能是由于金属离子Zn^{2+}溶出产生的直接杀菌作用的结果。作为对照组的两种纸页无论是否有543nm的光源照射，都没有抗菌性能。负载ZnO纳米颗粒的纸页，采用365nm光源照射时，随照射时间的延长，抗菌性增加。而空白纸页在365nm紫外线照射下，也有一定的抗菌性能，这可能是由于纸页中存在的

MgO和CaO，表现出一定的抗菌性[2]。

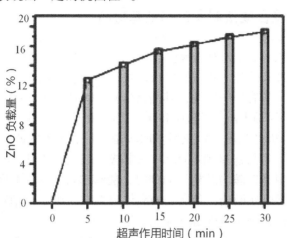

图4.5　超声作用时间对纤维ZnO负载量的影响

表4.1　不同光源及照射时间对纸页抗菌性的影响

纸页	接种后清洗	365nm, 1mW/cm², 1h		365nm, 1mW/cm², 3h		543nm, 0.1464mW/cm², 24h	
		光照	无光照	光照	无光照	光照	无光照
空白（纤维）	1.1×10^5	2.6×10^5	6.4×10^5	2.4×10^6	5.0×10^6	2.4×10^8	2.7×10^8
空白纸页	1.1×10^4	1.3×10^3	2.0×10^4	4.8×10^3	1.5×10^5	3.7×10^6	5.4×10^6
负载ZnO纸页	1.1×10^4	1.6×10^2	3.2×10^2	1.3×10^2	1.2×10^4	<20	<20

　　Ghule等人利用超声波的空化作用，对纤维表面产生压溃作用，使ZnO纳米颗粒在低温下通过氢键链接负载于纸页上，方法简单，作用时间短。通过在醋酸锌溶液中浸渍纸页的方式也能在纸页上负载ZnO纳米粒子，这样会使ZnO在纸页的两面都发生负载，从而使前驱体醋酸锌的消耗增加，而抗菌纸仅仅在其一面需要有抗菌性，不需要两面都有抗菌性，因此没必要在纸页的两面都负载ZnO颗粒。采用浸渍纸页负载ZnO过程中，部分有机物吸附在ZnO表面而导致其抗菌性下降。超声波空化作用会对纤维造成一定的损伤，对纸页强度度有一定影响，这是由于在超声波作用下，采用浸渍ZnO前驱体溶液负载ZnO纳米颗粒过程中应解决的问题。

4.3.3 原位合成法制备ZnO纸基材料

为得到理想形态的ZnO纳米粒子，可以通过控制晶体生成条件来制备不同形态的ZnO纳米材料。晶体的生长依赖于晶体结构固有的各向异性，ZnO为六角纤锌矿，具有各向异性，其晶格参数a=0.3243nm，c=0.5195nm，ZnO晶体可看作是沿c轴由Zn^{2+}四面体和O^{2-}四面体交替排列而成的，其基底的极性面（001）为极性晶面。六亚甲基四胺是一种非离子的四胺型衍生物和非极性的螯合剂，容易连接到ZnO晶体的非极性晶面，因此在ZnO晶体生成过程中，以六亚甲基四胺为结构导向剂时，能够覆盖ZnO晶体的非极性面，阻止Zn^{2+}附着到非极性面上，使得ZnO晶体只有在（002）晶面能够进行外延生长，从而可以控制生成的ZnO晶体形态。

原位合成反应一般包括晶核的生成和晶体生长两个过程，在生成晶核阶段，可以通过浸涂和旋转涂布的方法，例如用ZnO纳米颗粒的胶体溶液在载体表面形成一层ZnO胶体，也可以通过溅射在载体上沉积一层薄薄的ZnO颗粒。

Dutta等以六亚甲基四胺为结构导向剂，利用原位合成法，通过控制ZnO纳米颗粒的生成条件，分别制备了ZnO纳米棒和纳米丝，通过水热反应将ZnO纳米棒嵌入到纸页多孔矩阵结构中，形成ZnO纸基催化材料，并研究了其光催化活性和抗菌性。

2008年，Dutta及合作者在低温下采用水热合成法制备了ZnO纳米丝，并将其负载于聚乙烯纤维上，得到了具有光催化性能的催化材料。具体过程如下：

（1）ZnO纳米颗粒的合成：在50℃剧烈搅拌的条件下，以20mL异丙醇为溶剂配制1mM的醋酸锌溶液，用异丙醇稀释至230ml后冷却。在连续搅拌下，将20mL浓度为20mM的NaOH溶液逐滴加入冷却后的醋酸锌溶液中，所得混合物在60℃水浴中反应2h，可得到ZnO胶体溶液，ZnO颗粒直径约为6nm，且能稳定存在数月。

（2）ZnO载体的处理：选择聚乙烯纤维无纺布作为负载ZnO的载体，将工业品聚乙烯醇无纺布在1%的十二烷硫醇乙醇溶液中浸渍2h，取出后于100℃干燥15min，对纤维进行硫醇化改性。改性后纤维在ZnO胶体溶液中浸渍15min，用去离子水冲洗数次，于150℃下干燥15min，以保证ZnO颗粒链接到纤维上，重复三次，使ZnO晶核负载到聚乙烯醇无纺布上。将无纺布浸入90℃的浸渍反应液（等摩尔比的醋酸锌和六亚甲基四胺溶液）中。每5h补充一次浸渍反应液，反应20h，取出样品，于150℃加热30min，以除去其中的有机物。

　　浸渍反应液的浓度不同，形成的ZnO纳米丝的平均直径不同，浓度越高，形成的纳米丝的直径就越大，如晶体生长时间20h，浸渍液硝酸锌浓度为0.5mM时，得到的ZnO纳米丝直径平均为50nm，而当硝酸锌浓度增大到20mM时，得到的纳米丝直径则增加到800nm。Zn^{2+}比六甲基四胺的分子小，能够更快扩散，因此高浓度Zn^{2+}有利于ZnO晶体的各向同性生长，当扩散较慢的六亚甲基四胺分子扩散到并覆盖ZnO的非极性晶面，会阻止Zn^{2+}在非极性平面发生结晶，因此，高浓度的Zn^{2+}会生成直径更大的纳米棒。在以六亚甲基四胺作为ZnO生长导向剂时，ZnO晶体生长呈各向异性，随晶体生长时间的延长，纳米晶体的长度增加，如图4.6所示，两者醋酸锌的浓度都是0.5mol，图（a）是晶体生长时间为10h得到的类似纳米棒的晶体，图（b）是晶体生长时间为20h得到的类似纳米丝的晶体。

（a）10h　　　　　　　　　　　　（b）20h

图4.6　不同晶体生长时间下得到的ZnO晶体的SEM形貌

　　采用甲基蓝作为模型化合物，发现在紫外光照射下2.5h，未负载ZnO纳米丝的聚乙烯纤维无纺布对甲基蓝的降解效率为32%，负载ZnO纳米丝后甲基蓝的降解效率可提高到83%[3]。

　　2010年，Dutta及其合作者采用原位合成法，控制ZnO的生成条件，采用六亚甲基四胺作为ZnO合成的结构导向剂，将ZnO纳米棒负载到纸页上，并研究了该纸页的抗菌性能。具体的操作过程如下：

　　（1）纸页的抄造：漂白硫酸盐木浆浸泡疏解后，用立式磨浆机打浆后，将纸料稀释至0.2%，在标准纸页成型器上抄造成纸，得到定量为35g/m²的纸页。

　　（2）ZnO纳米晶核的形成：将40mL浓度0.2mol的醋酸锌溶液加热至75℃，热处理0.5h，使醋酸锌水解，逐滴加入20mL浓度为4mol的NaOH溶液，混合物在60℃水解2h，形成透明的ZnO纳米颗粒胶体分散液，在ZnO纳米粒子胶体溶液中浸渍纸页，在纸页上形成ZnO晶核，90℃干燥。

（3）水热法生成ZnO纳米棒：将负载ZnO晶种的纸页3次浸入等摩尔比的硝酸锌和六亚甲基四胺溶液中，并在90℃下反应10~20h，得到了六角纤锌矿，浸渍反应液每5h补充一次。将完成浸渍的纸页取出，用去离子水冲洗数次后，于70℃下干燥6h，得到负载ZnO纳米棒的纸页。

该纸页的SEM形貌如图4.7所示。图4.7（a）为未负载ZnO的纸页，有纤维通过分子间氢键或分子内氢键相互作用，形成具有明显的多孔结构的纸页，成为负载光催化材料的优秀载体；如图4.7（b）所示，预先合成的以胶体形式存在的ZnO纳米颗粒能通过纤维间孔隙，进入纸页内部，增加了样品在纸页上的负载量。图4.7（c）为从顶部观察到的ZnO纳米棒；图4.7（d）为放大的纳米棒SEM图。观察发现纳米棒结晶度高，主要为六角形纤锌矿。从中任意选取50个纳米棒测定其长度和宽度，见表4.2，随醋酸锌浓度的增加，形成的ZnO纳米棒长度和宽度均增加，其在纤维上的负载量也增加，当醋酸锌浓度为10mM时，负载的ZnO纳米棒为200μg/cm²，当醋酸锌浓度增大为20mM时，负载的ZnO纳米棒则为1.2mg/cm²；随浸渍时间的延长，纳米棒的长度和宽度也会随之增大。

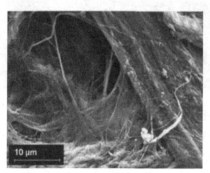

（a）未负载ZnO的多孔纸页结构

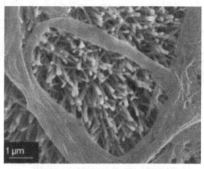

（b）在纸页孔隙中负载的ZnO纳米棒

（c）负载在纸页表面的ZnO纳米棒

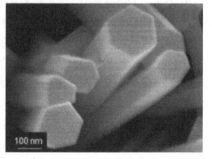

（d）ZnO纳米棒的放大图

图4.7　负载ZnO纳米棒的纸页的SEM形貌

表4.2　醋酸锌和晶体生长时间对ZnO纳米棒的长度和宽度的影响

醋酸锌浓度(mol)/晶体生长时间/h	宽度/nm	长度/nm
10/10	60~100	500~600
10/20	100~150	800~1000
20/10	250~300	1800~2200
20/20	250~350	3400~4200

如果ZnO纳米棒能与纸页表面形成稳定链接，使其牢固地负载在纸页上，对其实际应用有极大的推动作用。纤维上的羟基能与ZnO纳米颗粒上O形成氢键链接，如图4.8所示，不需要经过其他的表面处理，ZnO纳米颗粒即可通过氢键链接负载于纸页表面，作为生成纳米棒的晶核。用0.2MPa的空气流通过纸页，其中未与纤维形成氢键链接，处于松散状态的ZnO纳米颗粒会被气流带走。用空气流作用10min，开始2min中，纸页质量有部分下降，与纤维形成松散链接的ZnO颗粒被气流带走，未被气流带走的ZnO颗粒都与纤维形成了牢固的氢键链接。

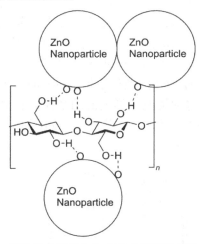

图4.8　纤维素中羟基与ZnO形成氢键链接的示意图

采用甲基蓝（MB）和甲基橙（MO）作为模型化合物，研究了在以卤钨灯作为光源，光照密度为963W/m²时，负载ZnO纳米棒纸基催化材料的光催化活性，如图4.9所示。其对MB和MO都具有一定的光催化降解能力，当硝酸锌浓度为0.2mM、0.1mM时，照射120min对MB的降解率分别为93%、89%，未负载ZnO的纸页对MB的降解率仅为30%，120min对MO的降解率分别为35%、30%，未负载ZnO的纸页对MO的降解率为11%，从上述两种有机物的降解可以看出，随纸页所负载ZnO纳米棒长度和宽度的增加，纸基催化材料的光催化活性增加[4]。

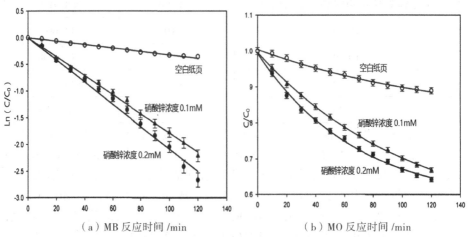

（a）MB 反应时间 /min　　　　　　（b）MO 反应时间 /min

图4.9　负载ZnO纳米颗粒的纸页对MB和MO的光催化降解作用

Dutta等人同时研究了负载ZnO纳米棒的纸页对革兰氏阴性菌E.coli和革兰氏阳性菌S.aureus的抗菌性。ZnO纸基催化材料对细胞的抑制作用如图4.10所示，该材料对革兰氏阴性菌E.coli 的制作用更明显，这可能是由于作为革兰氏阴性菌E.coli的细胞壁更薄，且细胞壁比革兰氏阳性菌更疏松，更容易被产生的活性氧物质（如·OH和·O_2^-等）和Zn^{2+}所氧化。当硝酸锌浓度为0.2mol、晶体生长时间20h的条件下形成的ZnO纳米棒具有最强的抗菌性能，这可能是由于在这种情况下形成的纳米棒具有更长的长度、更宽的宽度，因而具有更大的比表面积，允许更多的细菌细胞与ZnO纳米颗粒表面接触，对细菌的杀菌作用更强。

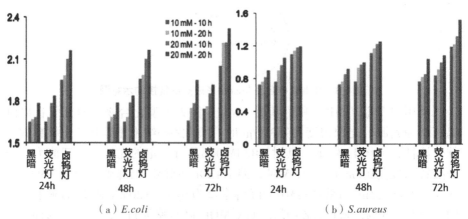

（a）E.coli　　　　　　　　　（b）S.aureus

图4.10　负载ZnO纳米棒纸页对E.coli和S. aureus的抑制作用

在无光源和以卤钨灯、荧光灯作光源三种情况下，含ZnO纳米棒纸页的抗菌性能明显受到光源的影响。如图4.10所示，在卤钨灯作光源时，ZnO纸页的抗菌性最强，荧光灯为光源时次之。这可能是由于卤钨灯的波长为380~800nm，荧光灯的波长为400~750nm，卤钨灯做光源的情况下，释放出来的光子更容易被ZnO吸收，发生电子激发，产生光生电子和空穴。在黑暗中，ZnO催化纸也有一定的抗菌性能，这可能是由于即使没有光源照射，在潮湿的环境中部分ZnO溶解会释放出Zn^{2+}，使其膜蛋白被破坏而具有杀菌作用。研究还发现，ZnO催化纸对*A.niger*（一种黑曲霉）也有一定的抑制作用。如图4.11所示，负载ZnO纳米棒的纸页接种*A.niger*后培养72h后，对其可形成明显的抑菌圈（2.6cm），而未负载ZnO的纸页则没有出现抑菌圈[5]。

（a）未负载 ZnO 纸页　　（b）负载 ZnO 纳米棒的纸页

图4.11　负载ZnO纸页对A. niger的抑制作用

与TiO_2一样，ZnO作为光催化材料同样存在光响应范围窄、只能利用紫外辐射和量子效率低这两个问题，且ZnO易发生光腐蚀及在强酸性和碱性溶液中溶解，为此，需要探索和发展提高ZnO光催化性能的各种手段。对ZnO的改性主要包括三个方面：一是与其他半导体复合形成复合半导体，构筑异质结构，如制备ZnO/TiO_2复合导体；二是通过沉积贵金属纳米粒子，抑制光生载流子的复合，如Ag/ZnO、Cu/ZnO、Au/ZnO等；三是ZnO纳米颗粒易团聚，形成大絮体而导致其催化性能的下降，利用有机物作覆盖剂，可有效阻止ZnO纳米颗粒的团聚，形成粒径更小的ZnO纳米粒子。以上这三种方法都已用于ZnO纸基催化材料的制备过程。而利用掺杂减小ZnO的禁带宽度，提高其对可见光吸收能力的方法，在TiO_2纸基催化材料制备过程中使用，用于制备ZnO纸基催化材料的报道很少。

4.3.4 ZnO的超声原位合成及负载

超声波作为一种简单有效的方法也被用于ZnO纳米颗粒的合成及负载

过程。Khanjani等人利用超声波合成了ZnO纳米粒子，并将其负载于丝织物表面。

在超声波作用下，将丝织物在KOH溶液和硝酸锌溶液中反复浸渍，完成ZnO纳米颗粒在丝织物的负载。首先将在超声波作用下，丝织物浸入KOH溶液（2ppm或4ppm）5min，蒸馏水洗涤，调整pH=10，由于丝织物纤维含有谷氨酸和天冬氨酸，在碱性条件下，其羧基发生去质子化作用而使纤维表面带负电荷；在超声作用下浸入硝酸锌溶液（2ppm或4ppm），Zn^{2+}由于静电吸附作用会吸附在纤维表面，在KOH溶液中浸渍，OH^-会由于静电作用附着在Zn^{2+}上，经过反复的硝酸锌溶液和KOH溶液的浸渍过程，通过LBL沉积技术，增加了沉积在丝织物表面的Zn^{2+}和OH^-量，在超声作用下发生脱水作用生成ZnO纳米颗粒。随浸渍硝酸锌浓度由2ppm增加到4ppm，负载的ZnO纳米颗粒的粒径也增大。浸渍5次、10次、15次后，比较所形成的ZnO纳米颗粒，浸渍10次形成的ZnO纳米颗粒的粒径最小；超声作用会使ZnO快速迁移到织物表面，产生较多的晶核，从而有利于生成粒径更小的ZnO纳米颗粒，在pH=10，硝酸锌浓度为4ppm时，超声波作用下得到的ZnO颗粒粒径为75nm，而同样条件下未使用超声波作用，形成的ZnO颗粒粒径为250nm。因此利用超声波的作用，可有效降低形成的纳米ZnO颗粒的粒径[6]。

Khanjani等最早开展利用超声波作用将ZnO负载于载体的研究，但他们仅研究了超声作用对形成的纳米ZnO粒径的影响，未对其催化性能、抗菌性能进行深入研究。在纳米颗粒的制备和负载的研究中，超声作用由于其空化作用产生局部瞬时的高温高压，可加快纳米晶核的生成和晶体生长，微湍流作用对纤维形成一定的压溃作用，从而为纳米粒子提供一定的负载活性位点，且超声波作用不需要后续的长时间高温加热过程，在纳米复合材料的制备过程中应用广泛。

Rastgoo等人在棉纤维/聚酯纤维（30：70）的织物上利用超声波处理负载了ZnO，以十六烷基三甲基溴化铵（CTAB）作为分散剂，探讨了pH值硝酸锌浓度和CTAB用量对ZnO纳米颗粒粒径的影响。在烧瓶中加入不同浓度的硝酸锌溶液和一定量CTAB形成混合液，用NaOH调整pH值，使其达到9~12之间的设定值，于80℃下，将混合织物浸入混合液中，用50kHz和功率为50W的超声作用1h，取出样品后用蒸馏水洗涤后室温下干燥，得到负载ZnO纳米颗粒混合纤维织物。其形貌如图4.12所示。经过超声负载处理的纤维表面被鹅卵石状的ZnO纳米颗粒覆盖，由图（c）中可估计其平均粒径约为50~80nm。在生成ZnO纳米颗粒的过程中，棉纤维和聚酯纤维的碱性水解可在纤维表面暴露出更多的带负电荷位点，从而与Zn^{2+}发生静电吸附作用，在纤维表面生成更多的Zn^{2+}晶核，因此提高pH值有利于增大ZnO在纤维上的负载量，且在三个因素中，pH值是对提高ZnO负载量影响最大的一个因素。CATB作为一种表面活性剂，用于阻止纳米颗粒的团聚，通过CATB的作用可获得平均粒径更小的ZnO颗粒，从而提高负载混合织物的抗菌性，这在硝酸锌浓度高时更加明显。通过响应面曲线可得到最佳的ZnO制备和负载条件是：硝酸锌浓度为1.6%(w/v)，CTAB用量7%（w/w），pH=12。

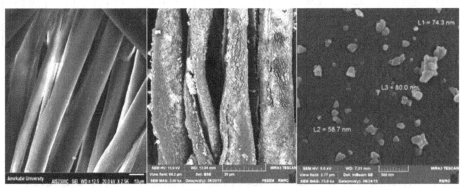

（a）未处理纤维　　　　　（b）负载 ZnO 纳米颗粒的纤　　　（c）负载 ZnO 纳米颗粒的纤维，
　　　　　　　　　　　　　维，放大 2500 倍　　　　　　　　放大 75000 倍

图4.12　超声作用下，在棉纤维/聚酯纤维表面负载的ZnO颗粒

负载ZnO纳米颗粒棉纤维/聚酯纤维混合织物的自净能力可提高20%，对革兰氏阴性菌（*E.coli*）、革兰氏阳性菌（*S.aureus*）和真菌（*C. albicans*）的抗菌性可达到100%。碱性条件下处理和超声波作用对纤维强度会造成一定的影响，但由于ZnO纳米颗粒与纤维会形成氢键结合，有利于提高织物的强度。处理过程中织物的强度变化见表4.3。经过1h的碱处理后，其最大负荷下降6%，抗拉应变基本保持不变，杨氏模量下降8.5%，弯曲长度下降13.6%，而经过负载ZnO纳米颗粒后，相对于碱处理织物，其最大负荷增大11.9%，抗拉影响下降4.3%，杨氏模量增大16.8%，弯曲长度增大21%。与未处理样品相比，各种强度指标都保持增大的趋势。因此，在添加适量CTAB作为稳定剂的条件下，用超声处理制备ZnO纳米复合材料，可获得良好的自净能力和抗菌性，且经过负载处理后，织物的强度有所增大[7]。

表4.3　微波辐射下负载ZnO的混合织物的强度性质

样品	最大负荷		抗拉应变		杨氏模量		弯曲长度	
	平均值/N	CV/%	平均值/%	CV/%	（MPa）	CV/%	平均值/cm	CV/%
未处理样品	348	2.25	16	1.47	33974	4.76	2.2	0.41

样品	最大负荷		抗拉应变		杨氏模量		弯曲长度	
	平均值/N	CV/%	平均值/%	CV/%	（MPa）	CV/%	平均值/cm	CV/%
碱处理样品	326	1.96	23	1.65	31085	4.24	1.9	0.53
负载ZnO纤维	370	2.20	22	11.13	36300	8.34	2.3	0.75

4.4 复合半导体 ZnO/TiO₂ 催化纸

利用不同禁带宽度的半导体材料复合，可构成复合半导体材料。不同半导体会因其价带、导带的能级位置和带隙能不一致而发生交迭，可提高光生电子和空穴的分离率，扩展半导体光谱响应范围，因此，复合半导体可表现出更好的稳定性和催化活性。ZnO与TiO$_2$的禁带宽度相近，但能级位置不同，ZnO的导带和价带位置高于TiO$_2$，当两者复合受到光激发后，ZnO价带能俘获TiO$_2$价带的光生空穴，同时ZnO的光生电子注入TiO$_2$导带，从而使光生电子和空穴得以有效分离，提高复合半导体ZnO/TiO$_2$的光量子效率。

陈娜洁将不同比例的ZnO和TiO$_2$进行简单机械混合后，分别添加0.5%的PDADMAC和1.5%的APAM作为助留剂，采用标准纸页成形方法制备了含ZnO和TiO$_2$的复合纸板，纸板定量250g/m^2。该复合纸板对甲基橙的光催化降解率比TiO$_2$纸板可提高20%以上，但其紫外可见吸收光谱显示经过简单机械混合后得到的半导体混合物仅在紫外光区域有吸收，在可见光区域没有吸收，说明经过简单的机械混合未能将其吸收波长范围扩展到可见光区域[8]。

为进一步提高半导体ZnO和TiO$_2$的光催化活性，苗冉冉采用凝胶溶胶法制备了纳米ZnO/TiO$_2$复合物，通过纸张涂布的方法分别制备了ZnO/TiO$_2$催化纸和TiO$_2$催化纸。溶胶凝胶法是近年来被广泛采用的一种纳米颗粒的制备方法，在制备过程中，原材料可实现在分子级水平上的混合，获得高度均匀混合，材料的合成温度低，材料的组成容易控制，制备设备简单。溶胶凝胶法关键是金属醇盐的合成、控制水解聚合反应形成溶胶凝胶和热处理工艺等三个方面。

（1）ZnO/TiO$_2$复合半导体的制备：将30mL钛酸丁酯在剧烈搅拌下加入35mL无水乙醇中，继续搅拌一定时间形成溶液A；搅拌下将5mL去离子水、

13mL冰醋酸和3.95g硝酸锌加入35mL无水乙醇中,形成溶液B;在剧烈搅拌下将溶液B逐滴加入溶液A中(约2mL/min),继续搅拌一定时间得到均匀透明的溶胶。溶胶经室温陈化24h形成凝胶,100℃下干燥12h,研磨成粉体后在500℃下锻烧2h,即得到ZnO/TiO$_2$掺加量为20%的ZnO/TiO$_2$复合半导体。

根据复合半导体对亚甲基蓝的降解作用,发现ZnO的掺加量为20%时,复合半导体的光催化效果最佳,当ZnO含量过低时,半导体粒子之间的耦合作用不明显,光催化活性提高有限,同时也不利于纳米TiO$_2$从锐钛矿相向金红石相转变。当ZnO含量过高,超过"饱和值"时,具有较大带隙能的ZnO堆积在催化剂表面,遮蔽了纳米TiO$_2$对光的有效吸收,从而引起光催化活性的降低。此外,由于ZnO易发生光化学腐蚀而失去光催化活性,导致ZnO含量较高的复合半导体光催化活性反而降低。其紫外可见吸收光谱如图4.13所示,可以看出ZnO/TiO$_2$复合物在紫外光部分的吸光度比TiO$_2$的吸光度低,但其在可见光区有了较明显的吸收,这是因为将两种不同禁带宽度的半导体复合,其互补性质能增强电荷分离,抑制电子空穴的复合,扩展光致激发波长的范围,因而,ZnO/TiO$_2$在可见光区具有比单一半导体更好的稳定性和催化活性。

(2)ZnO/TiO$_2$纸页的制备:将2g ZnO/TiO$_2$复合物加入热水中,用高速乳化机(1000r/min)强力分散1min,然后逐渐加入2g羧甲基纤维素(CMC),将混合物搅拌1h,直到CMC全部溶解,且ZnO/TiO$_2$复合物在混合物中分散均匀。然后将分散好的涂料手工涂覆在涂布原纸上,自然晾干,得到纸页的涂布量为1.25g/m^2。

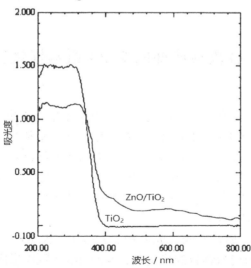

图4.13 TiO$_2$和ZnO/TiO$_2$的紫外可见吸收光谱

以室内常见的污染物甲醛气体为污染物模型，考察负载ZnO/TiO₂的纸基催化材料在不同光源下对甲醛的降解作用，甲醛起始浓度为$500mg/m^3$，如图4.14所示。三种不同比例的ZnO/TiO₂复合半导体涂布得到的纸页对空气中的甲醛降解率均高于纳米TiO₂涂布得到的纸页。经过紫外线照射6h后，三种纸基材料对空气中甲醛气体的降解率都达到了65%以上；经过自然光照射6h后，三种纸基材料对空气中甲醛气体的降解率也能达到55%以上，这说明与ZnO的复合能有效提高TiO₂光催化降解甲醛的效率；经过光源照射6h后，在自然光下ZnO/TiO₂与单一的纳米TiO₂相比降解率提高了30%，而在紫外光下，甲醛的降解率仅仅提高了26%，这更加说明了ZnO/TiO₂与单一的纳米TiO₂相比不仅仅提高了光催化反应的效率，而且更加拓宽了其光谱的响应范围，可更有效地利用自然光进行光催化降解反应[9]。

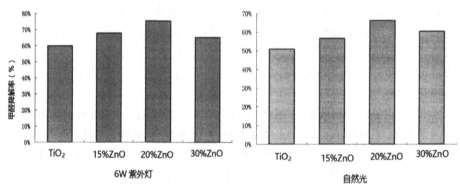

图4.14 ZnO/TiO₂纸基催化材料降解光催化降解甲醛气体的效果

4.5 有机物修饰的 ZnO 纸基催化材料

ZnO纳米颗粒具有高的表面能，容易发生团聚，为防止ZnO纳米颗粒聚集成团，获得粒径更小的ZnO纳米颗粒，用富含羟基和羧基的有机化合物作为稳定剂，对ZnO进行表面修饰改性，通过在ZnO颗粒表面形成碳氧链向外连接的包覆层，阻止纳米微粒间的相互碰撞，同时增大纳米微粒的距离，避免了纳米微粒的团聚，为ZnO纳米颗粒的生长提供一个稳定环境，有利于形成粒径更小的纳米颗粒。

糖类化合物，如黄蓍胶、壳聚糖、Keliab等天然可生物降解的有机聚合物都可作为ZnO纳米颗粒的稳定剂，与ZnO纳米颗粒形成氢键链接，得到稳定的ZnO纳米颗粒。其中Keliab为植物Seidlitzia rosmarinus 燃烧经抽提得到的灰色粗糙物质，可为Zn^{2+}水解提供碱性环境，使Zn^{2+}发生水解反应生成$Zn(OH)_2$，且可提供OH^-，有助于纤维链的离子化，也有助于形成ZnO纳米晶体生长的的晶核，Keliab的作用原理将在4.6.2节详细介绍，在此不再赘述。端氨基超支化聚合物（$HBP-NH_2$）是人工合成的一种高分子聚合物，在ZnO生成反应中不仅充当反应物，还有助于ZnO沉积在棉纤维的表面。

4.5.1 糖类改性的ZnO纸基催化材料

糖类化合物是由C、H、O三种元素组成的生物大分子，是多羟基醛或多羟基酮及其缩聚物和某些衍生物的总称，可分为单糖（如葡萄糖、半乳糖等）、二糖（如麦芽糖、乳糖等）、聚糖（如淀粉、葡聚糖、羧甲基纤维素等）。这些化合物都含有大量的羟基，可与ZnO纳米颗粒形成氢键作用，在其表面形成包覆层，从而避免纳米颗粒的团聚作用。

Khatri等用四种碳水化合物对ZnO进行表面修饰，得到了小粒径的ZnO纳米颗粒，通过湿部添加方式将其负载于纸页中，制备了ZnO纸基催化材料，并研究了其抗菌性能。具体过程如下：

（1）有机物改性的ZnO纳米颗粒的制备：取四种碳水化合物（葡萄糖、蔗糖、藻酸盐、淀粉）各1g，分别溶于100mL 0.01M的NaOH溶液中得到1%的碳水化合物溶液；将2mL 0.2M硝酸锌溶液与0.8mL 1M的NaOH溶液混合，逐滴加入1%的碳水化合物溶液5mL，将所得混合物在微波炉中800W功率下作用30s，慢速离心得到改性ZnO纳米颗粒。用去离子水洗涤数次，于40℃干燥，所得改性ZnO纳米颗粒分别被标注为G-ZnO（葡萄糖改性）、S-ZnO（蔗糖改性）、AA-ZnO（藻酸盐改性）和St-ZnO（淀粉改性）。

（2）聚糖改性的ZnO纳米颗粒的负载：漂白松木浆打浆至35°SR，将ZnO纳米颗粒作为填料与浓度为1%纤维素悬浮液混合均匀，ZnO的用量为纤维质量的0.1%。在标准纸页成形器抄造得到纸页，纸页定量为$100g/m^2$，纸页在温度23℃和50%的相对湿度条件下平衡48h。

在以聚糖作为稳定剂存在的情况下，ZnO纳米颗粒的生长过程按以下方程式进行反应：

$$Zn^{2+} + 4OH^- \rightarrow Zn(OH)_4^{2-}$$
$$Zn(OH)_4^{2-} \rightarrow ZnO + 2H_2O + 2OH^-$$

Zn^{2+}首先与OH^-反应生成前驱体$Zn(OH)_4^{2-}$，在加热条件下$Zn(OH)_4^{2-}$分解为ZnO纳米颗粒。在ZnO生成过程中，极性的水分子有利于ZnO纳米颗粒的絮聚，形成大粒径的颗粒，而聚糖生物分子能在一定程度上阻止颗粒的扩散，将ZnO晶核的生长限制在局部，从而有利于生成小粒径的颗粒。根据颗粒UV-vis吸收光谱发生的最大吸收波长移位，推测出G-ZnO、S-ZnO、St-ZnO和AA-ZnO的颗粒粒径分别为7.0nm、6.6nm、5.9nm、5.7nm，且随糖类用量增大，所得ZnO颗粒粒径减小。根据XRD反射结果，用Scherrer公式估算颗粒粒径，Scherrer公式如下所示：

$$D_{hkl} = \frac{k\lambda}{\beta_{hkl} \cos\theta_{hkl}}$$

式中：D_{hkl}—垂直于反射晶面（hkl）方向的晶粒平均尺度；

θ—掠射角或Bragg角；

λ—x射线波长；

β—衍射线的纯增宽度，又称本征增宽度，即纯粹有晶粒大小引起的衍射线宽化程度；

k—晶粒形状因子，取0.89。

经过Scherrer公式得到G-ZnO、S-ZnO、AA-ZnO和St-ZnO的颗粒粒径分别为30.9nm、28.3nm、23.6nm、19.0nm，高于根据UV-vis吸收推测出的颗粒粒径，两种方法得到的粒径比较，AA-ZnO粒径都是最小的，且随着纳米粒子中糖类含量的增大，粒径减小。

负载四种ZnO纳米颗粒的纸页采用背反射电子像（BSE）如图4.15所示，背散射分析适用于分析轻基体中的重质元素，在背反射分析中，入射离子同靶原子核发生弹性碰撞，散射粒子能力决定于靶原子的质量，靶原子质量越大，背散射粒子能量越大。在图（b）~（e）中显示在纤维表面存在大量的亮点，这是纤维上负载的ZnO纳米颗粒，成簇的ZnO纳米颗粒随机分布在纤维表面。

Khatri等人研究了负载改性ZnO纳米颗粒的纸页对E. coli和S. aureus的抗菌性，采用美国权威检测机构的标准ASTME-2149-01进行检测，这个标准用于评价非溶出型抗菌试样在动态接触细菌的条件下对细菌生长的抑制行为。该纸页对E.coli和S.aureus的抗菌性见表4.4，有ZnO纳米颗粒存在的纸页上的细菌菌落总数（CFU）明显减少，四种纸页的CFU减少率都超过80%，对于革兰氏阳性菌S.aureus仅有负载AA-ZnO的纸页表现出超过80%的CFU减少率。其他三种纸页表现出的抗菌效果均低于对革兰氏阴性菌E.coli的抗菌效果，这与第4.2节Dutta等人的结论一致，由于革兰氏阳性菌和革兰氏阴性菌细胞壁结构和组成的不同，革兰氏阴性菌E.coli细胞壁中肽聚糖含量少，而脂多糖含量高，脂多糖更容易被氧化。革兰氏阳性菌的细胞壁更厚，肽聚糖的含量高，在细胞壁上有抗氧化酶（过氧化氢酶）存在，使S.aureus的抗氧化能力更高。AA-ZnO的高抗菌性还可能是由于形成的ZnO纳米颗粒的粒径最小，在杀菌过程中，H_2O_2作为杀菌的活性物质，其产生量决定了杀菌效果。而 H_2O_2 产生量取决于 ZnO 的表面积，颗粒越小，产生的 H_2O_2 越多，其抗菌性也就越强。

　　　（a）空白纸页　　　　　（b）负载 G–ZnO 颗粒的纸页　　　（c）负载 S–ZnO 颗粒的纸页

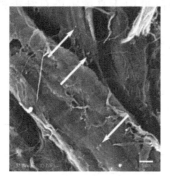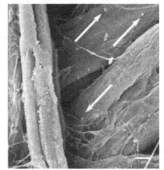

　　　（d）负载 AA–ZnO 颗粒的纸页　　　（e）负载 St–ZnO 颗粒的纸页

图4.15　负载ZnO纳米颗粒的纸页

表4.4　负载改性ZnO纳米颗粒的纸页的抗菌性

样品	*E.coli*		*S.aureus*	
	CFU	R/%	CFU	R/%
空白纸页	2.12×10^5	–	1.24×10^5	–
G–ZnO	9.99×10^4	80.49	8.51×10^4	57.78
S–ZnO	7.49×10^4	85.37	6.69×10^4	66.68
St–ZnO	8.40×10^4	83.59	5.84×10^4	52.90
AA–ZnO	1.23×10^5	86.06	3.36×10^4	87.71

Khatri等人发现该纸页还具有抵抗真菌的能力，由纤维素组成的纸页是亲水的多孔网状结构，使纸页容易受到微生物的攻击（如G.trabeum），纸页感染微生物后，真菌会降解纤维和半纤维，降低纤维自身的强度，从而对纸页强度造成一定影响。表4.5是负载了ZnO纳米颗粒的纸页在感染G.trabeum前后强度变化，在感染G.trabeum前，相对于未负载ZnO纳米颗粒的纸页，所有负载ZnO纳米颗粒纸页的抗张指数都增大，这是由于纤维上的羟基能与ZnO纳米颗粒的O形成氢键链接，从而增强纤维间的链接作用。而纸页的抗张强度取决于纤维自身的强度和纤维间的结合力，较小的纳米颗粒粒径有利于纤维间形成氢键链接。四种改性ZnO纳米颗粒中，添加粒径较小的AA-ZnO颗粒得到的纸页抗张强度最高。感染G.trabeum后，空白纸页的抗张指数下降了41.3%，而负载ZnO纳米颗粒的纸页抗张指数下降较少，负载AA-ZnO的纸页其抗张指数则仅下降15.0%。负载了ZnO纳米颗粒的纸页具有抵抗真菌感染的能力，可降低由于真菌感染对纤维强度造成的影响。

表4.5　G. trabeum感染对纸页强度的影响

样品	感染前的抗张指数 /（Nm/g）	G. trabeum感染后抗张指数 /（Nm/g）	变化量/%
空白	30.5	17.9	41.3
G-ZnO	33.6	26.9	19.9
S-ZnO	34.5	27.8	19.4
St-ZnO	33.1	27.1	18.1
AA-ZnO	35.9	30.5	15.0

Khatri等人还研究了负载ZnO纳米颗粒后对纸页物理性质的影响。负载ZnO颗粒对纸页孔隙率和平滑度的影响如图4.16所示。纸页平滑度取决于抄纸纤维原料、抄纸处理过程及是否进行涂布处理，通常可通过增大压榨压力提高纸页平滑度，但增大压榨压力会导致纸页的松厚度下降，纸页厚度降低，孔隙率下降。在图4.16中可以看出，随着糖类化合物改性的ZnO纳米颗粒进入纸页内部纤维之间的孔隙，纸页的孔隙率下降，平滑度增大。空白纸页的孔隙率为102.6mL/min，添加AA-ZnO纳米颗粒的纸页孔隙率下降为77mL/min，同时其平滑度则由326mL/min上升为511mL/min。添加改性ZnO纳米颗粒随纸页的白度和不透明度影响如表4.6所示，由于褐藻酸呈淡黄色，添加St-ZnO的纸页白度明显下降，其他三种负载改性ZnO纳米颗粒对

纸页的白度影响不明显。添加改性ZnO纳米颗粒可增大纸页的不透明度[10]。

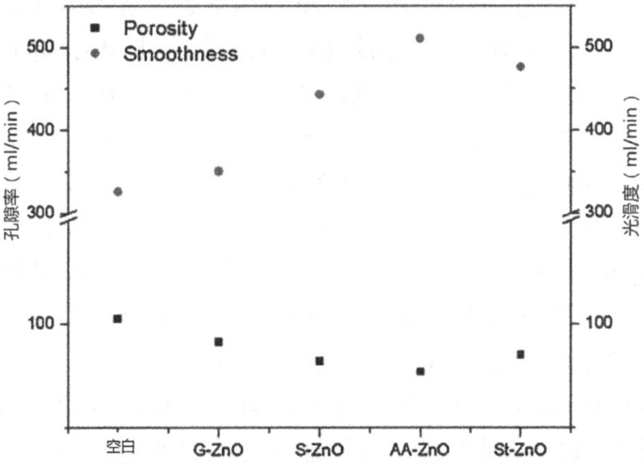

图4.16 负载ZnO纳米颗粒纸页的孔隙率与平滑度

表4.6 添加改性ZnO对纸页白度和不透明度的影响

样品	白度/%ISO	不透明度
空白	82.0	88.3
G–ZnO	82.0	88.9
S–ZnO	82.1	89.6
St–ZnO	79.8	89.9
AA–ZnO	82.0	93.1

Varaprasad等则直接利用藻酸钠作为链接剂将ZnO负载到纤维上，并研究了其抗菌性。藻酸钠又名褐藻酸钠、海带胶、褐藻胶、海藻酸钠，分子式$(NaC_6H_7O_6)_n$，是由海带中提取的天然多糖碳水化合物，由β–1,4–D–半乳糖醛酸和α–1,4–L–葡萄糖醛酸两种均聚物组成的无支链共聚物，有良好的组织相容性。利用其与过渡金属（ZnO）纳米颗粒形成链接，可使ZnO颗粒的稳定性增加。具体的制备方法如下：

（1）制备ZnO纳米颗粒：利用硝酸锌在碱性条件下（pH=9）的水解作用，生成白色沉淀$Zn(OH)_2$，加热煮沸5min，为提高ZnO的结晶度，于120℃加热处理2h，使$Zn(OH)_2$转化为ZnO。反应如下：

$$Zn(NO_3)_2 + 2NH_4OH \rightarrow Zn(OH)_2 + 2NH_4NO_3$$
$$Zn(OH)_2 \rightarrow ZnO + H_2O$$

沉淀法合成的ZnO纳米粒子聚集成不同形状，平均粒径为25±2nm。

（2）ZnO纳米颗粒在纤维上的负载：室温下，分别配制0.5%、1.0%、1.5%的藻酸钠溶液，连续搅拌4h保证藻酸钠溶解。在搅拌条件下加入100mg ZnO纳米颗粒，并在300rpm的搅拌速度下继续搅拌24h，超声处理30min，保证悬浮液匀质化。将一定量纤维浸入该液体中，300rpm的转速下在摇床上处理24h，超声处理30min，使ZnO有效负载到纤维上，将其取出室温下干燥，形成Zn-SACNF，按同样方法使藻酸钠负载在纤维表面，不添加ZnO纳米颗粒得到SACF，其表面形貌如图4.17所示。在图A中可以看出未负载的纤维表面是光滑的；而经过负载藻酸盐后，表面出现褶皱（B和B1）；而ZnO纳米颗粒在纤维表面的负载则通过藻酸盐中存在大量的羟基，与ZnO的-O-形成氢键作用，而负载到纤维表面（如图C、C1）。由于藻酸盐的作用，ZnO纳米颗粒能够均匀分散在纤维表面，获得较好的分散性，且ZnO纳米颗粒通过化学链接实现负载，可保证在使用过程中不会发生ZnO颗粒脱落现象，因此可保证较为稳定的催化活性或抗菌性。藻酸盐用量的不同，形成的ZnO-SACF的抗菌性不同，随其用量为0.5%、1.0%、1.5%，对革兰氏

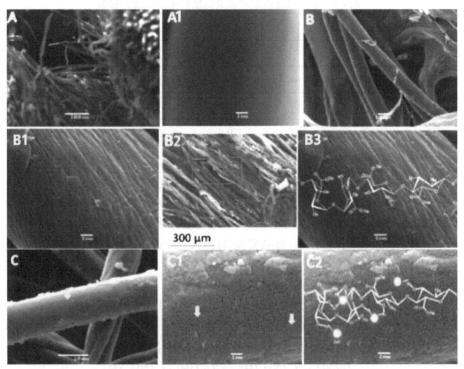

图4.17 纤维、SACF和ZnO-SACF的SEM形貌 A和A1为纤维表面形貌；B和B1、B2为SACF形貌；C和C1为ZnO-SACF表面形貌；B3和C2为藻酸盐及ZnO纳米颗粒在纤维表负载的假想示意图

阴性菌*E.coli*形成的抑菌圈分别为2.1mm、3.2mm和3.6mm，而SACF没有形成抗菌圈。经热重分析可以得出藻酸盐的负载量增大，纤维上ZnO的负载量也随之增大，使得其抗菌性能增加。另外由于ZnO通过藻酸盐与纤维形成链接，有利于纤维的强度增加，负载藻酸盐和ZnO纳米颗粒后纤维强度变化见表4.7。增加藻酸盐的负载量可明显提高纤维的最大应力和杨氏模量，纤维的断裂伸长率也明显增大，而负载ZnO可更进一步提高纤维的最大应力值和杨氏模量。因此经过改性后，纤维的机械强度增强，纤维的耐久性增强[11]。

表4.7　SACF和ZnO-SACF的机械性质

样品	最大应力/MPa	杨氏模量/MPa	断裂伸长率/%
SACF（0.5%SA）	22.5	250	21.7
ZnO-SACF（0.5%SA）	29.5	275	22.1
SACF（1.5%SA）	42.2	372	23.5
ZnO-SACF（1.5%SA）	46.5	379	24.9

4.5.2 黄蓍胶改性ZnO催化纸

黄蓍胶（Tragacanth gum）又称龙须胶，黄芪胶，是从豆科胶黄蓍及其同属类植物的皮部分泌黏液物得到的凝固物，由半乳阿拉伯聚糖及含半乳糖醛酸基团的酸性多糖组成，另含果胶酶、可溶胶、纤维素、淀粉（约2%）、半乳糖、果糖、木糖、阿拉伯糖等，呈白色至淡黄色，半透明角质样弯曲薄片，或为粉末，无气味。黄蓍胶中一部分成分易溶于水形成真溶液；另一部分成分（黄蓍胶糖）则易吸水溶胀成凝胶状物质。1%的胶溶液经充分水化后呈光滑、稠厚、乳白色，无黏附性的凝胶状液体。

黄蓍胶最大特点是在低酸性（pH=2）条件下其胶特性不受影响，同时具有降低表面张力的功能。有极高的溶液黏度；1%浓度的水溶液已呈假塑性流体特性（具有搅稀作用），故有良好的管道输送优势。黄蓍胶也不溶于酒精等有机溶剂和油脂，水溶液的pH值一般在4～5之间，胶溶液对pH值的变化相对稳定。温度对胶溶液黏度没有破坏性；受热时胶溶液黏度暂时下降，但温度降至初始值时，胶溶液黏度也回复到初始值。

Ghayempour等人用黄蓍胶作为ZnO合成过程中的还原剂、稳定剂和ZnO在纤维表面的链接剂，利用超声波作用，在棉织物纤维表面原位合成了的

ZnO纳米颗粒。具体处理过程如下：将硝酸锌（0.1M）和黄蓍胶（1%）溶液用400W，频率为24KHz的超声波匀质机进行匀质处理，将面积为5×5cm²，重量约0.95±0.05g的棉织物浸入溶液中，逐滴加入浓度为0.2M的NaOH溶液，调节pH=8，所得溶液进行超声处理1小时，控制振幅为50%，周期35%，使ZnO纳米粒子附着在棉纤维织物上，用蒸馏水清洗干净，于60℃干燥。

在碱性介质中，黄蓍胶中的官能团羧基和羟基转化为–COO⁻和–O⁻，纤维素在碱性条件下也会因离子化形成碱性纤维素而带负电荷，由于静电引力作用，硝酸锌溶液中带正电的Zn^{2+}会吸附到纤维的羟基上，黄蓍胶的羟基和羧基上，产生–O–Zn⁺和–COO–Zn⁺，在碱性条件下生成–O–Zn(OH)₂和–COO–Zn(OH)₂，由于超声波在液体介质中会产生空化效应，引起液体中空腔的产生、长大、压缩、闭合，空泡崩溃闭合时产生局部的高压高温，可以使水分子分解形成自由基，同时有效搅动液体。超声波作用于液体，引起局部的微湍流和微聚结，形成不稳定区，–O–Zn(OH)₂和–COO–Zn(OH)₂在超声波作用下脱去水分子，形成–O–ZnO和–COO–ZnO，在棉纤维表面形成ZnO纳米颗粒，ZnO颗粒负载到棉织物表面，如图4.18所示，在棉纤维上形成平均粒径50~70nm的星状纳米颗粒，颗粒均匀分布在整个棉织物的表面。所得棉织物对细菌（E.coli和S.auerus）和真菌（C.albicans）都具有很好的抗菌性，形成抑菌圈的大小分别为3.3±0.1mm、3.1±0.1mm、3.0±0.1mm。通过超声处理过程负载ZnO纳米粒子后对棉织物的性质没有造成明显不利影响，见表4.8，由于棉纤维间形成新的交联作用，其刚度由182.97 N/m增加为188.12 N/m，而棉织物的厚度未明显增加。因此，在黄蓍胶的作用下，在棉纤维负载ZnO纳米粒子对棉织物的柔软性和颜色影响不大，在棉织物上负载ZnO颗粒可阻止织物变黄。经过处理后的棉织物具有高的保水性，这可能是由于黄蓍胶可在水中溶胀，经处理后织物保水性可提高12.9%[12]。

图4.18　超声作用下在棉纤维原位合成ZnO纳米粒子的SEM形貌

表4.8　超声作用下负载ZnO后棉织物的性质变化

项目	未处理棉织物	处理后棉织物
刚度/N/m	182.97	188.12
厚度/cm	0.45	0.46
保水性/%	44.5	57.0
颜色	白色	白色

Ghayempour等人采用了超声波的作用，在低温下在棉织物上均匀负载了ZnO纳米颗粒，采用环境友好的黄蓍胶作为稳定剂和还原剂，避免了ZnO纳米颗粒的聚集，同时可避免使用化学物质对环境造成污染，合成过程利用了超声作用产生的空化效应，避免了高温处理，为ZnO纳米粒子的合成及负载过程提供了一种安全绿色的方法。

4.5.3 ZnO/羧甲基化壳聚糖纳米复合材料

壳聚糖（chitosan）是甲壳素的N-脱乙酰基的产物，一般而言，脱去55%以上N-乙酰基的甲壳素就可称为壳聚糖。甲壳素（chitin）又名甲壳质、几丁质，是自然界中产量仅次于纤维素存在的第二大天然高分子化合物，化学名称为(1,4)-2-乙酰氨基-2-脱氧-D-葡聚糖，是通过 β-(1-4)苷键连接的直链状多糖，可通过共价非共价的形式与特定的蛋白质键合形成了蛋白聚糖。它广泛存在于甲壳纲动物虾、蟹的甲壳，真菌（如酵母、霉菌）的细胞壁和植物（如蘑菇）的细胞壁中。

壳聚糖是白色无定型、半透明、略有珍珠光泽的固体，其化学性质稳定，本身无毒，在生物体内降解后仍然是无毒性的单体，与生物体的亲和性好，无毒，由于壳聚糖的这些特殊的性质，故逐渐被应用作抗菌复合材料，在医药卫生、食品等行业具有十分巨大的应用前景。

由于壳聚糖分子中存在羟基和酰基，对其进行酰基化、醚化、羧基化等反应，可增加其水溶性，制备水溶性良好的壳聚糖。Shafei等人利用羧甲基化壳聚糖与ZnO纳米颗粒形成链接，得到稳定的ZnO/羧甲基化壳聚糖纳米复合材料。

（1）壳聚糖的羧甲基化：在一定体积浓度为30%（w/v）NaOH溶液中加入16g悬浮在异丙醇中的壳聚糖，将混合物室温下搅拌30min，加入34g氯乙酸后连续搅拌3h，用冰醋酸中和过量的碱，通过加入丙酮将羧甲基化壳聚糖沉淀出来。将得到的改性壳聚糖过滤用异丙醇水溶液（70∶30）洗涤5

次，60℃干燥，得到可溶于水的羧甲基壳聚糖（N/O–CM–chitosan）。

（2）ZnO/羧甲基化壳聚糖纳米复合材料的制备：3g羧甲基壳聚糖加入500mL蒸馏水中，在磁力搅拌下直至完全溶解，15g ZnSO$_4$·7H$_2$O加入溶液中，剧烈搅拌15min，连续搅拌下逐滴加入500mL浓度为0.1N的NaOH溶液，混合物分别在25℃、50℃、90℃搅拌2h，得到三份产物，过滤得到粉末状物质，用蒸馏水洗涤3次，除去杂质后80℃干燥3h，得到ZnO/羧甲基化壳聚糖纳米复合材料Zn/(N/O–CM–chitosan)。

（3）Zn/(N/O–CM–chitosan)在棉纤维上的负载：将分别2%、4%、6%的Zn/(N/O–CM–chitosan)悬浮液超声匀质15min，将棉纤维植物进入悬浮液中，经过轧–烘–焙处理，100℃干燥5min，160℃焙烧3min，将棉织物彻底清洗除去未与纤维形成牢固结合的颗粒，并在开放的空气中干燥得到负载Zn/(N/O–CM–chitosan)的棉织物。由于Zn/(N/O–CM–chitosan)悬浮液的浓度不同，棉纤维上Zn/(N/O–CM–chitosan)的负载量也会有所差别。

在25℃和50℃搅拌得到的Zn/(N/O–CM–chitosan)粉末的TEM形貌如图4.19所示，50℃下得到的ZnO颗粒为球形，分布均匀，粒径小于25℃下作用得到的颗粒粒径，且粒径分布范围窄，其ZnO平均粒径约为28nm，而形成的Zn/(N/O–CM–chitosan)颗粒的平均粒径约为100nm。由于壳聚糖中存在大量的–NH$_2$和–COOH，可与Zn^{2+}形成配位结合，阻止纳米颗粒团聚，可成为ZnO纳米颗粒的稳定剂，形成粒径更小的纳米颗粒。从SEM图可知负载在纤维表面的Zn/(N/O–CM–chitosan)可形成致密的薄层。

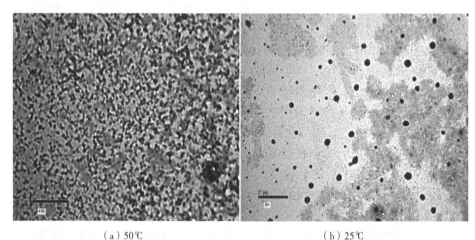

（a）50℃　　　　　　　　　　　　（b）25℃

图4.19　不同温度下得到的Zn/(N/O–CM–chitosan)颗粒TEM形貌

负载Zn/(N/O–CM–chitosan)的棉纤维织物对革兰氏阴性菌（E. coli）和（S.aureus）都具有抗菌性，可形成明显的抑菌圈，形成的抑菌圈尺寸见表

4.9。未负载Zn/(N/O-CM-chitosan)的棉织物对*E.coli*和*S.aureus*都没有抗菌性，随着棉纤维上Zn/(N/O-CM-chitosan)的负载量增大，抗菌性增强，在纤维负载Zn/(N/O-CM-chitosan)纳米颗粒的过程中，其悬浮液浓度为4%和6%时，获得的棉纤维抗菌性相当。因此在实际使用时，可采用Zn/(N/O-CM-chitosan)悬浮液浓度为4%时进行棉纤维的负载[12]。

表4.9　负载Zn/(N/O-CM-chitosan)复合纳米材料的棉纤维的抗菌性

Zn/(N/O-CM-chitosan)浓度	抑菌圈直径（mm样品）	
	E. coli	*S. aurus*
空白	0.0	0.0
2%	6	12
4%	22	26
6%	22	25

4.5.4 纳纤化纤维素（NFC）/ZnO

纤维素是一种由D-葡萄糖-β-1,4-糖苷键构成的线性多糖，由纳米级的晶体纤维素和无定形纤维素组成，去除其中的无定形区，即可得到纳米纤维素，纳米纤维素是某一维尺寸达到纳米级别的纤维素的统称，根据纤维的直径、长度及长径比的不同，纳米纤维素可被分为微纤丝、纳纤化纤维素（NFC）、棒状纳米微晶纤维素和微晶纤维素等。

NFC一般可通过用机械法或化学机械法处理纤维素获得，经过处理，纤维的尺寸、表面电荷等都会发生变化，NFC的直径为5~80nm，长度为100~300nm，长径比约100~150。NFC具有结晶区和无定形区，并呈现出网状结构，具有较高的强度和挺度。由于NFC具有高表面能，容易形成纳米多孔材料，多被用作纳米级的机械增强剂和分散稳定剂。NFC薄膜力学性能优秀，透明度高，阻隔性好。

Martins等首次用改性纳米纤化纤维素（NFC）与纳米ZnO制备了NFC/ZnO复合材料，将其与淀粉混合制成淀粉基涂料，通过施胶压榨的方法对纸页进行表面涂布，制备了负载NFC/ZnO复合材料的纸基催化材料，具体制备过程如下：

（1）NFC/ZnO纳米复合材料的制备：通过静电装配作用，用阳离子电解质（PDADMAC）和聚对苯乙烯磺酸钠（PSS）对NFC进行改性，两种聚合电解质（PE）溶液均为0.1%（w/v），每次添加PE后混合20min，得到改性的NFC悬浮液，用0.22μm的微孔过滤器过滤分离出改性NFC，用去离子水清洗2遍，去除多余的PE，将得到的改性NFC与ZnO胶体溶液混合20min，用0.22μm微孔过滤器过滤分离得到NFC/ZnO纳米复合材料，将得到的NFC/ZnO复合材料分散成固含量为2%的悬浮液。表4.10列出了NFC/ZnO复合材料制备过程中体系的性质。当pH=10.5，ZnO的Zeta电位为-29.0mV，NFC的Zeta电位为-16.8mV，两者都带负电荷，利用阳离子聚合电解质PDADMAC对NFC进行表面改性，使其带正电荷，有利于带负电的ZnO纳米颗粒沉积在带正电的NFC上。相对于仅用PDADMAC改性，PDADMAC/PSS/PDADMAC改性，可提高NFC表面的电荷均一性，提高ZnO纳米粒子在NFC上的沉积。NFC/Zn$_1$~NFC/Zn$_3$中ZnO的沉积率高于NFC/Zn$_4$~NFC/Zn$_6$。随着ZnO胶体中ZnO浓度的增大，形成的NFC/Zn复合材料中的ZnO含量也增大。

表4.10　NFC/ZnO复合材料的制备

编号	添加的PE	PE溶液体积/mL	ZnO胶体浓度/（%w/w）	ZnO含量/（%w/w）	ZnO沉积率/%
NFC/Zn$_1$	PDADMAC/PSS/PDADMAC	70/70/70	0.003	2.0	100
NFC/Zn$_2$	PDADMAC/PSS/PDADMAC	70/70/70	0.017	9.8	100
NFC/Zn$_3$	PDADMAC/PSS/PDADMAC	70/70/70	0.083	32.2	96
NFC/Zn$_4$	PDADMAC	10	0.003	2.0	100
NFC/Zn$_5$	PDADMAC	10	0.017	8.2	89
NFC/Zn$_6$	PDADMAC	10	0.083	32.2	83

（2）纸页的涂布：原纸为100%蓝桉漂白硫酸盐浆抄造得到的纸页，定量为76.4g/m^2，平均厚度为100μm，AKD施胶，所用填料为沉淀CaCO$_3$，成纸后未经任何表面处理。NFC/ZnO纳米复合材料加入淀粉溶液中，并用匀质机在转速为13500rpm时作用5min，得到总固含量为6%（NFC/ZnO复合材料占20%）涂布液，用施胶压榨机以20m/min的速度进行表面涂布，每次涂布后100℃下干燥100s，对原纸进行1~2次涂布。所有涂布后的纸样在23℃、相对湿度50%的条件下平衡3d。涂布操作得到的纸页性质见表4.11。涂布后纸页的SEM形貌如图4.20所示，由图4.20（a）可以看出，未涂布的纸页是由纤维形成三维网状结构，CaCO$_3$作为填料填充在纤维间孔隙中。经淀粉进行涂布后的纸页【图4.20（b）】从外观形貌看与未涂布纸页没有明显差别。图4.20（c）显示表面涂布后的纸页中NFC/ZnO附着在纤维上，ZnO纳米颗粒中的O可与纤维中羟基形成牢固的氢键链接，ZnO纳米颗粒发生聚集，沉积在NFC表面，形成类似菜花形状的结构如图d所示。经过涂布操作后，纸页的白度

都略有下降，涂布后纸页的白度差别并不明显。涂布后纸页的透气度下降，采用NFC/Zn₅/Starch涂布的纸页透气度高于NFC/Starch涂布的纸页，涂布量越大，透气度下降越明显。经过涂布操作，可提高纸页的耐破度和撕裂指数，且加入NFC和ZnO后，增强效果更明显，这可能是由于NFC自身强度高，而ZnO纳米颗粒可以与纤维形成牢固的氢键链接，有利于提高纸页强度。

表4.11　负载NFC/ZnO的纸页的物理性质及纸页强度

样品	涂料组成	次数	涂布量/（g/m²）	ZnO含量/%	白度/%	透气度/（nm/Pa·s）	耐破指数/(kPa·m²/g)	撕裂指数/（N·m/g）
CS	–	–	–	–	95.21	11.49	2.62	83.7
Starch1	淀粉	1	2.1 ± 0.2	–	94.78	10.82	2.74	77.5
Starch2	淀粉	2	3.0 ± 0.3	–	94.44	10.76	2.86	81.1
NFC-PE/starch1	NFC-PE	1	2.6 ± 0.2	–	94.76	9.12	3.15	85.6
NFC-PE/starch2	NFC-PE	2	3.4 ± 0.5	–	94.62	4.00	3.46	86.7
NFC/Zn5/starch1	NFC/Zn5	1	2.4 ± 0.2	1.21×10^{-2}	94.44	10.81	3.00	85.3
NFC/Zn5/starch2	NFC/Zn5	2	3.2 ± 0.3	2.28×10^{-2}	94.38	9.17	3.17	86.7

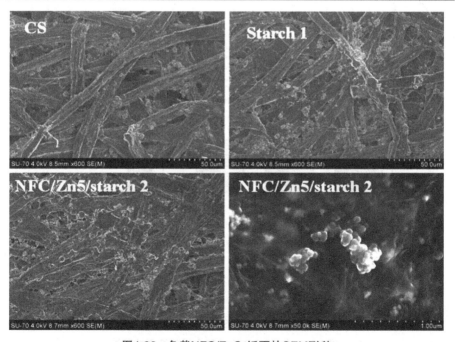

图4.20　负载NFC/ZnO₅纸页的SEM形貌

Martins等人研究了负载NFC/ZnO复合材料的纸页对革兰氏阳性菌（如 *S. aureus*）和革兰氏阴性菌（如*K. pneumoniae*）的抗菌作用，如图4.21所示。当涂料中仅含有NFC时，纸页基本没表现出抗菌性，而负载ZnO后，纸页对*S. aureus*和*K. pneumoniae*都表现出一定的抗菌性，光照条件下的抗菌性要强于无光源时的抗菌性；且涂布量增大，抗菌性增强。值得注意的是，根据所测得涂料中ZnO的含量及涂布量，纸页中ZnO的含量仅为0.023%（w/w），比Ghule等人制备的ZnO催化材料中的ZnO含量要低很多。

Martins等人利用ZnO与NFC复合，利用低含量的ZnO纳米颗粒，即可获得一定的抗菌效果，且NFC的添加对纸页白度、透气度等物理性质影响不大，由于NFC自身的高强度及NFC、ZnO与纸页纤维之间可形成氢键链接，纸页的耐破度和撕裂指数等强度指标可发生一定程度的增大[13]。

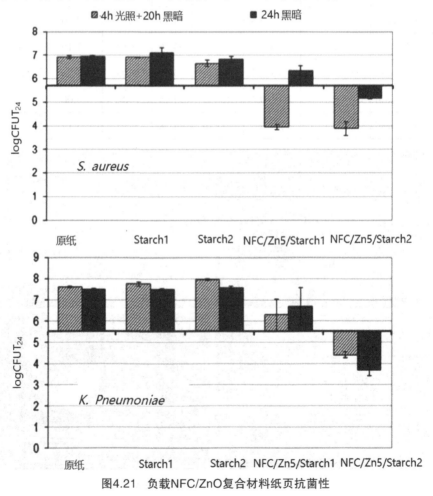

图4.21 负载NFC/ZnO复合材料纸页抗菌性

4.5.5 端氨基超支化聚合物改性ZnO催化材料

超支化聚合物是一类具有近似球形结构，富含大量端基，高溶解性、低黏度、高活性的聚合物，在涂料工业、流变学改性剂、超分子化学、纳米科技、膜材料、生物医用材料、光学及电学材料等多个领域有着广泛的应用前景。超支化聚合物分子结构没有树形分子那么完美，往往采用一步法合成，合成方法简便，无需耗时进行纯化与分离过程，大大降低了其制备成本，因此，超支化合物已受到广大研究者的重视与青睐。

端氨基超支化聚合物（HBP-NH$_2$）是一类重要的超支化合物，其表面含有丰富的氨基、亚胺基和叔胺基，不仅具有优异的溶解性能，还具有典型的聚阳离子特性，结构如图4.22所示，在纳米材料制备过程中，可利用超支化聚合物作为分散剂，保证纳米材料的稳定，也可通过改变超支化聚合物的结构和尺寸来控制纳米颗粒的生成过程，因此，超支化聚合物可作为纳米材料的"纳米反应器"，得到粒径较小的纳米颗粒。

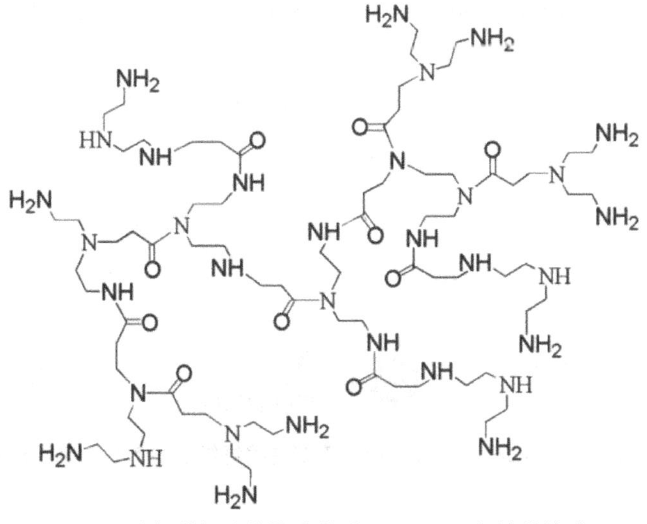

图4.22　端氨基超支化聚合物（HBP-NH$_2$）的结构式

Zhang等人利用HBP-NH$_2$，通过一步反应制备并在棉纤维上负载了ZnO纳米颗粒。将重均分子量Mw=7769、数均分子量Mn=2684的HBP-NH$_2$溶于蒸馏水得到100g/L的溶液，硝酸锌配制成1M的溶液，室温下，连续搅拌过程中将HBP-NH$_2$溶液加入蒸馏水中，再逐滴加入硝酸锌溶液，控制HBP-NH$_2$和硝酸锌浓度最终分别达到16g/L、96mM，在连续搅拌过程中将棉织物按液固比50：1的比例浸入混合液中反应30min，将该混合物加热至沸腾并保持

1min，冷却后，将棉纤维取出后于80℃干燥后，在150℃下烘焙3min，用自来水清洗2min，反复3次，在80℃烘箱中干燥2h，得到负载ZnO的棉织物。

由于氨基的质子化作用，HBP–NH$_2$水溶液呈碱性，在其聚合物的外围有大量的氨基存在，Zn(NO$_3$)$_2$加入碱性的HBP–NH$_2$溶液中，水解生成Zn(OH)$_2$胶体，与OH$^-$反应生成Zn(OH)$_4^{2-}$，Zn(OH)$_4^{2-}$在后续的水热反应中生成ZnO晶核，这些ZnO晶核以Zn(OH)$_4^{2-}$作为生长单元，反应如下式：

$$Zn^{2+} + 2OH^- \rightarrow Zn(OH)_2 （胶体）$$
$$Zn(OH)_2 + 2OH^- \rightarrow Zn(OH)_4^{2-}$$
$$Zn(OH)_4^{2-} \rightarrow ZnO + H_2O + 2OH^-$$

HBP–NH$_2$由于质子化作用而带正电荷，在ZnO产生过程中会消耗部分OH$^-$。当OH$^-$被消耗完，带正电的HBP–NH$_2$会吸附到ZnO颗粒表面，使ZnO/HBP–NH$_2$呈正电性，能吸附在带负电的纤维表面，过程如图4.23所示。在这个过程中，HBP–NH$_2$不仅为生成ZnO纳米颗粒提供了碱性条件，还能改变ZnO的表面负电性，形成带正电的ZnO/HBP–NH$_2$复合物，使其吸附在棉纤维表面。由此得到的棉纤维织物具有很好的抗菌性，对*E.coli*和*S.aureus*两种微生物都有很好的抗菌性，可使两种微生物的减少率超过99%[14]。

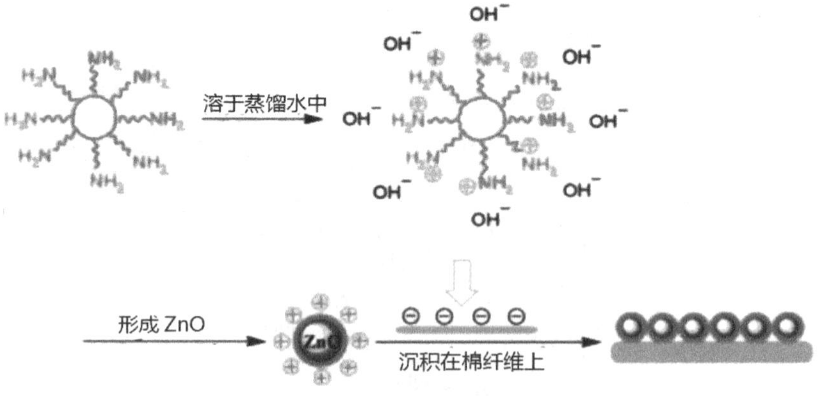

图4.23　HBP–NH$_2$存在时，ZnO在棉纤维上的负载和沉积过程

4.6 贵金属改性的 ZnO 纸基催化材料

为拓展ZnO纳米颗粒的光谱响应范围，提高载流子与电子的分离效率，ZnO与Au、Cu、Ag等金属的复合成为研究者关注的热点。利用与ZnO复合的贵金属的表面等离子等共振效应（SPR）提高ZnO的光激发，分别产生

SPR和光生电子–空穴对，提高ZnO的光吸收，从而显著提高ZnO中的光生载流子浓度，使其表现出更高的光催化活性。其次，Ag、Au纳米粒子的SPR效应能敏化宽带隙ZnO半导体，在Ag、Au纳米粒子与ZnO半导体相结合形成的复合光催化剂中，可见光可直接激发Ag、Au纳米粒子，使之产生热电子，部分热电子的能量可以高达足以越过金属–半导体界面的肖特基势垒进入ZnO的导带，从而驱动催化反应的进行。此外，SPR效应还使其具有较高的光热转换效率，在复合材料接受光线照射时能有效提高光催化剂的表面局部温度，有利于活化有机分子，加快反应速率。

4.6.1 贵金属负载方法

贵金属纳米粒子一些特性，如大小与形貌、在载体上的分散度和负载量对其光催化性能有着重要的影响。这些特性可以通过贵金属–ZnO复合材料的制备过程来控制，目前广泛使用的贵金属负载方法主要有以下4种：

（1）沉积–沉淀法：将ZnO分散到贵金属盐类溶液中，加碱将pH值调节到ZnO的等电点，贵金属盐类离子沉积到ZnO表面，过滤分离得到催化剂前驱体，在H_2气氛中灼烧，将金属离子还原为金属单质。沉积–沉淀法能得到粒径较小的贵金属纳米粒子（5nm以下），其在载体上可获得窄的粒径分布。

（2）化学还原法：利用贵金属盐前驱体在半导体ZnO表面发生吸附作用，以柠檬酸钠、硼氢化钠或者乙二醇等作为还原剂，将贵金属盐类离子还原生成单质，此方法可通过还原剂的浓度、吸附时间来控制贵金属纳米粒子的粒径和沉积量。但在制备过程中对贵金属纳米粒子的形貌不可控，而且贵金属纳米粒子在半导体表面生长期间可能会引发团聚。

（3）光致还原法：也叫光沉积法，利用半导体产生的光生电子将吸附在其表面的贵金属盐原位还原为贵金属纳米粒子。光照时，半导体内的电子被激发，从价带跃迁至导带，在导带上留下空穴。在反应体系中加入空穴捕获剂（如乙醇）的情况下，光生电子可成功将吸附于半导体表面的贵金属离子还原为贵金属单质。该方法的主要优点是贵金属纳米粒子的沉积率高，不需要后续的锻烧过程，可有效避免纳米粒子的团聚，且可以在同一载体上负载不同种类的贵金属纳米粒子。其缺点是反应过程的可重复性较差。

（4）封装法：封装型等离子体光催化剂是一种具有核壳结构的复合光催化材料。将贵金属纳米粒子封装在半导体矩阵内，利用外层的壳与贵金属纳米粒子之间的复合与互补，抑制了封装在其中的贵金属纳米粒子的团聚与烧结，从而提高光催化剂的活性和稳定性。

通过这些方法可以制备贵金属/ZnO复合纳米材料，并且可以通过调节贵金属含量以获得具有高催化活性和高抗菌性的纳米材料，将其负载于不同的载体，可得到各种负载型的贵金属/ZnO催化材料。

4.6.2 Au@ZnO纸基催化材料

元素Au被认为是化学惰性的，在化学反应中不活跃，但金纳米粒子因受量子尺寸的影响，在电子和生物医药方面表现出的独特性质而受到人们的关注，粒径小于10nm的AuNPs在金属氧化物上具有良好的分散性；同时AuNPs还具有特殊的表面等离子共振性能，在光催化过程中显示出优异的可见光捕获性能。因此，将AuNPs负载在半导体ZnO纳米结构上，可以大大提高其在光催化过程的光催化性能，可作为许多化学反应的高效催化剂，因此，人们尝试制备Au/ZnO复合催化剂来提升ZnO纳米颗粒的光催化性能，其中，在半导体ZnO表面负载AuNPs是普遍采用的方法。

Miura等人采用简单的方法在ZnO催化纸上负载了Au纳米粒子（AuNPs）制备了Au@ZnO纸基催化材料。具体制备过程如下：

（1）通过标准抄纸过程抄造负载ZnO晶须的纸页：将3g纸浆和1.5gZnO晶须分散在水中制成悬浮液，采用二元助留系统，先后加入1.5%的PAE和0.5%APAM提高ZnO晶须在纸页中的留着率，同时PAE能通过共价醚键在纤维间形成链接，增强纤维之间的结合力，提高纸页的湿强度。采用200目筛网抄造成纸。湿纸页在350kPa下压榨3min，于105℃干燥1h，得到负载ZnO的纸页。

（2）原位合成法负载Au：室温下，将纸页在100mL浓度为0.1mM的HAuCl₄溶液中浸渍反应6h，取出后用蒸馏水彻底清洗，并于105℃干燥3h，得到负载Au@ZnO的纸页。具体过程如图4.24所示。负载Au纳米粒子后，由于Au纳米粒子的表面等离子体共振效应，纸页呈紫红色。且纸页在其整个纵剖面都呈现出均匀的紫红色，说明Au纳米粒子均匀分布于整个纸页中。

图4.24　Au/ZnO纸基催化材料的制备过程

Miura等人考察了ZnO和助剂PAE、APAM对纸页抗张强度的影响，由于该纸基材料用于降解水中的有机物，所以同时考察了湿纸页的抗张强度，见表4.12。ZnO晶须作为一种造纸填料加入纸料中，会减弱纤维间的氢键结合，因此加入ZnO晶须后纸页抗张强度比未加填的纸页下降约三分之一，湿纸页在未添加湿强剂PAE的情况下，无法检测其抗张强度。加入PAE和APAM有利于提高细小纤维的留着率，有利于纤维间通过共价醚键形成链接，因此，干纸页的抗张强度增加，湿纸页也具有一定的抗张强度；如果加填ZnO晶须，双元助留体系（PAE+APAM）可将ZnO晶须的留着率从70.7%提高到84%，但会导致干纸页和湿纸页的强度都下降。

表4.12　添加剂对纸基材料的抗张强度的影响

纸页	干纸页抗张强度 / （Nm/g）	湿纸页抗张强度 / （Nm/g）
空白纸页	96.0 ± 0.7	n.d.
添加ZnO晶须纸页	60.0 ± 2.7	n.d.
添加PAE和APAM纸页	106.4 ± 5.6	15.8 ± 0.7
添加ZnO晶须、PAE和APAM纸页	54.8 ± 1.3	9.4 ± 0.2

用SEM和TEM观察该纸基材料如图4.25所示，显示四足状ZnO晶须负载于纸页的多孔结构中，图4.25（d）显示经HAuCl$_4$处理后，在ZnO晶须表面负载了大量纳米颗粒，粒径约为5nm，而未经HAuCl$_4$处理的ZnO晶须表面则是光滑的，如图4.25（c）所示。图4.25（e）显示经过5次4-硝基苯还原反应，AuNPs未发生凝聚。分析Au负载过程的反应机理为：①OH$^-$取代[AuCl$_4$]$^-$的配位离子Cl$^-$，导致pH值由2.8增大为6.2；②在Au(III)溶液中，ZnO晶须表面发生羟基化反应生成Zn(OH)$_2$；③在pH=6.2的酸性溶液中，由于静电作用力带负电的[AuCl$_{4-n}$(OH)$_n$]$^-$与带正电的Zn(OH)$_2$相互接近；④通过缩聚反应在Au-OH和Zn-OH之间生成Au-O-Zn；⑤通过Au-O-Zn链接键，将电子由Zn(II)传递给Au(III)，使其还原为单质Au，形成Au@ZnO纳米粒子。

25℃下，用浓度为1.5mmol的NaBH$_4$提供氢源，用面积为10×10mm^{2}负载Au@ZnO的纸页降解30mlL浓度为0.05mM的对硝基苯溶液（4-NP），降解效果如图4.26所示。随着反应的进行，4-NP溶液在400nm处的吸收峰明显下降，说明4-NP的浓度明显降低，反应物在293nm出现新的吸收峰，这说明4-NP被还原为4-氨基苯酚。从图4.26（b）可以看出，在以Au@ZnO纸基催化材料的作用下，4-NP还原为4-氨基苯酚的反应为准一级反应。

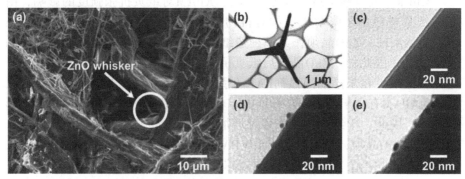

图4.25 负载Au@ZnO的纸页

（a）负载 Au@ZnO 的纸页 SEM 图；（b）、（c）未经处理的 ZnO 晶须的 TEM 图；（d）负载 Au 纳米粒子的 ZnO 晶须局部放大图；（e）经 5 次 4- 硝基苯还原反应后 ZnO 晶须的局部放大图

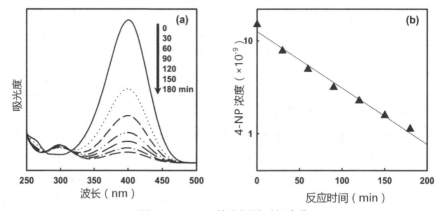

图4.26 4-NP的降解随时间变化

Miura等研究了Au@ZnO催化纸的重复利用性，将使用过的纸基材料取出后用蒸馏水冲洗后于105℃干燥1h，用于反复降解4-NP溶液，结果如图4.27所示，在第一次使用过程中，4-NP的转化率较低，重复使用4次4-NP的转化率基本保持不变，这可能是由于负载于ZnO晶须上的Au离子尚有部分未被还原为Au单质，在第一次使用过程中，通过NaBH$_4$的还原作用将Au离子还原为Au单质，后续4次反应，4-NP的转化率反而提高。在反应过程中，不存在Au的泄漏，AuNPs也没有发生凝聚，如图4.25（e）所示，Au纳米颗粒均匀分布在ZnO晶须上。由于以上原因，在多次循环使用过程中Au@ZnO纸基材料的催化性能没有下降，可反复多次使用。另外经过多次使用，纸页没有明显的受损现象，完全可以满足水相对纸页的湿强度要求。

在Au@ZnO纸页中存在Au-O-Zn之间的链接，以预先加填进入纸页的ZnO晶须作为还原部分，在不额外添加还原剂的情况下，在ZnO晶须上通过还原反应负载高活性的AuNPs，且AuNPs可进入多孔隙的纸页内部，有利于提高Au@ZnO纸基材料的催化性能[15]。

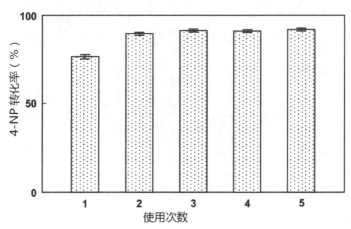

图4.27　Au/ZnO纸基材料的重复使用性

2009年，在以陶瓷纤维为主要成分的纸基材料上，Koga等利用原位合成法得到粒径小于10nm的AuNPs，并将其负载于ZnO晶须上作为CO低温氧化的催化剂。具体过程如下：

（1）负载ZnO晶须纸基材料的制备：在陶瓷纤维与ZnO晶须混合液中加入0.5%PDADMAC、氧化铝胶粘剂和0.5%APAM，使ZnO晶须负载到陶瓷纤维上，将该混合液与纸浆分散液混合，使用200目筛网在标准纸页成形器上抄纸，得到的湿纸页于350kPa下压榨3min，于105℃干燥1h，将其在350℃灼烧12h，除去其中的植物纤维，通过氧化铝溶胶烧结提高催化纸强度。

（2）原位合成法负载Au：室温下，将所得纸页在100mL浓度为0.1mM的HAuCl₄溶液中浸渍反应6h，取出后用蒸馏水彻底清洗，并于105℃干燥3h，Au(III)的还原机理与Miura等人提出的还原机理一样，不需要特别添加还原剂，就可以利用生成的Zn–O–Au链接，将Au(III)还原位Au单质，得到负载Au@ZnO的纸基材料。

与Miura等人制备的Au@ZnO纸基材料的不同之处在于，Koga等人所得纸页的主要成分为陶瓷纤维，其与植物纤维的比例为20：1，二元助留体系使ZnO晶须负载于陶瓷纤维上。为提高纸页强度，添加了氧化铝溶胶作为热熔胶粘剂提高陶瓷纤维间的粘结作用，提高纸页强度。在纸页形成后经过350℃灼烧，除去植物纤维，提高纸页的孔隙率。该纸页的SEM形貌如图4.28所示，纸页具有多孔隙结构，其孔隙率为50%，孔隙平均孔径为16μm，AuNPs和ZnO晶须均匀分布在整个纸页中。

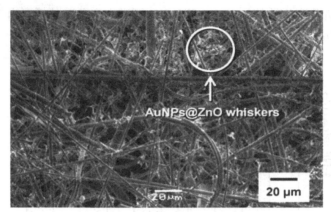

图4.28　AuNPs@ZnO纸基材料的SEM形貌

　　将该纸页用于CO的催化反应，图4.29显示了不同催化剂对CO转化率的影响，Au/ZnO粉末是由共沉淀法制得的复合催化剂，在20~160℃，其对CO转化反应的催化能力低于Au@ZnO纸基材料和Au@ZnO晶须，Au@ZnO纸基材料和Au@ZnO晶须在低温下都表现出较高的CO转化率，特别是Au@ZnO纸基材料，在室温下即可获得100%的转化率。而Au@ZnO晶须对CO转化率随温度升高而逐渐增大，在100℃下其作用效果略低于Au@ZnO纸基材料，这与Au@ZnO纸基材料的多孔隙结构及高孔隙率有关，其典型的多孔结构有利于热量和物质的传递。而通过原位合成法负载AuNPs的纸页在整个温度范围内基本没有表现出催化活性，因此在CO转化反应中，ZnO晶须是必不可少的。Au@ZnO纸基材料在30℃可实现CO完全转化为CO_2，且纸页连续使用24h，CO的转化率未见下降，Au@ZnO晶须在连续使用24h催化CO转化反应的过程中，CO的转化率也基本保持不变[16]。

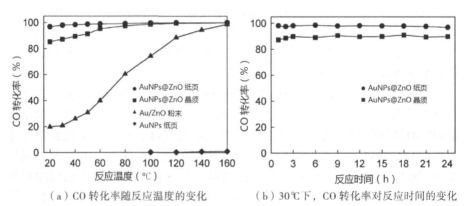

（a）CO转化率随反应温度的变化　　　　（b）30℃下，CO转化率对反应时间的变化

图4.29　不同催化剂对CO转化率的影响

该AuNPs@ZnO纸基催化材料的制备方法以ZnO晶须作为纸张填料加入

纸料中，利用抄纸过程使其留着于纸页中，再以ZnO晶须作为AuNPs的载体，通过简单的浸渍法将Au负载到ZnO晶须上，通过Au–O–Zn链接传递电子使Au(III)被还原为AuNPs，得到的AuNPs具有较小粒径，该纸基材料具有较好的催化性能和催化稳定性，为贵金属纳米颗粒@ZnO纸基催化材料的抄造提供了一种新方法，研究者同时还制备了AgNPs@ZnO纸基材料、CuNPs@ZnO纸基材料，并研究了其催化性能和抗菌性能，这部分内容将在后续章节介绍。

4.6.3 Ag/ZnO纸基催化材料

众所周知，在各种金属元素中，银对人类和其他动物具有低毒性，对革兰氏阳性菌和革兰氏阴性菌都有一定的抗菌性，特别是银纳米粒子（AgNPs）抗菌性更显著，但AgNPs容易团聚形成大的团块，导致其表面积减小，性能下降。因此，需要寻找一种有效的固定方式，阻止AgNPs发生团聚，从而保证AgNPs充分发挥作用。

1. 湿部添加负载Ag/ZnO纳米颗粒

Ibǎnescu等人采用沉积沉淀法将Ag颗粒负载到ZnO纳米颗粒上，通过表面施胶涂布方式将其负载到漂白棉纤维的织物上，并研究了织物的催化性能和抗菌性能。具体制备过程如下：

（1）Ag/ZnO颗粒的制备：在100mL异丙醇中将0.3g ZnO颗粒分散，在搅拌过程中，根据银含量的不同加入$AgNO_3$，在黑暗状态下继续搅拌2h，得到的纳米颗粒物用乙醇洗涤数次后70℃干燥得到Ag/ZnO纳米颗粒。经过SEM分析可知，银和ZnO纳米颗粒分别以面心立方晶银和六方纤锌矿形式存在，形成了两者的复合结构。

（2）Ag/ZnO纸基催化材料的制备：将5mL 3–缩水甘油醚氧丙基三甲氧基硅烷和5mL 正硅酸乙酯加入100mL浓度0.01N的HCl溶液中得到硅纳米溶胶。将第一步制备的Ag/ZnO颗粒与硅纳米溶胶混合，得到100mL涂布胶料，对棉织物和混合织物（聚酯和棉纤维各占50%）进行轧–烘–焙工艺处理，在涂布胶料中对织物进行浸轧，使织物涂布胶料获得均匀轧液效果并保持100%的带液量，压辊速度为4m/min，然后在130℃下干燥30min，使Ag/ZnO颗粒牢固附着在纤维上，清水清洗，除去未与纤维形成结合的涂料。

图4.30为不同载银量时，Ag/ZnO颗粒在棉织物和混合织物上负载的SEM图，Ag/ZnO纳米颗粒附着在纤维上，当Ag的沉积浓度分别为0.1%、5%和15%（w/w）时，AgNPs的平均粒径为23～30nm，且随Ag沉积浓度的增加，AgNPs形成的絮聚体的趋势越小，Ag的沉积浓度为15%时，在纤维上负载的

Ag/ZnO粒子的粒径更小[图（b）和（d）]。与混合纤维织物相比，棉织物具有更高的孔隙率，因此有利于Ag/ZnO纳米粒子进入棉织物内部，而Ag/ZnO纳米粒子则更多分布在混合织物的表面[图（e）和（d）]。粒径小的颗粒更容易通过纤维间的孔隙进入织物内部，与纤维间形成牢固的链接，而大絮体则容易从纤维表面脱落。

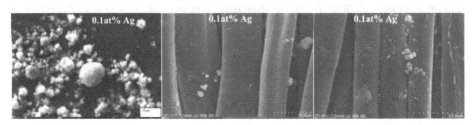

（a）为Ag负载量为0.1%的　　（c）为Ag/ZnO负载于棉纤维　　（e）为Ag/ZnO负载于混合纤
　　　　纳米粒子　　　　　　　上，Ag的负载量分别为0.1%　　维上，Ag的负载量分别为0.1%

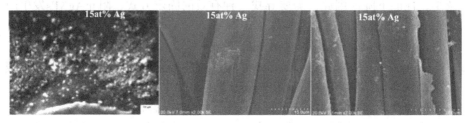

（b）为Ag负载量为0.1%的　　（d）为Ag/ZnO负载于棉纤维　　（f）为Ag/ZnO负载于混合纤
　　　　纳米粒子　　　　　　　上，Ag的负载量分别为15%　　维上，Ag的负载量分别为15%

图4.30　负载于棉织物和混合织物表面的Ag/ZnO纳米粒子的SEM形貌

负载Ag/ZnO棉纤维和混合纤维的抗菌性如图4.31所示，不含银的棉织物和混合织物对革兰氏阳性菌（*M.luteus*）和革兰氏阴性菌（*E.coli*）都没有表现出抗菌性；随织物中银负载量的增加，其抗菌性也随之增大，银含量15%的织物抗菌性最强，也可能是由于此时AgNPs的粒径最小，其比表面积更大，与细菌作用的抗菌活性中心更多。Ag/ZnO织物对*M.luteus*的抗菌性比*E.coli*更强，这与两种细菌的细胞壁化学组成存在差别有关，*E.coli*的细胞壁中含有较多的脂类、蛋白质和脂多糖，能够为*E.coli*提供更多的保护[17]。

2. AgNPs在ZnO晶须上的负载

Ibănescu等人利用表面涂布方式负载的Ag/ZnO纳米颗粒主要分布于织物表面，并没有充分利用纤维织物的多孔隙三维结构。为获得更好的AgNPs分散效果，充分利用多孔立体纤维网络中的内部区域，Koga等人采用ZnO晶须作为载体，通过浸渍沉积法使AgNPs前驱体负载于ZnO无机纸页中，ZnO晶须分布在整个纸页中。具体制备方法如上述Au@ZnO纸页的制备方法一样，

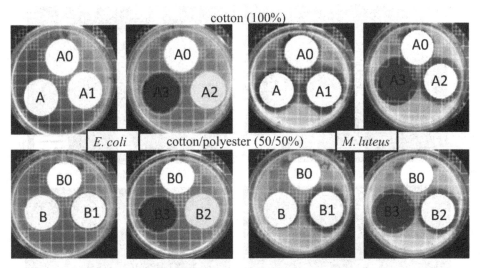

图4.31　负载于棉织物和混合织物上的Ag/ZnO的抗菌性

A0、B0– 银负载量为0；A1、B1– 银的负载量为0.1%；A2、B2– 银负载量为5%；A3、B3– 银负载量为15%

以ZnO晶须作为填料加入陶瓷纤维与植物纤维的混合纸料中（两者比例为20∶1），通过PDADMAC和APAM的助留作用留着于纸页中，通过灼烧除去植物纤维，形成由陶瓷纤维组成的多孔网状结构。以AgNO₃作为AgNPs前驱体，将ZnO纸页在浓度为1.3×10^2mM的AgNO₃溶液中浸渍反应6h，取出后于105℃干燥30min，即得AgNPs@ZnO纸页，负载于ZnO晶须上的AgNPs粒径为5~20nm。由于Ag和Zn两种金属的电离化倾向不同，在酸性AgNO₃溶液中的部分Ag⁺会与晶须中的Zn²⁺发生离子交换，取代其中的Zn²⁺负载于ZnO晶须表面，在ZnO晶体表面发生的光致还原反应，可使负载的Ag⁺被还原为AgNPs。

Koga等人同时制备了无AgNPs的ZnO纸页、采用AgNO₃浸渍形成的含Ag纸页和采用Ag颗粒（粒径为1μm）形成的含银纸页。其SEM形貌如图4.32所示。这些纸页都有类似于纸板的质轻、有弹性的、容易进行裁剪处理等性质。在AgNPs@ZnO纸页中，AgNPs优先负载于ZnO晶须上，分布在陶瓷纤维立体网络中，由图4.32（b）可以得到AgNPs粒径为17nm，在AgNPs@ZnO晶须结构中，AgNPs的粒径为16nm，如图4.32（a）所示，因此，当ZnO晶须存在的情况下，AgNPs可获得很好地分散，是以单独纳米粒子而不是以大絮体的形式存在。而在采用AgNO₃浸渍形成的含银纸页中[图4.32（c）]和采用Ag颗粒制备的纸页中如图4.32（d）所示，银颗粒絮聚形成大的絮体存在于纸页中，可见ZnO晶须是AgNPs很好的载体，可阻止AgNPs絮聚成大絮体，保证其以纳米粒子的形式存在于纤维网络中。

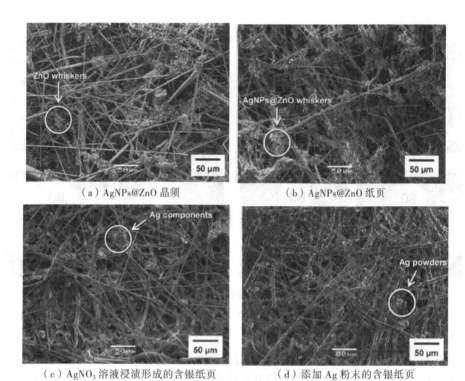

（a）AgNPs@ZnO 晶须　　　　　　　（b）AgNPs@ZnO 纸页

（c）AgNO₃溶液浸渍形成的含银纸页　　　（d）添加 Ag 粉末的含银纸页

图4.32　以不同方式负载Ag的纸页的SEM形貌；

比较的上述四种纸页对*E.coli*的抗菌性及其循环使用过程中抗菌性的变化如图4.33所示，不含Ag的ZnO纸页没有形成抑菌圈，其他三种纸页中银含量都为2mg，三种含有Ag的纸页都能形成明显的抑菌圈，其中AgNPs@ZnO纸页形成的抑菌圈最大，相对于其他两种含银纸页，AgNPs@ZnO纸页中AgNPs是以单个纳米粒子形式存在，而其他两种纸页中的银颗粒都是以大的絮体形式存在，其与E. coli的接触面积小，表现出的抗菌性低，另外还有研究者认为在该方法制备的AgNPs中能暴露出活性高的Ag(Ⅲ)晶面，有助于提高AgNPs抗菌性。随使用次数增多，三种纸页的抗菌性均有一定程度下降，在循环使用过程中，Ag⁺的释放导致纸页中的Ag含量降低，从而导致了其抗菌性下降，经5次循环使用后，纸页中Ag的含量分别为0.2mg、0.2mg、0.3mg，但AgNPs@ZnO纸页仍表现出较高的抗菌性，其抑菌圈直径为17mm，与其余两种纸页第一次使用时形成的抗菌圈直径接近[18]。

ZnO晶须作为一种能够阻止AgNPs团聚的载体，不仅可以保证负载于ZnO晶须上的AgNPs以单个纳米粒子的形式存在，还能充分利用纸页的多孔结构，保证Ag@ZnO在整个纸页内部均匀分布，从而保证了AgNPs@ZnO纸基催化材料具有较高的抗菌性和催化活性。

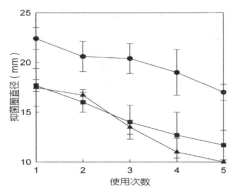

图4.33　三种含银纸页反复使用过程中对E. coli形成的抑菌圈

3. Au–Ag/ZnO纸基催化材料

为进一步提高贵金属/ZnO复合催化剂的催化性能，Koga等人将利用ZnO晶须作为贵金属纳米粒子的载体，制备了负载双金属催化剂Au–Ag/ZnO的纸基催化材料，改善单一贵金属催化剂活性不够、选择性不高、抗毒性和稳定性不理想等问题。

（1）含ZnO晶须纸页的抄造：将陶瓷纤维、玻璃纤维、ZnO晶须和纸浆纤维按4∶4∶1∶1的比例混合形成混合液，先后加入PDADMAC和APAM作为助留剂，按标准纸页成形的方法得到纸页，于700℃下灼烧30min，除去植物纤维，通过玻璃纤维的熔融在纤维间形成链接，以提高纸页的物理强度。

（2）Au–Ag/ZnO纸基催化材料的制备：用NaOH溶液（100mM）调整HAuCl$_4$溶液（0.03mM，80mL）的pH值为7.5~8.0，将含ZnO晶须的纸页浸入该溶液中，于100℃下连续搅拌48h，过滤，于80℃干燥1h，300℃下灼烧4h，得到负载AuNPs的Au/ZnO纸基催化材料；在ZnO晶须上负载的AuNPs粒径小于5nm，白色的ZnO晶须则由于负载了AuNPs变为粉红色或紫色。将Au/Zn纸基催化材料在AgNO$_3$溶液（0.001mM，5mL）中浸渍30min，加入5mL柠檬酸钠溶液（1.0%w/v）作为稳定剂，200mL氢醌（30mM）作为还原剂，搅拌1h后过滤，用去离子水彻底清洗，在室温下干燥24h，得到黄褐色Au–Ag/ZnO纸基催化材料，其孔隙率达到80%，孔径为15mm，在ZnO晶须上负载Au核–Ag壳的二元金属催化剂，Ag和Au的电离电位分别为7.58eV和9.22eV，电子会由Ag转移到Au，而形成缺电子的外壳Ag，则有利于带负电的硝基苯（4–NP）在其表面的吸附，从而可提高对4–NP的催化还原性能。负载二元金属的纸基催化材料催化性能要高于单一金属，经过循环使用，二元金属纸基催化材料的催化性能随使用次数的增加其催化活性下降（如图4.34所示），Au–Ag/ZnO催化纸首次使用的周转频率为120h^{-1}，经过5次使用后，其周转频率为90h^{-1}，这可能是由于在使用过程中不可避免地会发生纳米粒子的团聚和Au核–Ag壳核壳结构的破坏[19]。

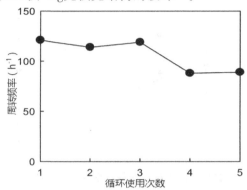

图4.34 循环使用对Au–Ag/ZnO催化纸催化效果的影响

4. 表面活性剂Keliab对Ag/ZnO合成的影响

为提高Ag/ZnO的光催化活性和抗菌性能，需要保证纳米粒子的均匀分散。Aladpoosh等人利用Keliab（一种非离子表面活性剂，植物Seidlitzia rosmarinus 燃烧经抽提得到的灰色粗糙物质）提供的碱性条件，在脱脂棉织物上通过一步反应原位合成了星状的Ag/ZnO纳米颗粒。具体过程如下：

（1）棉纤维织物的处理：将棉纤维织物用1g/L的非离子表面活性剂于60℃下浸渍处理20min以除去杂质，80℃下用1.5g/L的淀粉酶溶液处理45min除去胶质，蒸馏水清洗干净后室温下干燥。

（2）Ag/ZnO星状纳米颗粒的合成：将处理后的棉织物浸入一定浓度硝酸锌溶液中，在磁力搅拌下浸渍25min，再加入一定量硝酸银，搅拌10min，逐滴加入Keliab直到溶液变浑浊，加热至90℃，反应60min，取出棉纤维织物于80℃干燥后，150℃交联反应3min。样品清洗后室温下干燥。

溶液中Ag^+和Zn^{2+}会附着到带负电的纤维表面，在硝酸银和硝酸锌的混合溶液中逐滴加入Keliab，会形成黄白色的沉淀，纳米粒子更倾向于沉积在纤维表面形成晶核，$Zn(OH)_2$与纤维表面之间的相互作用需要碱性环境，可由加入的Keliab提供。在碱性环境中，高温条件下的$Zn(OH)_4^{2-}$和$Ag(OH)_2^-$之间的分子间脱水可形成ZnO–O–Ag链接，在ZnO/Ag_2O晶核上结晶继续生长。反应式如下：

$$Zn^{2+} + 4OH^- \rightarrow Zn(OH)_4^{2-}$$

$$Ag^+ + 2OH^- \rightarrow Ag(OH)_2^-$$

$$Zn(OH)_4^{2-} + Ag(OH)_2^- \xrightarrow{\text{脱水}} Ag_2O / ZnO + 2H_2O + 4OH^-$$

添加表面活性剂或在相容的系统内有利于形成异质结，在不相容的Ag/ZnO系统中，表面活性剂不存在的情况下，分子间的脱水作用也可以形成Ag/ZnO异质结构。ZnO纳米晶体表面会产生氧空位，在Keliab形成的碱性和高温条件下，ZnO纳米晶体表面同时会发生Ag₂O还原反应。反应如下所示：

$$Ag_2O / ZnO \xrightarrow{\text{还原}} Ag / ZnO$$

棉纤维在Ag纳米粒子形成过程中充当了还原剂，如图4.35所示，非活性的纤维素（Cell-OH）在碱性条件下转化为碱活性纤维素（Cell-O-），形成的阴离子通过静电作用力与阳离子化合物发生作用。在碱性条件下，棉纤维上的羟基可以将Ag^+还原为负载于纤维上的AgNPs。在高温碱性条件下，棉织物的润胀会导致纤维分子间的氢键被破坏，有利于AgNPs进入纤维内部，阻止纳米粒子团聚，因此，在整个过程中，棉纤维织物可充当还原剂和稳定剂。在棉织物表面形成了星状的Ag/ZnO纳米粒子，且纳米粒子表面由于存在球形的AgNPs，形成粗糙的表面。

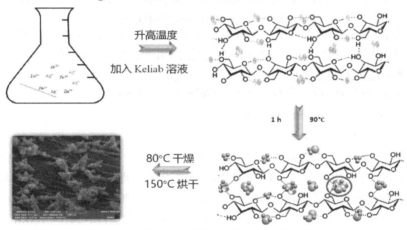

图4.35　在棉织物上原位合成Ag/ZnO纳米粒子

经过处理后负载星形Ag/ZnO纳米粒子的棉织物具有光催化作用，对*S. aureus*和*E. coli*都具有抗菌作用。且经过Ag/ZnO纳米粒子在纤维间形成氢键链接，使纤维间形成交联作用，可有效提高棉织物的抗张强度。Keliab作为一种天然物质，为纤维水解提供了碱性条件，可避免碱性条件下纤维素的过度水解而导致植物强度下降，还可有效避免因加入碱性化学物质而生成Zn(OH)₂等沉淀，为Ag/ZnO纳米粒子均匀负载到纤维上提供了一种环保且简单的方法[20]。

5. N-Ag/ZnO复合催化材料

为进一步提高Ag/ZnO的催化活性，扩展其可见光响应区域，Behzadnia等人以非金属N和金属Ag为掺杂元素，在光照和超声波作用下制备了双掺杂蜂窝状的N-Ag/ZnO纳米颗粒，并将其负载于羊毛织物上。N-Ag/ZnO纳米颗粒的制备和负载过程如下：在超声波作用下，将醋酸锌溶于100mL蒸馏水，将洗涤后的羊毛织物浸入醋酸锌溶液中，并逐滴加入氨水调节pH值为

9~10，在氨水滴加过程中控制温度的上升速度为1℃/min，30min后温度升高至50℃；将AgNO₃溶液加入混合物中，并在超声波和紫外光辐射下作用15min，通过光还原法生成的Ag负载于ZnO纳米颗粒，调节pH值为9~10，控制温度升高到75~80℃，处理后的羊毛织物于60℃干燥15min，并在120℃烘焙3min得到负载N−Ag/ZnO纳米颗粒的羊毛织物。

在超声波作用下，醋酸锌在碱性条件下水解作用生成ZnO纳米颗粒，反应式如下：

$$Zn(CH_3COOH)_2 \cdot 2H_2O + NH_3 \rightarrow ZnOH^+ + 2CH_3COO^- + 2H_2O + NH_4^+$$

$$Zn-OH + NH_3 \rightarrow \equiv ZnO^- \Lambda HNH_3^+ \Lambda^- OZn \equiv + H_2O$$

$$3 \equiv ZnO^- \Lambda HNH_3^+ \Lambda^- OZn \equiv \rightarrow 2 \equiv Zn-NH_2 + NH_3 + HO^-$$

$$\equiv Zn-NH_2 + H_2N \equiv Zn-O-Zn \equiv OH \rightarrow = N-(OZn)-N$$

硝酸锌在碱性介质中会生成其水合物，脱水后得到Ag₂O，经超声波和UV照射后得到AgNPs。H₂O在超声波空化作用下会生成·OH和H·。

N−Ag/ZnO纳米颗粒的形成主要按下式进行：

$$= N-(OZn)-O-(ZnO)-N = + \cdot OH + \cdot H \xrightarrow{US,UV}$$

$$H_2N-Zn-O-Zn \equiv OH + NH_3 \uparrow \xrightarrow{Ag^+}$$

$$H2N \equiv Zn-O-Zn \equiv O-Ag$$

超声波在介质中的压缩和膨胀作用使溶液产生振荡活性，局部产生剧烈的微湍流和微混合。瞬间空化作用产生的物理化学作用生成蜂窝状的N−Ag/ZnO纳米颗粒，超声波产生的循环水流作用使未破裂的的气泡在纤维表面重新定位，接近纤维表面的气泡晶核可在纤维上负载N−Ag/ZnO纳米粒子，如图4.36所示。图4.36（a）为未处理的羊毛纤维织物，鳞片相互重叠，没有其他的物质；图4.36（b）4.36（c）是负载N−Ag/ZnO纳米颗粒的羊毛纤维，由于超声波作用下在羊毛纤维表面产生了晶核，在超声波和紫外光的双重作用下，N和Ag沉积在ZnO纳米颗粒上，产生了平均厚度为24nm的复合纳米材料。

 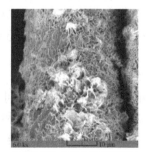 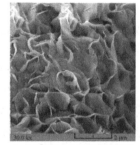

（a）未处理的羊毛纤维　　（b）负载N−Ag/ZnO的羊毛纤维　　（c）负载N−Ag/ZnO的羊毛纤维

图4.36　负载N−Ag/ZnO纳米颗粒的羊毛纤维SEM形貌

金属和非金属双掺杂得到的N–Ag/ZnO复合材料的光催化活性高于Ag/ZnO复合材料，其催化机理如图4.37所示，由于N的掺杂作用，N的2P轨道与O的2P轨道混合，从而使ZnO的价带上移导致其带隙变窄，使ZnO半导体在太阳光照射下也能被激发产生光生电子和空穴，产生的光生电子可被Ag吸收并与其表面吸附的O_2作用，有利于电子和空穴有效分离，减少了电子和空穴的复合，从而提高光催化活性。在可见光照射下，亚甲基蓝（MB）的催化降解反应可按下式进行：

可见光照射：$N\text{–}Ag/ZnO \rightarrow (e^-)CB/(h^+)VB$

$(h^+)VB + H_2O \rightarrow H^+ + \cdot OH$

$(h^+)VB + OH^- \rightarrow \cdot OH$

$(e^-)CB + O_2 \rightarrow \cdot O^-$

$MB + \cdot OH \rightarrow$ 降解产物

$MB + (h^+)VB \rightarrow$ 氧化产物

$(e^-)CB + (h^+)VB \rightarrow$ 还原产物

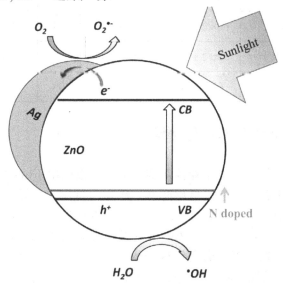

图4.37　N–Ag/ZnO纳米颗粒的光催化机理

超声波作用会使羊毛纤维发生润胀，同时羊毛纤维上存在氨基、羧基和羟基等官能团，可以与ZnO形成氢键链接，在羊毛织物纤维间形成的交联作用，因此经过超声波处理后，织物的抗拉强度增大，但由于纤维间的链接增加，导致其延伸率下降，见表4.13，得到的织物对*E.coli*、*S.aureus*、*C.albicans*的抗菌性可分别达到98%、96%和94%，而未经超声波处理，经过加热和搅拌作用得到N–Ag/ZnO颗粒并完成负载的羊毛织物对三者抗菌性分别为75%、60%和49%，均低于经过超声波处理的样品，这可能是由于在超声波作用下，形成的纳米颗粒粒径更小，具有更高的活性。而未经超声波处理的样品的抗拉强度低、延伸率高，这是由于未经超声处理N–Ag/ZnO纳米颗粒在纤维间形成的氢键少，纤维间形成的链接作用弱[21]。

超声波作用是一种能局部产生瞬时高温高压的方法，可在短时间内低温低压条件下完成纳米颗粒的生成和负载作用，且能获得更小粒径的纳米颗粒，对纳米复合材料的制备有重要意义。

表4.13 负载纳米颗粒的羊毛织物的强度及抗菌性

样品	强度性质		抗菌性/%		
	抗拉强度（N）±CV%	延伸率（mm）±CV%	E.coli	S.aureus	C.albicans
空白样品	516.5±3.1	37.9±9.8	0	0	0
NH3处理样品	503.3±6.4	29.4±8.6	0	0	0
负载N–ZnO	608.2±3.9	23.9±7.7	95	90	83
负载N–Ag/ZnO（搅拌）	556.2±2.2	29.5±6.4	75	60	49
负载N–Ag/ZnO	625±4.1	21.3±9.2	98	96	94

4.6.4 Cu/ZnO纸基催化材料

Cu/ZnO是一类重要的工业催化剂，不仅可以应用于CO加氢合成甲醇，同时也可以用于合成乙醇、低碳醇和二甲醚、低湿水汽转换以及甲醇裂解制氢等催化反应过程。ZnO与活性组分Cu存在协同作用，即存在金属—载体强相互作用，可归结为：①ZnO以纳米颗粒形式在Cu颗粒之间起到分散的作用，使催化剂的多孔微观结构变得更加稳定；②ZnO在Cu的表面形成薄层，共同组成活性中心，影响体系的吸附性及催化性能。

另外，在Cu/ZnO催化剂中，只有裸露在外的活性金属Cu才能接触反应物而具有催化活性，使有效Cu比表面积对催化活性产生重要影响。优良的Cu/ZnO催化剂必须具备以下三个特性：①Cu物种应该具有较大的有效比表面积；②Cu物种必须有晶格缺陷，从而可以在表面形成较多的活性位点；③ZnO和活性组分Cu间有较强的协同作用。一般可以通过改进制备方法、添加助剂及大比表面的载体等来提高Cu/ZnO催化剂中Cu有效表面积和活性位点以及增强铜锌之间的协同作用。Cu/ZnO纸基催化材料正是利用纸页多孔结构将Cu/ZnO负载于纤维上，提高Cu的有效表面积和活性位点。

Koga等通过湿部添加的方式将商品Cu/ZnO催化剂粉末作为填料添加到陶瓷纤维悬浮液中，以PDADMAC和APAM作为助留剂，用量为0.5%（wt%固体物质），Cu/ZnO粉末首先固定在陶瓷纤维上，添加氧化铝溶胶作为无机胶粘剂，提高纸页的强度，与植物纤维混合后通过纸页标准成形法抄造得到纸页，经105℃干燥，350kPa压榨后，经350℃灼烧12h，除去植物纤维并通过氧化铝胶黏剂的粘结作用提高纸页的强度。Cu/ZnO粉末的留着率可达到90%以上的留着率，通过纸页成型过程得到了类似纸页的立体纤维网络结构，在350℃灼烧前，纸浆纤维和陶瓷纤维共同组成孔隙较小的纤维网络，这时氧化铝溶胶还没有起作用，主要依靠纸浆纤维间的氢键链接使纸页具有一定的强度；通过于350℃灼烧12h，可完全除去纸浆纤维，同时氧化铝溶胶在高温下熔融，将陶瓷纤维粘结到一起，使纸页获得一定的强度。Cu/ZnO形成小的颗粒附着在陶瓷纤维表面，通过压汞法得到纸页中微孔孔径为20μm左右，灼烧后纸页的孔隙率达50%（如图4.38所示），通过多孔的纸页结构负载的Cu/ZnO催化剂，可有效提高其催化活性。其催化甲醇自热重整反应的效率见表4.14。以Cu/ZnO纸基催化材料作为催化剂的情况下，甲醇的转化率最高，且在甲醇重整转化过程中，副产品CO的浓度约为3000ppm，远远低于Cu/ZnO粉末及其球形催化剂，从而减少了Pt阳极的催化剂中毒。当以Cu/ZnO纸基催化材料作催化剂时，由于纸页的多孔结构，避免在反应塔内发生局部流，使气体流速发生较大波动，且陶瓷纤维具有很好的导热性能，将反应产生的热量快速传递出去，使反应塔内气流流速和局部温度能够保持稳定，且Cu/ZnO粉末在纸页中均匀分布，因此可保证甲醇的自热转化反应能均匀进行，得到较高的甲醇转化率，更低的CO生成速度。

（a）灼烧前　　　　　　　　　　（b）灼烧后

图4.38　Cu/ZnO催化纸的SEM形貌

表4.14　Cu/ZnO纸基催化材料对甲醇自热重整反应的催化效率

催化剂	甲醇催化效率/%	CO浓度/ppm
Cu/ZnO 粉末	88.7 ± 4.8	6700 ± 800
Cu/ZnO球状催化剂	46.3 ± 2.0	4500 ± 200
Cu/ZnO催化纸	88.9 ± 0.8	3100 ± 300

注：250℃时，气体空速为$1120h^{-1}$。

耐久性是表征催化剂使用性能的一项重要指标，Cu/ZnO催化剂失活的主要原因有：①反应气流中的S、Cl等引起Cu基的催化剂中毒，可以通过深度净化，除去反应气中的S、Cl等杂质解决；②催化剂的热烧结，反应产生的热量使活性Cu晶粒团聚长大，使铜锌间的协同作用减弱，这是Cu/ZnO催化剂失活的主要原因。如图4.39所示，第一次使用，Cu/ZnO纸基催化材料和Cu/ZnO粉末都具有约90%的甲醇转化率。多次使用后，Cu/ZnO粉末的催化效率明显下降，经5次使用，甲醇转化率约下降17%，而Cu/ZnO纸基催化材料经5次使用后，甲醇的转化率仅下降6%，这主要是由于陶瓷纤维良好的导热作用，可以将反应产生的热量及时传导出去，使系统的温度保持稳定，避免活性Cu的烧结，从而有效避免了Cu/ZnO催化剂的失活。

XRD分析可以看出，经过5次循环使用后，对Cu/ZnO粉末来说，Cu纳米颗粒的粒径由9.6nm增大为12.7nm，而对Cu/ZnO纸基催化材料而言，经过5次循环使用后，Cu纳米颗粒的粒径从13.6nm变为13.9nm，粒径几乎保持不变。在纸页抄造过程中，为保证纸页良好成型，在抄纸浆料中添加了5%的纸浆纤维，纸页成型后在350℃灼烧12h，以除去纸浆纤维，纸浆纤维灼烧过程中释放出的热量会导致Cu纳米粒子烧结，使其粒径从9.6nm增加为13.6nm；而不添加纸浆纤维的情况下，Cu粒子的粒径为9.4nm，经5次循环使用后，增大为10.4nm。Cu粒子的粒径增大会不利于甲醇催化转化率的提高，但添加少量纸浆纤维所得纸页的甲醇转效率略高于不添加植物纤维形成的Cu/ZnO纸基催化材料，这说明影响Cu/ZnO催化剂耐久性的关键因素并不是Cu纳米粒子的直径，纸页的多孔结构对催化效果的影响更明显[22]。

纸页的多孔结构是Cu/ZnO催化剂能够保持的高催化活性和持久的耐久性的重要原因。纤维网络形成的孔径较均一的微孔结构可以将产生的热量及时传导出去，从而为催化反应提供良好的内部催化反应环境，抑制反应过程中产生局部过热和生成CO的副反应。

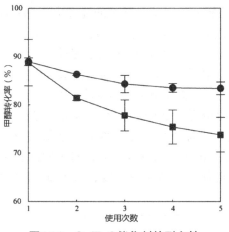

图4.39 Cu/ZnO催化剂的耐久性

●—Cu/ZnO 纸基催化材料；■—Cu/ZnO 粉末

为进一步研究纸页孔隙结构对甲醇转化反应的影响，Fukahori等人采用不同配比的SiC和陶瓷纤维抄造纸页，利用湿部添加的方式负载商品Cu/ZnO催化剂，研究了SiC和纸浆纤维的对甲醇产氢效率的影响。纸页的抄造过程见上述Koga等的方法，在该纸基催化材料中使用了陶瓷纤维和SiC纤维两种无机纤维，得到一种类似纸板，且具有一定弹性的纸页（如图4.40所示），Cu/ZnO粉末分散在陶瓷纤维和SiC纤维组成的纤维网络中，其孔径分布与抄造过程中添加的植物纤维用量有关，随纸浆纤维用量的增大，纸页平均孔径更大，孔径分布更分散，添加纸浆纤维可提高纸页的孔隙率，最大孔隙率可达到50%，当纸浆纤维添加量达到2.0g/5g无机纤维，得到的纸页中孔隙体积可高达2.44±0.19mm³/mg纸页，因此，可通过调整纸页中植物纤维的用量来调节纸页的孔隙率。

图4.40 含有SiC纤维的催化纸

由于SiC纤维的热传导率为25.5 W/mK，远远大于陶瓷纤维的热传导率

（1.0 W/mK）。不同SiC的用量对纸页的孔径大小和孔隙率影响不大，但会影响纸页的热传导能力，80℃甲醇重整反应过程中，SiC纤维含量对甲醇转化率及在逆水气变换反应中生成的CO浓度影响如图4.41所示。100%陶瓷纤维制得的纸页的甲醇转化效率仅为75%，逆水气变换反应生成的CO浓度为4300ppm，当SiC纤维含量为20%、40%时，可分别获得最高的甲醇转化率（80%）和最低的CO浓度（3000ppm）。这可能是由于随纸页中SiC纤维含量的增大，纸页具有更加优良的导热性能，能够将反应过程中产生的热量及时传导出来。而随SiC含量的继续增大，对甲醇的转化率和生成CO浓度反而有不利影响。因此从实际应用的角度，添加20%SiC纤维的纸页在甲醇重整反应中的效果最好。

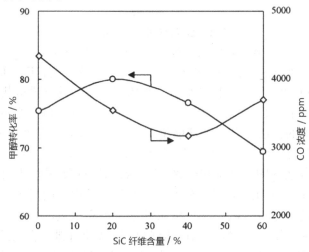

图4.41　SiC纤维含量对甲醇转化率和CO浓度的影响（280℃）

纸页的孔隙率可以通过调整加入浆料中的植物纤维的量来调节，如图4.42是加入不同含量植物纤维所得纸页对甲醇转化率和生成CO浓度的影响。在同样反应温度下，随纸浆纤维用量的增加，甲醇的转化率降低，CO的浓度也随之降低，这是由于随纸浆用量的增加，在纸页中可能出现大孔径的孔隙，这对甲醇的转化反应不利，反应物会通过大孔隙直接通过纸页而减少与催化剂接触的机会，从而降低了甲醇的转化率，而水气逆反应生成的CO的浓度也低。当添加0.25g纸浆纤维时，能在CO浓度较低的情况下取得较高的甲醇转化率。甲醇的转化反应主要发生在纸页中Cu/ZnO催化剂的表面，而SiC纤维所具有的高导热性和纸页的高孔隙率有利于甲醇的催化反应，因此通过调整SiC纤维和纸浆纤维的用量可控制纸页的导热性能和孔隙率，从而获得具有良好催化性能的Cu/ZnO纸基催化材料[23]。

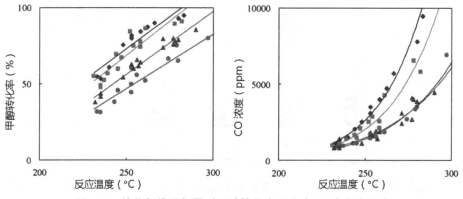

图4.42 植物纤维添加量对甲醇转化率和生成CO浓度的影响

◆—0.10g 植物纤维；■—0.25g 植物纤维；▲—0.5g 植物纤维；●—1.0g 植物纤维

上述Cu/ZnO催化纸都是以商品Cu/ZnO催化剂粉末作为填料加填到纸料中，利用二元助留体系（PDADMAC+APAM）提高Cu/ZnO粉末在纸页中的留着率，在留着过程中不可避免地会造成Cu/ZnO粉末聚集形成絮体，使其比表面积减少，催化性能下降。

为避免催化剂粉末形成大的絮体，Koga采用原位合成反应将CuNPs负载在ZnO晶须上，制备了具有微孔结构的CuNPs@ZnO催化纸。CuNPs@ZnO纸页的制备是以硝酸铜作为生成CuNPs的前驱体，以ZnO晶须作为支架，将加填ZnO晶须的纸页通过浸渍负载Cu(NO₃)₂，通过选择性吸附作用以$Cu_2(OH)_3(NO_3)$的形式负载在ZnO晶须上，再通过H_2还原使Cu^{2+}还原为Cu，生成的CuNPs的粒径约为16nm，其纸页制备过程与AgNPs@ZnO纸页和AuNPs@ZnO纸页的制备过程类似，只是最后要采用H_2还原，本部分不再详细介绍其制备过程。在CuNPs@ZnO纸页中，CuNPs牢固固定在ZnO晶须上，即使用100W超声处理10min，也没有CuNPs从纸页上流失，且CuNPs@ZnO晶须均匀分散在整个纸页中，纸页的孔隙率达50%。

采用共沉淀法得到Cu/ZnO粉末，比较Cu/ZnO粉末、CuNPs@ZnO晶须和CuNPs@ZnO纸基催化材料对甲醇转化率、H_2产率和CO浓度的影响（如图4.43所示）。250℃时，CuNPs@ZnO纸基催化材料的甲醇转化率和H_2产率高于Cu/ZnO粉末和CuNPs@ZnO晶须的甲醇转化率和H_2产率，升高温度达到310℃，可提高Cu/ZnO粉末的甲醇转化率和H_2产率，但其产生CO的浓度也急剧增大，达到9000ppm以上。CuNPs@ZnO纸基催化材料在甲醇重整催化产氢反应中具有最好的催化性能，既能保证高的甲醇转化率和H_2产率，又可有效抑制CO气体的产生[24]。

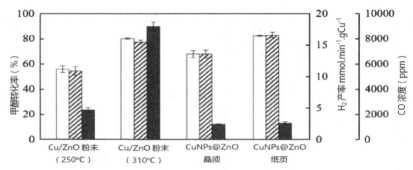

图4.43 各种不同Cu/ZnO催化剂对甲醇转化率、H$_2$产率和CO浓度的影响

这是第一次在纸页上通过原位合成法制得金属NPs@ZnO纸页，该纸页具有金属纳米颗粒分散均匀，制备方法简单，得到的纸页具有质量轻、易加工等优点，为多孔纸状催化剂的制备提供了一条新途径。

4.7 负载 ZnO 的细菌纤维素复合材料

细菌纤维素（BC）具有超细纳米网状结构，其纳米级孔道可为各种金属离子渗入网络结构内部提供条件，由羟基和醚键所构成的反应活性位点能与金属离子相互作用，将金属离子固定在纳米纤维表面，减弱其活动力；进而通过水解、沉淀以及氧化还原等反应可生成各种无机纳米粒子或纳米线结构，其制备机理如图4.44所示。它不同于通过物理方法将纳米颗粒掺杂入BC基体结构中，可以通过调节原位反应条件来调控纳米粒子的尺寸、粒径分布、形貌及负载量。同时，BC的三维网状结构也可在空间上对纳米粒子的形成起保护及限制作用，它可在一定程度上防止生成的纳米粒子发生团聚现象，保证纳米粒子在BC中的有效分散，也可以通过对BC进行表面修饰或不同的预处理，控制表面活性位点数量，实现纳米材料的可控制备。利用BC的这些独特性质，可以大大提高光催化材料的催化效率。

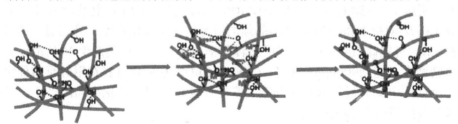

图4.44 原位复合法制备BC纳米基功能材料机理示意图

胡伟立采用水解法制备了ZnO-BC光催化复合材料，有效拓展了BC的应用领域，为了进一步提高其光催化效率，将偕胺肟改性BC膜（Am-BC）作为基体，利用其增强的模板效应来制备具有更高催化效率的ZnO/Am-BC纳米复合材料，并对ZnO/Am-BC纳米复合膜的形貌、结构和性能进行表征，探讨了纳米颗粒在及其基体中的成核、生长机理。

4.7.1 ZnO-BC复合材料

首先，将BC膜用蒸馏水洗涤，然后再用1%的NaOH溶液于80℃下处理1h，用蒸馏水清洗干净。ZnO纳米颗粒在BC膜上的负载过程分为两步。第一步，以BC膜表面羟基作为活性位点，对Zn^{2+}进行有效吸附和固定。取12cm^2膜分别置于浓度为0.25、0.5、1和5wt%的$Zn(CH_3COO)_2$溶液中，室温下搅拌2h，达到Zn^{2+}吸附平衡，取出湿膜并压干。在该步反应中是以BC膜的表面羟基作为活性位点，对Zn^{2+}进行有效吸附和固定。将BC膜浸渍在$Zn(CH_3COO)_2$溶液中，其三维多孔的纳米结构使得Zn^{2+}极易进入其空间网状结构内部，通过静电吸附等作用将Zn^{2+}牢牢地锚定在BC膜的吸附位点上，2h达到吸附平衡后，去除其表面未吸附的Zn^{2+}。第二步，将膜放入5mL含有相应浓度$Zn(CH_3COO)_2$和二甘醇混合溶液中，于170~180℃冷凝回流反应，一段时间后取出膜，分别用乙醇和蒸馏水洗涤，然后冷冻干燥处理得到ZnO-BC膜。在这步反应中利用已吸附Zn^{2+}的活性位点作为纳米反应器，在多元醇介质中，通过水解、聚合以及成核三个反应得到ZnO纳米粒子。首先，将BC/Zn^{2+}膜置于170~180℃下反应，溶液中所含水分子立刻在已吸附Zn^{2+}的活性位点上引发水解和聚合反应，发生如下反应：

$$Zn(CH_3COO)_2 + H_2O \rightarrow Zn(OH)(CH_3COO) + CH_3COOH$$
$$Zn(CH_3COO)_2 + Zn(OH)(CH_3COO) \rightarrow Zn_2(O)(CH_3COO)_2 + CH_3COOH$$
$$Zn(OH)(CH_3COO) + Zn(OH)(CH_3COO) \rightarrow Zn_2(O)(CH_3COO)_2 + H_2O$$

经水解、聚合反应迅速形成Zn-O-Zn键，在BC膜上快速形成ZnO晶核，又由于溶液内中间产物$Zn(OH)(CH_3COO)$的不断生成、补充而生成ZnO粒子并且颗粒不断生长。但是，由于反应液中加入5mL的$Zn(CH_3COO)_2$溶液本身也同时发生了相似的多元醇还原反应，所生成的中间产物$Zn(OH)(CH_3COO)$有可能同时参与反应液中的颗粒和BC膜活性位点上的颗粒生长，两者之间形成竞争关系，也就是说提供给BC膜上活性位点以补充ZnO颗粒增长所需的中间产物$Zn(OH)(CH_3COO)$并不充足。另外，BC膜上已吸附Zn^{2+}的活性位点上发生的水解、聚合反应非常迅速，短时间内即可生成大量的晶核，这也从一定程度上阻止了ZnO颗粒C轴的择优生长趋势。因此，本反应中ZnO颗粒倾向于固定在BC膜上之前已吸附的活性位点上，能有效阻止颗粒间的相互团聚，最终形成球形颗粒。

　　ZnO-BC纳米复合膜中的ZnO纳米颗粒的粒径大小及其分布受Zn^{2+}浓度和水解时间的影响。图4.45是水解时间为10min。不同浓度Zn^{2+}所制备的ZnO-BC纳米复合膜的表面形貌。随着Zn^{2+}浓度增加，ZnO纳米粒子含量及粒径逐渐增大。当浓度为0.25wt%时，BC纤维表面负载的ZnO纳米颗粒较少、分布零散。而$Zn(CH_3COO)_2$浓度增加到1wt%时，ZnO纳米粒子增多，继而增大浓度至5wt%后，纳米粒子开始出现大量团聚。这是由于增加Zn^{2+}浓度后，BC膜的活性位点可以固定更多的Zn^{2+}，有效提供更充分的ZnO成核及生长的条件。在浓度相对较低时，由于BC膜三维纳米网络结构的空间限制，可以有效阻止所生成ZnO纳米粒子的团聚，因此可获得粒径较小、分布均匀的ZnO纳米粒子。但当浓度过高后，BC膜的纳米反应器效应并不能得到很好地发挥，高密度的ZnO纳米粒子有自发聚集的倾向，因此局部出现团聚现象，较易出现大尺寸的粒子。结果表明，浓度为0.5wt%的条件下所得的纳米粒子平均粒径为50nm，呈球状，且在基体表面均匀分布。因此，BC膜可以作为纳米粒子制备的有效纳米反应器及控制模板，从而调控纳米粒子均匀分布在纳米纤维表面。

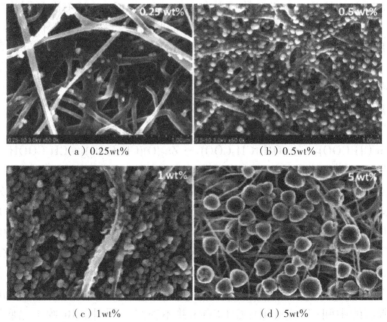

（a）0.25wt%　　　　　　　　（b）0.5wt%

（c）1wt%　　　　　　　　（d）5wt%

图4.45　水解时间为10min，不同浓度Zn^{2+}所制备的纳米复合膜的SEM形貌

　　图4.46为不同Zn^{2+}浓度条件下所得ZnO-BC膜对MO溶液的光催化效率。

结果发现，0.5wt%浓度条件下所得ZnO-BC膜具有最高的光催化效率，降解反应进行2h时，MO的降解率可达70%。ZnO-BC纳米复合膜的光催化活性受ZnO纳米颗粒的负载量、粒子尺寸及其比表面积的影响。当Zn^{2+}浓度为0.25wt%时，ZnO的负载量低（2wt%）导致ZnO-BC膜较低的光催化效率。当Zn^{2+}浓度增加到0.5wt%，ZnO纳米颗粒粒径约为50nm，且粒径分布均匀，ZnO纳米粒子含量增加到6%，因此其光催化效率明显较高。但进一步增加浓度至1wt%，ZnO粒径会进一步增大，使其比表面积降低，且纳米粒子含量仅增加为7.4%。综合考虑ZnO纳米颗粒粒径及其负载量对光催化活性的影响，当$Zn(CH_3COO)_2$浓度为0.5wt%时，所得ZnO-BC膜具有最高的光催化活性。

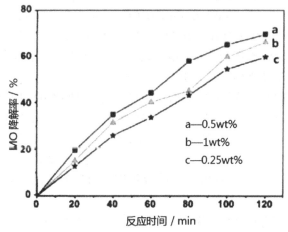

图4.46　ZnO-BC膜对MO溶液的光催化效率

BC的三维立体网状结构和纳米级孔径分布提供了颗粒生长的纳米反应器，它能起到支持、稳固纳米颗粒的作用，有效阻止纳米颗粒团聚。所得ZnO-BC复合膜制备过程简单，易于回收，可循环利用，可应用于有机污水处理，其光降解性能有待进一步提高。

4.7.2 ZnO/Am-BC复合材料

利用BC膜的纳米级孔径及大量的羟基和醚基所构成的有效反应活性位点，将BC膜作为模板材料来吸附及分散金属离子，并通过还原法原位制备金属纳米粒子，实现了可控制备具有预期形貌与尺寸的新型功能纳米材料，然而BC膜材料对于某些金属粒子的固定效果较弱，导致其产率低及粒子的不均匀分布。因此，需要对BC表面进行改性，引入不同的官能团以增强其对金属离子的吸附效率，制备高产率且分散效果更佳的金属纳米粒子与BC膜的复合材料，有效拓展BC膜的应用领域。

具体过程如下：

（1）对BC膜进行偕胺肟改性，制备Am-BC膜：将BC湿膜进行乙醇溶剂交换预处理后，在室温下加压，除去纤维素物理吸附的水份。将18.64g BC湿膜在室温下浸入10%四甲基氯化胺溶液中2～3min后，将其与70mL丙烯腈和2mL 10%的NaOH溶液混合，置于三口瓶中于室温下反应1h。取出后用CH₃COOH中和，并用水洗至中性，得到中间产物氰乙基BC。取10g氰乙基BC膜与40mL 10%的盐酸羟胺混合，用Na₂CO₃调节pH值为9~10，于80℃下反应3h后，用水将所得膜洗涤至中性，即可得Am-BC膜。

（2）ZnO/Am-BC复合材料的制备：取1.8gAm-BC膜分别置于浓度分别为0.25、0.5、1和5wt%的Zn(CH₃COO)₂溶液中，室温下搅拌2h后，将Zn²⁺/Am-BC膜放入含有相应浓度Zn(CH₃COO)₂和二甘醇混合溶液中，于170～180℃冷凝回流反应，10min后取出膜，分别用乙醇和蒸馏水洗涤，然后冷冻干燥处理得到ZnO/Am-BC复合材料。

ZnO纳米颗粒在Am-BC基体中的形成过程同ZnO-BC复合材料相一致，都经过了Zn²⁺吸附、水解聚合及粒子增长等过程。两者主要区别在于Am-BC模板材料除了含有羟基活性基团外，还含有胺肟基团。羟基和胺肟官能团中的O和N原子上存在孤对电子对，都可作为ZnO增长的有效活性位点，因此，Am-BC膜具有增强的模板效应，可以更好地调控纳米粒子尺寸形貌及分布。

在ZnO纳米粒子与Am-BC膜复合过程中，利用Am-BC模板材料的三维多孔纳米网状结构，使Zn²⁺有效渗入其网状结构内部，Am-BC纳米纤维表面大量的胺肟基团和羟基可作为活性位点，通过螯合及静电吸引等作用吸附及固定所渗入的Zn²⁺。Am-BC膜中由于胺肟基团的引入，使Zn²⁺与Am-BC能形成更稳定的螯合物，并能有效提高Zn²⁺的吸附量。

图4.47是水解时间为10min时，不同浓度Zn²⁺制备的ZnO/Am-BC纳米复合膜的SEM形貌。随着Zn²⁺浓度的增加，ZnO纳米粒子含量及其粒径逐渐增大。当Zn²⁺浓度为0.05wt%时，ZnO纳米颗粒的粒径约为50nm，沿Am-BC纳米纤维表面增长，证实了其模板及纳米反应器作用。而增加浓度到0.1wt%时，ZnO纳米粒子增多，其粒径也增加至100nm。继续增加浓度至1wt%后，ZnO纳米粒子开始出现了团聚，如图4.47（c）所示。与ZnO/BC膜相比，ZnO/Am-BC复合膜在Zn²⁺浓度相同时，所得的ZnO纳米粒子含量明显增加。这也证实Am-BC膜可以提供更多的有效活性位点，促进更多ZnO成核及增长，在保证ZnO纳米颗粒均匀分布的同时，显著提升其在Am-BC中的负载量，对提高复合膜光催化效率具有重要意义。

图4.47 Zn²⁺浓度对ZnO/Am-BC膜的SEM形貌的影响

（a）（b）（c）中 Zn²⁺ 浓度分别为 0.05wt%、0.1wt%、1wt%，反应时间为 10min

图4.48为不同Zn²⁺浓度制备的ZnO/Am-BC膜对甲基橙（MO）溶液的光催化降解效率。Zn²⁺为0.05wt%时，所得的ZnO/Am-BC复合膜具有最高的光催化效率，2h可使91%的MO降解脱色。0.05wt%和1wt%浓度下所得的ZnO/Am-BC膜的催化活性次之。与ZnO/BC膜相比，ZnO/Am-BC复合膜的催化效率明显提高，纳米复合膜的光催化活性受ZnO纳米颗粒负载量、颗粒尺寸及其比表面积影响。而ZnO纳米颗粒在复合膜上的负载量受Zn²⁺浓度影响较小，因此，ZnO纳米粒子尺寸及比表面积成为影响光催化效率的主要因素。当Zn²⁺浓度为0.05wt%时，ZnO纳米颗粒粒径为50nm，且分布均匀，因此具有较高的光催化效率，而增大Zn²⁺浓度，会增大ZnO纳米颗粒的粒径，使其比表面积反而下降，进而导致光催化效率下降[26]。

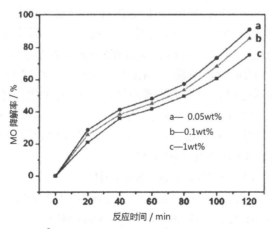

图4.48 Zn²⁺浓度对ZnO/Am-BC膜光催化降解效率的影响

通过采用偕胺化学改性方法，以胺肟基团部分取代纳米纤维表面大量的羟基基官能团，通过整合、静电吸引等作用可以有效地提高对金属离子的吸附容量，有利于后续功能纳米复合材料的原位可控制备。

4.8 ZnO/纳米棉纤维复合材料

谢勇采用静电纺丝技术制备的超细棉纳米纤维，其直径为100~200nm。通过水热法在超细棉纳米纤维上负载了排列规整、尺寸均匀的ZnO纳米棒阵列。首先，在纳米棉纤维上负载ZnO晶核，剪取2.5cm×2.5cm的棉纤维素膜，浸入到一定浓度的（10~20mM）$Zn(CH_3COO)_2$乙醇溶液中，取出纤维素膜在120℃干燥5min，重复这个步骤10~20次，保证$Zn(CH_3COO)_2$能完整负载于纤维表面。获得的纤维素膜在150~160℃退火处理3~6h，使$Zn(CH_3COO)_2$转化为ZnO、CO_2、H_2O。将退火处理后的样品，用蒸馏水和无水乙醇分别洗涤3次，除去未分解的$Zn(CH3COO)_2$和其他副产物，干燥备用。第二步，生成ZnO纳米棒阵列，将负载有ZnO晶核的纳米棉纤维浸入相同摩尔分数（25mM）的六次甲基四胺（HMTA）和$Zn(CH_3COO)_2$水溶液中，在90℃下反应1~24h。待反应釜冷却到室温后，取出纤维膜分别用蒸馏水和无水乙醇洗涤3次，于90℃干燥5min，取出放置于真空干燥箱备用，得到表面负载ZnO纳米棒的超细纳米棉纤维，由于纳米棉纤维表面存在丰富的羟基，ZnO和纳米棉纤维能稳定牢固地结合在一起。

为进一步提高ZnO/纳米棉纤维复合材料的催化性能，谢勇还采用水热合成法在ZnO/纳米棉纤维复合材料上负载了ZnS纳米颗粒，形成了ZnO/ZnS/纳米棉纤维复合材料。具体方法是将ZnO/纳米棉纤维浸入到一定浓度（0.25~0.75mM）的硫代乙酰胺（TAA）水溶液中，在120℃水热反应12h，待反应釜冷却至室温后，将所得到的纤维素膜取出用无水乙醇和去离子水分别洗涤3次，在80℃干燥12h后，取出得到ZnO/ZnS/纳米棉纤维复合材料。通过调节TAA溶液的浓度可以控制ZnS纳米颗粒的数量和壳层的厚度。首先，TAA水解产生$CH_3(NH_2)C(OH)$和SH：

$$CH_3CSNH_2 + H_2O \rightarrow CH_3(NH_2)C(OH) + SH$$

随着水热反应的进行，TAA会进一步水解从而释放H_2S：

$$CH_3(NH_2)C(OH)SH + H_2O \rightarrow CH_3(NH_2)C(OH)_2 + H_2S$$

然后，H_2S与ZnO纳米棒表面的ZnO反应，生成ZnS晶核：

$$H_2S + ZnO \rightarrow ZnS + H_2O$$

因此，在ZnO表面同时进行异相成核并产生大量ZnS晶核，随反应时间的延长，水热反应能提高ZnS的成核率，并且能促进TAA的分解反应。随着反应时间的进一步延长，ZnS晶核会慢慢长大成ZnS纳米颗粒沉积在ZnO

纳米棒表面，即生成ZnO/ZnS核/壳结构的纳米棒，并最终成功制备出 ZnO/ZnS/纳米棉纤维复合材料（如图4.49所示）。

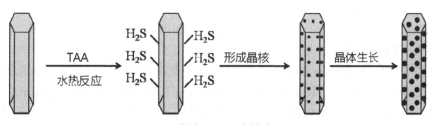

图4.49　ZnS颗粒在ZnO纳米棒表面形成机理

图4.50为ZnO/纳米棉纤维和ZnO/ZnS/纳米复合纤维在10%的甘油/水体系6h内光催化制H_2的产量。ZnO/纳米棉纤维复合材料纤维产生氢气的体积仅为8mL，而ZnO/ZnS/纳米棉纤维产H_2的体积要明显高于ZnO/纳米棉纤维，这是由于ZnO/ZnS 异质结能有效地降低光生电子—空穴的复合。随TAA浓度的增大，在ZnO表面负载的ZnS纳米颗粒逐渐增多，且致密性增大，使得复合材料的产H_2量也相应增加，当TAA浓度为0.25mM、0.5mM和0.75mM时，6h产生H_2的体积分别为17mL、30mL和68mL。ZnO/纳米棉纤维和三种ZnO/ZnS/纳米棉纤维产生氢气的效率分别为72μmol/g·h、118μmol/g·h、202μmol/g·h和445μmol/g·h。因此，ZnO/ZnS核/壳结构在光催化制H_2反应电荷分离、转移、利用等过程中扮演着非常重要的角色[26]。

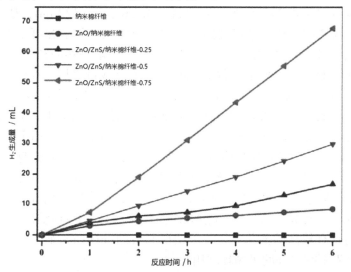

图4.50　ZnO/ZnS/纳米棉纤维的催化产氢性能

ZnO/ZnS/ 纳米棉纤维 –0.25、0.5 和 0.75 表示水热法制备 ZnO/ZnS/ 纳米棉纤维时 TAA 浓度分别为 0.25mM、0.5mM 和 0.75mM

　　张秀芳则采用循环离子吸附法在ZnO纳米棉纤维表面负载了CuS纳米颗粒，将负载ZnO/纳米棉纤维先浸入50mM的$Na_2S.9H_2O$溶液中反应5min，接着浸入25mM醋酸铜一水合物（$C_4H_6CuO_4.H_2O$）溶液中反应5min，将上述操作重复进行，得到ZnO/CuS/纳米棉纤维。如图4.51所示，图4.51（a）是单纯的棉纳米纤维扫描电镜图，棉纳米纤维呈交织状连接，纤维尺寸均匀，直径介于100~200nm之间，具有较大的比表面积，为ZnO晶核的负载提供了足够的结合位点。图4.51（b）是水热反应10h后纤维表面负载的ZnO纳米棒，ZnO纳米棒紧紧地贴附于棉纳米纤维表面，纳米棒表面光滑，直径为60~80nm，长度为600~800nm。图4.51（c）为采用循环离子吸附法在ZnO/纳米棉纤维表面均匀地负载一层CuS纳米颗粒，得到的ZnO/CuS/纳米棉纤维复合材料，由图可以看出ZnO棒外表面被致密的CuS纳米颗粒所包围，CuS纳米粒子尺寸介于5~10nm之间。

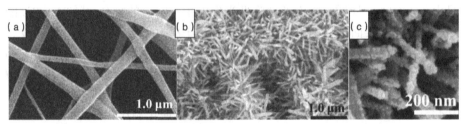

图4.51　ZnO/纳米棉纤维和ZnO/CuS/纳米棉纤维的SEM形貌

　　张秀芳选取卤钨灯作为可见光源（500W，$\lambda \geqslant 420nm$），研究了ZnO/CuS/纳米棉纤维对MB的降解效果，结果如图4.52所示。在可见光作用下，ZnO/棉纳米纤维对MB有轻微的降解能力（仅降解染料的5%），这可能是由于ZnO自身的晶体缺陷造成的。随着CuS的负载量增加，ZnO/CuS/纳米棉纤维对MB的降解能力先逐渐增加，进行4次循环吸附后得到ZnO/CuS/纳米棉纤维-2，其催化效果达到最佳，约60min溶液中的MB几乎全部降解；循环吸附6次得到ZnO/CuS/纳米棉纤维-3，其降解MB能力反而下降。这是因为若CuS量过少不能充分利用ZnO表面，若CuS量过多，其自身又会形成电子和空穴结合的中心，使催化效果降低。因此，适量的CuS可以有效地促进ZnO纳米催化剂的光催化性能。图4.52（b）是多次使用ZnO/CuS/纳米棉纤维-2催化降解MB的效果。经过九次循环使用后，其催化降解效果略有降低，但仍具有较高的催化效果，表明所制得的ZnO/CuS/纳米棉纤维复合材料在可见光下有很好的可循环利用性[27]。

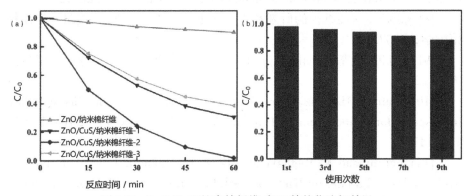

图4.52　ZnO/CuS/纳米棉纤维对MB的催化降解效果

ZnO/CuS/ 纳米棉纤维 –1，2，3 分别为循环吸附 2 次、4 次、6 次得到的产物

参考文献

[1] Wang R H, Xin J H, Tao X M, et al. ZnO Nanorods grown on cotton fabrics at low temperature. Chemical Physics Letters, 2004, 398: 250–255.

[2] Ghule K, Ghule A V, Chen B J, et al. Preparation and Characterization of ZnO Nanoparticles Coated Paper and Its Antibacterial Activity Study. Green Chemistry, 2006, 8: 1034–1041.

[3] Baruah S, Thanachayanont C, Dutta J. Growth of ZnO nanowires on nonwoven polyethylene fibers. Science and Technology of Advanced Materials, 2008, 9(2): 025009.

[4] Baruah S, Jaisai M, Imani R, et al. Photocatalytic paper using zinc oxide nanorods. Science and Technology of Advanced Materials, 2010, 11(5): 055002.

[5] Jaisai M, Baruah S, Dutta J. Paper modified with ZnO nanorods– antimicrobial studies. Beilstein Journal of Nanotechnology, 2012, 3(1): 684–691.

[6] Khanjani S, Morsali A, Joo S W. In situ formation deposited ZnO nanoparticles on silk fabrics under ultrasound irradiation. Ultrasonics Sonochemistry, 2013, 20: 734–739.

[7] Rastgoo M, Montazer M, Harifi T, et al. In–situ sonosynthesis of cobblestone–like ZnO nanoparticles on cotton/polyester fabric improving photo, bio and sonocatalytic activities along with low toxicity and enhanced mechanical

properties. Materials Science in Semiconductor Processing, 2017, 66: 92–98.

[8] 陈娜洁. 功能纸板的研制及其光催化降解性能的研究. 福州：福建师范大学，2007.

[9] 苗冉冉. 纸基光催化空气净化功能材料的增效研究. 天津：天津科技大学，2011.

[10] Khatri V, Halàsz K, Trandafilović L V, er al. ZnO–modified cellulose fiber sheets for antibody immobilization. Carbohydrate Polymers, 2014, 109(6): 139–147.

[11] Varaprasad K, Raghavendra G M, Jayaramudu T, et al. Nano zinc oxide–sodium alginate antibacterial cellulose fibres. Carbohydrate Polymers, 2016, 135: 349–355.

[12] Ghayempour S, Montazer M. Ultrasound irradiation based in–situ synthesis of star–like Tragacanth gum/zinc oxide nanoparticles on cotton fabric. Ultrasonics Sonochemistry, 2017, 34: 458–465.

[12] EI. Shafei A, Abou–Okeil A. ZnO/carboxymethyl chitosan bionano-composite to impart antibacterial and UV protection for cotton fabric. Carbohydrate Polymers, 2011, 83: 920–925.

[13] Martins N C T, Freire C S R, Neto C P. et al. Antibacterial paper based on composite coatings of nanofibrillated cellulose and ZnO. Colloids and Surfaces. A: Physicochemical and Engineering Aspects, 2013, 417: 111–119.

[14] Zhang D, Chen L, Fang D. et al. In situ generation and deposition of nano–ZnO on cotton fibric by hyperbranched polymer for its functional finishing. Textile Research Journal, 2013, 83(15): 1625–1633.

[15] Miura S, Kitaoka T. In situ synthesis of gold nanoparticles on zinc oxides preloaded into a celluslosic paper matric for catalytic applications. Bioresources, 2011, 6: 4990–5000.

[16] Koga H, Kitaoka T, Wariishi H. On–paper synthesis of Au nanocatalysts from Au(III) complex ions for low–temperature CO oxidation. Journal of Materials Chemistry, 2009, 19(29): 5244–5249.

[17] Ibănescu M, MusŞat V, Textor T, et al. Photocatalytic and antimicrobial Ag/ZnO nanocomposites for functionalization of textile fabrics. Journal of Alloys and Compounds, 2014, 610: 244–249.

[18] Koga H, Kitaoka T, Wariishi H. In situ synthesis of silver nanoparticles on zinc oxide whiskers incorporated in a paper matrix for antibacterial applications. Journal of materials chemistry. 2009, 19(15): 2135–2140.

[19] Hirotaka Koga H, Umemura Y, Kitaoka T. In Situ Synthesis of Bimetallic Hybrid Nanocatalysts on a Paper-Structured Matrix for Catalytic Applications. Catalysts, 2011, 1, 69–82.

[20] Aladpoosh R, Montazer M. Nano-photo active cellulosic fabric through in situ phytosynthesisof star-like Ag/ZnO nanocomposites: Investigation and optimizationof attributes associated with photocatalytic activity.Carbohydrate Polymers, 2016, 141: 116–125.

[21] Behzadnia A, Montazer M, Mahmoudi M. In situ photo sonosynthesis and characterize nonmetal/metal dual doped honeycomb-like ZnO nanocomposites on wool fabric. Ultrasonics Sonochemistry, 2015, 27: 200–209.

[22] Koga H, Fukahori S, Kitaoka T, et al. Paper-structured catalyst with porous fiber-network microstructure for autothermal hydrogen production. Chemical Engineering Journal, 2008, 139(2): 408–415.

[23] Fukahori S, Koga H, Kitaoka T, et al. Hydrogen production from methanol using a SiC fiber-containing impregnated with Cu/ZnO catalyst. Applied Catalysis A: General, 2006, 310: 138–144.

[24] Koga H. In situ synthesis of Cu nanocatalysts on ZnO whiskers embedded in a microstructured paper composite for autothermal hydrogen production. Chemical Communications, 2008, 43(43): 5616–5618.

[25] 胡伟立. 细菌纤维素表面修饰及功能化. 上海：东华大学，2013.

[26] 谢勇，基于天然棉纳米纤维的一维功能材料的制备及性能研究. 杭州：浙江理工大学，2014

[27] Zhang X F, Mei J, Wang S, et al. The recyclable cotton cellulose nanofibers/ZnO/CuS nanocomposites with enhanced visible light photocatalytic activity. Journal of Materials Science: Materials in Electronics, 2016: 28(6):1–7.

第 5 章
纳米贵金属催化材料

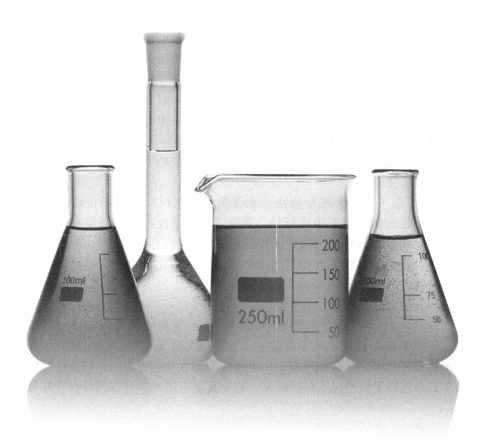

金属纳米颗粒具有较大的比表面积，较高的表面反应活性，大量的表面活性中心和较强的吸附能力，相比于单独的原子以及块体材料，金属纳米颗粒具有独特的理化性质，例如特殊的光学性能、电学性能、催化性能、热学性能和磁化性能等，在催化、等离子共振、传感、光谱学等方面具有重要的应用，贵金属纳米材料的合成和性能研究已引起了广泛关注。

在纳米尺度，具有不同形貌的纳米材料可能具有不同的性质。以Ag、Au、Pt、Pd纳米颗粒为例，其形貌与性质关系密切。研究人员已合成出具有可控形貌、粒径以及组成的贵金属纳米晶体，并对合成的各种负载型贵金属纳米催化剂进行了大量研究，实现了贵金属纳米材料的功能化。

5.1 贵金属纳米颗粒的合成方法

贵金属纳米颗粒的制备方法种类繁多，通常可分为物理法和化学法。物理法一般指自上而下（top-down）法，即通过物理方法将块体从大到小经过物理加工，使其达到纳米尺度。常用的方法有真空冷凝法、物理粉碎法、激光聚集原子沉积法、电子溅射法、机械球磨法等。物理法容易控制纳米颗粒的形貌，但需要特定的技术设备，且制备过程比较复杂。化学方法一般指自下向上（bottom-up）法，即通过化学方法在原子、分子水平控制纳米材料的生长过程，从小到大，制备纳米材料。常用的制备贵金属纳米颗粒的化学方法包括水（溶剂）热反应法、电化学沉积法、光照还原法、液相化学还原法和微乳液法等。相对而言，化学合成法因其设备简单、操作简便、成本低等受到青睐。下面主要介绍常用的几种贵金属纳米颗粒的化学合成方法。

（1）水（溶剂）热反应法。水（溶剂）热反应法是指在高温高压的水（或其他溶剂）溶液中进行的一系列物理化学反应。在高温高压的环境下，许多化合物表现出与常温下不同的性质，如溶解度增大、离子活度增加、化合物晶体结构易转型等。水热反应是利用化合物在高温高压水溶液中的特殊性质来制备纳米粉末的一种方法，该方法制得的产品纯度高、分散性好、晶型好且尺寸大小可控。

（2）电化学沉积法。电化学沉积法指在电解液的两端施加一定的电压，使电解液中的金属离子得到电子被还原为金属原子，进而聚集生长成纳米粒子。在电化学合成过程中，电解液中加入一些稳定剂，将被还原生成出来的金属纳米粒子包围保护起来，避免其发生团聚，可得到具有较好分散性的纳米晶体颗粒。

电化学沉积法可通过牺牲阳极法，将待制金属作为电极阳极，比阳极活泼的金属作为电极的阴极，在电解质溶液中，通过牺牲阳极而得到金属纳米粒子。还可以采用惰性电极为工作电极（如玻碳电极、导电玻璃等），沉积的金属盐和电解质作为电解液，在一定的条件下在电极上沉积得到纳米颗粒。电化学还原法制备的金属粒子尺寸可控且产率较高，可通过改变电流密度控制金属纳米粒子的尺寸。因电化学还原法因操作简便、快速、无污染等特点，被广泛用于制备贵金属纳米粒子。

（3）液相化学还原法。液相化学还原法通常是指在溶液（水相或其他相）中以还原剂还原金属前驱体来制备纳米颗粒的方法。这种方法通常要求加入稳定剂（如表面活性剂或高分子聚合物等），控制晶体生长速度和阻止粒子的聚集，从而控制纳米颗粒的形状和大小。

在液相化学还原法中，通常使用的还原剂有抗坏血酸、硼氢化钠、柠檬酸钠等；常用的表面活性剂有十六烷基三甲基溴化铵、十二烷基磺酸钠；常用的高分子聚合物有聚乙烯吡咯烷酮、聚乙烯醇等。液相化学还原法是一种比较简单的合成方法，可通过改变还原剂与金属前驱体盐的种类、表面活性剂的浓度、反应温度和浓度等来调控纳米颗粒的形貌和尺寸。根据其操作步骤分成一步合成法和多步合成法（即种子生长法），一步合成法因其操作简单，受到人们的广泛关注。

（4）微乳液法。微乳液是由两种互不相溶的溶剂和表面活性剂形成的体系成为乳液。晶核在小液泡中成核、团聚、生长，最终制备出纳米粒子。表面活性剂和油以及水等是组成微乳液体系常见的几个元素。微乳液法常以改变水核的大小来控制形成的纳米颗粒尺寸的大小，具有条件温和、操作简单、能耗低、粒子尺寸可控、分散性好、不宜团聚、界面性和稳定性好等优点。

（5）光照还原法。光照还原法是指在紫外可见光的照射下，溶液中的水分子被电离出自由基和电子，产生的这些具有还原性的离子将反应液中的贵金属正离子还原成为原子，继而进一步聚集在一起形成纳米级的颗粒。光照还原法的优点是不需要控制反应温度，不需要加入还原剂，重现性好，能够控制合成的颗粒大小，操作简单且容易控制。

（6）模板法。模板主要是为纳米材料生长提供的一个框架，反应离子在特定的框架中被原位还原，从而最终形成一种与该框架形貌相同的纳米材料。模板法具有形貌、孔径大小可随意调控，能够有效防止合成的纳米颗粒团聚现象的发生等优点。

常用模板法合成的贵金属纳米材料多为管状、线状和棒状的纳米晶体结构。模板法可分为硬模板和软膜板两种。介孔材料、碳纳米管、有孔薄膜等都属于硬模板。一些巧匀排列的纳米管、纳米线、纳米棒等通常都用硬模板来进行合成制备。软模板通常是指溶液中的表面活性剂分子聚集在一起后自动形成的一种依靠分子与分子间的相互作用维持其结构的有序组合体，包括生物大分子、胶束和微乳剂等。用表面活性剂分子与界面间的相互作用来控制引导被合成材料的定向生长，这些自发形成的组合体常作为材料生长的微反应器。

聚乙烯吡咯烷酮（PVP）是一种非离子型表面活性剂，可作为软模板合成贵金属纳米颗粒。PVP分子拥有特殊的羟基结构（如图5.1所示），当PVP在溶液中的浓度大于其临界浓度时，可聚集成线状胶束结构，引导一维纳米材料进行原位生长，被合成纳米材料的原子先在胶束内的空间沉积下来，慢慢地，越来越多的小纳米粒逐渐聚满整个模板内从而就形成了棒状纳米形貌结构。

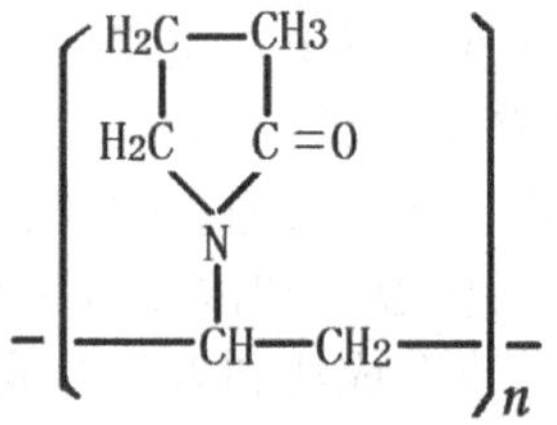

$$
\left[
\begin{array}{c}
\mathrm{H_2C} - \mathrm{CH_3} \\
\mathrm{H_2C} \quad \mathrm{C} = 0 \\
\mathrm{N} \\
- \mathrm{CH} - \mathrm{CH_2} -
\end{array}
\right]_n
$$

图5.1　聚吡咯烷酮单元结构式

目前，对纳米贵金属粒子的制备方法已经基本成熟，但如何控制稳定的纳米贵金属粒子的尺寸和晶型，改善其形貌，避免纳米贵金属粒子制备后的团聚现象，制备出尺寸均一、形状可控的贵金属粒子仍是研究的重点。

5.2 贵金属纳米颗粒负载材料

当贵金属材料的尺寸达到纳米级后，其比表面积、表面台阶、褶皱和缺陷将大大增加，可以极大地提高贵金属催化剂的催化活性和选择性，但由于贵金属纳米颗粒的尺寸较小，表面能较高，在催化过程中容易团聚，从而降低其催化效率，且纳米催化剂难以分离、回收，不能重复利用，使其使用成本增高，同时也造成了污染，这些都严重限制了其广泛应用，为了克服这些缺点，人们将这些贵金属纳米粒子均匀地固载到某种载体上，即负载型贵金属纳米催化剂。载体的存在有利于提高贵金属纳米粒子的分散性，减少贵金属的用量，降低催化剂成本，并且在一定程度上提高催化剂的稳定性，延长催化剂的使用寿命，反应后的催化剂也较易回收循环利用。

理想的载体材料应该具有大的比表面积和多孔结构、高的热稳定性、机械强度高，且价格便宜，来源广泛。常见的贵金属纳米颗粒载体可分为有机高分子载体、碳载体、金属氧化物载体、硅酸盐载体等几类。

高分子材料负载的贵金属催化剂具有合成条件温和、催化剂合成简单等优点，被作为一种潜在优良的催化剂载体而被大家所关注。高分子载体的表面功能团较为丰富，易于对其进行改性和修饰，且容易与催化剂之间形成稳定的化学键，从而使得所负载的贵金属纳米材料可以稳定地负载在有机高分子的表面。但是有机高分子材料的比表面积通常不高，热稳定性和抗氧化能力差，而且在催化介质中易发生溶胀，难以用于连续催化反应，从而限制了它们在催化剂载体领域的大规模应用。

碳材料的来源广泛，物理化学性质稳定，是一种较为理想的催化剂载体。活性炭表面具有高度发达的多孔结构和较大的比表面积，具有良好的吸附性能，而且价格低廉，是一种非常成熟的商业化载体。而新型的碳纳米材料如碳纳米管、碳纳米纤维等由于其独特的组成结构和优异的性能，在催化加氢、选择性加氧、氨分解制氧、合成氨等催化领域有着潜在的应用前景。

金属氧化物具有种类丰富、热稳定性好、催化载容量高、价格低廉等优点。如半导体材料TiO_2和ZnO都有着极其优异的光催化和电化学性能，其在光催化、抗菌材料、太阳能电池、锂电和染料降解等方面有着广泛的应用，是一种优异的氧化物载体，与贵金属Au、Ag、Pd等复合后，可有效阻止光生电子-空穴对的复合，提高催化剂的光催化性能。铁氧化物（Fe_2O_3、Fe_3O_4）也是一类常见的氧化物载体，具有磁性的铁氧化物在负载贵金属后形成的负载型催化剂，可有效地防止贵金属纳米粒子在催化过程中的团聚，从而确保催化剂的活性。

硅酸盐材料由于其原料丰富、制备方法简单、晶体结构稳定、组分易于调整、良好的热稳定性及化学稳定性以及独特的理化性质，成为贵金属催化剂的理想载体。沸石等硅酸盐材料已经成为优良的纳米颗粒载体。

利用纤维网络组成的多维空间结构，负载纳米金、纳米银和纳米铂等为代表的贵金属纳米颗粒作为催化材料，可制备纳米银催化材料、纳米金催化材料、纳米铂催化材料和其他贵金属催化材料。

5.3 纳米银催化材料

5.3.1 纳米银的抗菌性

1. 纳米银抗菌机理

银的抗菌性早已广为人知并被加以利用，与离子形式存在的Ag^+相比较，纳米银（AgNPs）因其尺寸小、比表面积大，与微生物相互接触作用的几率就会增大，抗菌效果就会更强。与传统抗菌材料相比，AgNPs的安全性高，在纳摩尔或微摩尔浓度，即对微生物表现出强烈的抗菌性，而对哺乳动物的毒性较低且少有并发症。AgNPs具有广谱抗菌性，能够有效抑制包括金黄色葡萄球菌（*S.aureus*）、大肠杆菌（*E.coli*）和绿脓假单胞菌、皮肤癣菌等真菌在内的650余种致病菌。再者，AgNPs具有持久抗菌性，能达到持久抗菌目的。

AgNPs的抗菌机理主要表现在：①AgNPs可通过静电作用吸附在细菌的细胞壁、细胞膜上，使细胞膜的通透性发生改变，细胞膜遭到破坏，细胞基质等溢出，导致细菌死亡；②AgNPs因为尺寸较小，可以进入细胞内部，与DNA或碱基发生静电作用，产生活性氧簇，破坏DNA结构，破坏DNA的复制转录，最终破坏细菌正常的繁殖功能；③AgNPs可与细菌表面及内部的蛋白上的巯基相互作用，干扰细胞的正常新陈代谢，使细胞代谢途径发生紊乱，导致细胞死亡。

2.纳米银抗菌性影响因素

AgNPs抗菌性受AgNPs的粒径、形状、保护剂、电荷、溶解度、溶液离子强度和pH值、溶解氧浓度等因素影响。

纳米尺寸越小的纳米银颗粒，其抗菌性越强。粒径为（14±6）nm的AgNPs很难进入菌体内，而粒径分布为3～39nm的AgNPs中，只有粒径处于1～10nm之间的能够吸附在细胞膜表面，如进入*E.coli*的AgNPs粒径分布在（5±2）nm，说明只有较小粒径的AgNPs才能进入细菌内部。由于AgNPs粒径减小103倍，比表面积增大109倍，表面能升高，有利于释放Ag^+和Ag0，提高抗菌活性。大粒径AgNPs的比表面积小，附着能力降低，Ag^+释放量减少，粒径为（11.2±0.9）nm的AgNPs其Ag^+释放量是粒径为（20±10）nm的14倍。因此，AgNPs的抗菌性与其较高的表面能和表面原子数相关。

晶面的稳定性和催化活性的各向异性导致AgNPs吸附到细胞壁上及释

放Ag⁺能力有区别，不同形貌AgNPs的晶面种类和比例不同，其抗菌性必然表现出显著差异，（111）面的原子密度高，AgO活性更强，（111）面更易与细菌进行结合，表现出较强的抗菌性。由于球形AgNPs(100)晶面比例较（111）晶面多，棒状的AgNPs侧面是（100）面，因此，两端是（111）面三棱柱状的AgNPs比球形和棒状AgNPs对 *E. coli* 的抗菌性更好。

　　AgNPs易发生聚合，使其粒径增大，因而在其制备过程中往往使用稳定剂，如壳聚糖、纤维素、十二烷基硫酸钠（SDS）、聚乙烯吡咯烷酮（PVP）及抗生素等。这些物质分子内含有较多的羟基和氨基，可以与AgNPs结合，阻止AgNPs发生团聚，有利于其稳定保存，对其抗菌性增强有促进作用，但稳定剂同时对AgO和Ag⁺的扩散/迁移会产生抑制作用，对AgNPs的抗菌性表现出抑制作用。由于保护剂对细菌细胞壁与AgNPs之间的链接作用不同，导致AgNPs抗菌效果各异。例如，以SDS、失水山梨醇单油酸酯聚乙烯醚（Tween-80）作为保护剂，SDS属于离子型表面活性剂，对细胞壁的穿透作用力更强，尤其是对革兰氏阴性细菌，因此，以SDS作为稳定剂，AgNPs抗菌性略有增强；而Tween-80是非离子型试剂，与细胞壁结合存在困难，以其作为稳定剂会使AgNPs的抗菌性受到抑制。壳聚糖为阳离子型保护剂，有利于促进AgNPs吸附在带负电的膜蛋白上，可有效提高AgNPs的抗菌活性。

　　微生物细胞壁的组成及其结构差异，导致AgNPs对不同微生物的抗菌性有明显差异。革兰氏阴性和革兰氏阳性细菌的细胞壁结构中肽聚糖厚度差异较大。革兰氏阴性细菌细胞壁的肽聚糖层是脂质和多糖通过共价键形成的网状结构，整体缺乏强度和硬度，因其较薄的细胞壁（约7～8nm），有利于AgNPs吸附和穿透。在正常生长环境pH值下，细胞壁脂多糖分子层因含较多羧基导致细胞外膜呈负电性。AgNPs容易吸附并锚定在细胞壁上，并与脂多糖发生化学作用。革兰氏阴性菌的肽聚糖层多数属于脂多糖，AgNPs可与脂多糖作用，使革兰氏阴性细菌细胞壁渗透率和选择性改变，因而AgNPs对革兰氏阴性菌的抑制作用较明显。革兰氏阳性细菌缺乏周质间隙和细胞壁中脂多糖含量少，线性糖链可通过肽键交联形成强度较高的细胞壁，是刚性的肽聚糖层，缺乏锚定位点，增大了AgNPs在细胞壁上的锚定难度，表现为AgNPs对革兰氏阳性菌的抑制作用更加不明显。

　　AgNPs稳定性受到电解质化学价态的影响，DLVO理论认为，一价和二价离子均会导致AgNPs随着离子强度升高而逐渐沉降，高浓度离子能压缩AgNPs双电层或中和其表面电荷，从而降低Zeta电势，减小静电斥力，促进AgNPs聚集，因此，溶液Zeta电势越高，AgNPs粒径越小则其稳定性越好，表现出越高的抗菌性。在一定范围内，Ag⁺释放量与离子强度正相关，但与过高的离子强度则无明显相关性。

溶解氧会影响AgNPs的溶解性、粒径及Ag^+的释放量，从而影响AgNPs的抗菌性，随着溶解氧浓度的增大，AgNPs的溶解性增强，其溶解过程见下式：

$$Ag_{(s)} + \frac{1}{4}O_2 + H^+_{(aq)} \Leftrightarrow Ag^+_{(aq)} + \frac{1}{2}H_2O$$

当溶解氧浓度低于0.1mg/L时，AgNPs溶解性受到明显抑制。但长时间暴露于O_2中的AgNPs，由于表面被氧化为不易溶解的Ag_2O，Ag^+的释放能力下降，导致AgNPs的抗菌性下降。

5.3.2 纳米银催化材料

利用多孔的纤维材料作为AgNPs的载体，可有效阻止AgNPs的团聚，得到负载AgNPs的纳米银纸，纳米银纸在提供无菌环境、抗菌食品包装方面得到了广泛应用。AgNPs在纤维上的负载可通过原位合成、表面施胶处理等方式完成。在负载过程中，添加部分稳定剂如纳纤化纤维素（NFC）、端氨基超支化聚合物（HBP-NH₂）、壳聚糖等，可降低AgNPs之间的团聚，使纳米颗粒的粒径分布窄，获得性能更高的纳米材料。此外，超声波和微波等技术，可在局部产生瞬间的高温高压，有效加快反应进程，成为在纳米颗粒合成和负载过程中应用越来越广泛的方法。

1. 原位合成法负载AgNPs

AgNPs可直接沉积在纤维上或在纤维上通过原位还原反应生成，Dankovich等利用$NaBH_4$将吸附于纤维上的Ag^+还原为AgNPs，在吸水纸纤维表面负载了AgNPs，该纳米银纸在水通过纸页时可使水中的细菌灭活，为在突发性水污染事件灭杀细菌提供了一种有实用意义的方法。吸水纸由漂白针叶木硫酸盐浆抄造得到，定量为250g/m²，厚度为0.5mm。将6.5×6.5cm的纸页在20mL不同浓度的$AgNO_3$溶液中浸渍30min，使Ag^+吸附在纤维表面，将纸页取出后用乙醇洗涤除去未发生吸附作用的$AgNO_3$，将纸页在$NaBH_4$溶液中浸渍反应15min，控制不同的$NaBH_4/AgNO_3$摩尔比，在水中将纸页浸渍60min，取出纸页于60℃下干燥2～3h，得到负载AgNPs的纸页。由于AgNPs的表面等离子共振效应，随AgNPs前驱体$AgNO_3$溶液浓度的增加，纸页上负载的AgNPs量增多（见表5.1）。$AgNO_3$浓度为1mM时，AgNPs的负载量为0.26±0.093mg Ag/g干纸页，当$AgNO_3$浓度为100mM时，AgNPs负载量的增加至26.5±6.3mg Ag/g干纸页，纸页颜色逐渐从白色变为黄色再变为棕色。从表5.1可以看出，随前驱体浓度的增加，AgNPs的粒径变化并不明显，平均粒径为7.1±3.7nm，但所有的经前驱体还原得到的AgNPs粒径都小于预先制备AgNPs再通过浸渍法负载于纸页上的AgNPs粒径。

表5.1　Ag⁺前驱体浓度对纸页中AgNPs负载量及其粒径的影响

Ag⁺前驱体浓度/mol	Ag含量/mg /Ag/g干纸页）	纳米银粒径/nm
1	0.26±0.093	8.4±4.8
5	1.39±0.58	5.0±2.6
10	2.21±0.68	4.9±1.9
25	5.97±1.39	7.1±3.5
100	26.5±6.3	8.9±2.9
AgNPs混合液浸渍纸页	0.06±0.045	27.5±9.3
不同浓度平均（1~100mM）		7.1±3.7

用AgNPs负载量为5.7mg Ag/g干纸页的吸水纸作为滤料，处理含有*E.coli*和*E.faecalis*的模拟含菌废水，其菌落总浓度为10^9 CFU/mL，出水中*E.coli*和*E.faecalis*的对数值分别下降7.6±1.3和3.4±0.9，显示了显著的抗菌性能，而出水中Ag⁺离子的渗出量为0.0475±0.0177ppm，低于《美国饮用水水质标准》中规定的Ag⁺浓度（<0.1ppm）[1]。

Fernández等采用棉短绒纤维和Lyocell纤维两种载体负载AgNPs，分别采用了物理还原法和NaBH₄还原法还原生成Ag⁺，比较了纤维性质和Ag⁺还原方法对AgNPs形态及其抗菌性能的影响。

物理还原法是采用加热（1~2）min+紫外光处理（高压汞灯辐射20min）+160℃加热处理3min，使Ag⁺被还原为AgNPs，化学还原法是采用NaBH₄作为还原剂，将Ag⁺还原。用棉短绒纤维作为载体，物理法还原AgNO₃溶液中的Ag⁺，由于纤维中的羟基与醚基作用，使Ag⁺通过静电作用附着在纤维上，三维多孔的纤维网络为Ag⁺的还原反应提供了反应场所，且有利于生成稳定的AgNPs。Ag⁺的浓度及其还原方式会影响AgNPs的生成及其团聚，短时间的加热+紫外辐射后得到的AgNPs均匀分散，未发生团聚，其平均粒径为4.3nm，而采用NaBH₄还原后得到的AgNPs则发生明显的团聚，其平均粒径为50~100nm。这可能由于物理还原反应较慢，更有利于更多的晶核生长，反应得到纳米颗粒数量多，粒径较小；而化学还原反应速度较快，在大部分纳米颗粒尚未形成晶核的时候，少数晶核已快速生长形成大的晶体，最终得到的纳米颗粒粒径较大。

AgNPs的载体对其抗菌性能也会产生影响，Fernández等以EFT纤维作为AgNPs的载体，EFT纤维由溶解性纤维素（Lyocell）生产，纤维直径50~500nm，比表面积更高，有更高的原纤化趋势。将用于相同方法在EFT纤维和在绒毛浆上负载的AgNPs对比可以看出，由于EFT纤维上可负载AgNPs的面积为绒毛浆的2倍，在EFT纤维表面负载的AgNPs分散更好，粒径分布更均匀，表现出的抗菌性也高于负载于绒毛浆纤维上的AgNPs[2]。

2. 超声作用合成负载AgNPs

为提高负载AgNPs的持久性，产生分布更均匀的包覆层，超声波被用于AgNPs的生成和负载过程，使用超声波可避免使用有机溶剂、化学药剂，节约能量，因此，超声波成为一种逐渐受到重视的绿色方环保技术，且通过超声作用产生的瞬时局部高温高压，在液体内部产生微湍流和微射流，使AgNPs在载体表面形成分布均匀，且能与载体形成牢固的链接。

Gottesman等人用AgNO$_3$作为前驱体，在纸页上负载了均匀的AgNPs薄层。将176mL无水乙醇、20mL乙二醇和4mL超纯水配成溶液，分别25mM、50mM、100mM的AgNO$_3$溶于该溶液中，得到三份不同浓度的AgNO$_3$溶液，将纸页（$8 \times 3.5cm^2$）分别浸入溶液中，通入氩气30min除去溶液中的氧气。在氩气保护下，溶液在超声波（20kHz、600W）辐射下作用5min，加入25%的氨水溶液（按摩尔比NH$_3$/AgNO$_3$=2∶1），将混合液继续在超声波作用下辐射25min（或55min），反应液温度在此期间升高至80℃，用超纯水和乙醇洗涤纸页，以去除未反应的NH$_3$，真空干燥24h，得到负载AgNPs的纸页。在反应过程中加入乙二醇是作为Ag$^+$的还原剂和反应保护剂，可在60~120℃阻止AgNPs团聚生成大颗粒；在反应中加入NH$_3$，利用[Ag(NH$_3$)$_2$]$^+$较大的平衡常数（约为10^7），使溶液中的Ag$^+$浓度较低，从而可以控制生成的AgNPs粒径。在控制Ag$^+$/NH$_3$摩尔比恒定的情况下，前驱体AgNO$_3$溶液浓度和超声波作用时间就成为控制AgNPs的粒径和负载量的主要参数。

图5.2是超声波作用不同时间，在纸页上负载的AgNPs的SEM形貌，当前驱体AgNO$_3$浓度保持一定（100mM），随超声作用时间的延长，AgNPs的粒径明显增大，超声作用30min、60min时，粒径分别为89±20nm、142±37nm；当加入前驱体量为25mM，则超声作用30min、60min时，得到的AgNPs粒径分别为27±7nm、41±8nm。用玻璃、织物或塑料等其他载体负载AgNPs，也会发生类似现象。

（A）未处理纸页　　　　　　（B）超声作用 30min

（C）超声作用 60min　　　　　（D）超声作用 120min

图5.2　在前驱体AgNO₃浓度不变时，超声作用时间对AgNPs粒径的影响

AgNPs包覆层的厚度可以用聚焦离子束（FIB）辅助界面分析确定，如图5.3所示，当前驱体AgNO₃为25mM 时，超声波作用30min，在纸页表面未形成连续的AgNPs负载层，最大厚度达到50nm，如图5.3（A）所示；而延长作用时间到60min，AgNPs负载层的厚度可达到87~123nm，如图5.3（B）所示；前驱体AgNO₃为100mM 时，超声作用60min，负载的AgNPs层厚度可增加到85~149nm，且不止一层AgNPs存在，如图5.3（C）所示。超声波作用60min的两种情况下，都能在纸页表面形成连续的AgNPs包覆层，且会导致纸页的导电性能改变，说明随超声作用时间的延长，能在纸页表面得到紧密堆积的AgNPs包覆层，且由于超声波产生的高速微射流对纸页的表面产生压溃作用，部分AgNPs进入了纸页内部。

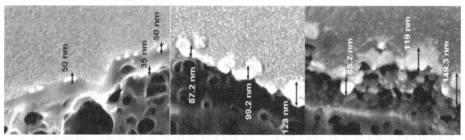

（A）25mM/30min　　　　（B）25mM/60min　　　　（C）100mM/60min

图5.3　不同前驱体浓度和超声作用时间对AgNPs厚度的影响

不同超声波作用时间和前驱体AgNO₃浓度会影响AgNPs在纸页上的负载量，见表5.2，通过超声波作用负载到纸页上的AgNPs能够稳定存留于纸页上，随超声波作用时间的延长，负载的AgNPs量逐渐增大，增加前驱体浓度，AgNPs的负载量也会增大。经过超声波的清洗作用，纸页上负载的AgNPs会发生部分剥落，负载过程中超声波作用时间延长，则有利于在纸页表面形成一层致密的AgNPs薄层，使剥落的AgNPs减少。前驱体AgNO₃浓度为100mM，超声波作用120min时，可获得最大的AgNPs负载量，且AgNPs是最稳定的，不易从纤维上脱落。

表5.2　超声作用时间和AgNO3浓度对AgNPs负载量和脱落量的影响

	纸页上负载AgNPs / wt%	脱落的AgNPs / wt%
25mM/30min	2	9.5
25mM/60min	4.5	2.2
100mM/30min	11.9	1.68
100mM/60min	23.9	0.62
100mM/120min	39.6	0.11

含有AgNPs的纸页具有抗菌性，主要是由于纸页中的AgNPs及其释放到环境中的Ag⁺，AgNPs粒径越小与微生物细胞的接触面积越大，则其抗菌性越强，而释放出的Ag⁺浓度越高，其抗菌性越强。研究不同超声作用负载AgNPs得到的两种不同纸页（25mM/30min、100mM/60min）对*E.coli*和*S.aureus*的抗菌性，两种纸页上负载的AgNPs的粒径不同，分别为27nm、142nm，纸页上负载的AgNPs的含量分别为2%和23.9%，两种纸页对*E.coli*和*S. aureus*两种细菌表现出相似的抗菌性。3h接触时间都可以使*E. coli*减少100%，使*S.aureus*分别减少99.5%和99.91%。100mM/60min条件下纸页负载的AgNPs量更多、更致密，且从纸页剥落的比例小，因此能保证持久的杀菌性[3]。因此在选择超声波负载时间和前驱体浓度时，应考虑实际情况，如果需要持久的抗菌性，应选择较长的超声波作用时间。

3. 丙烯酰胺（AM）接枝纤维负载AgNPs

微波辐射利用电磁波可使极性物质分子产生振荡，使其快速有效地吸收热量，有效提高加热效率。Samir等人通过原位还原作用将AgNPs沉积在丙烯酰胺（AM）接枝纤维上，制备了均匀负载AgNPs的纸页。在微波作用下将极性分子AM接枝到纤维上，使其更容易吸收微波辐射，从而提高了加热效率，在不使用有机溶剂和温和条件下实现了AgNPs的生成和负载。具体过程如下：

（1）AM在纸页上的负载：利用标准纸页成形方法，抄造得到纸页，经压榨干燥得到直径165mm的圆形纸页备用，为活化纸页表面的活性反应位点，将纸页在足够的蒸馏水中浸渍24h，加入一定量过硫酸钾作为引发剂，接枝单体AM，将混合物微波辐射作用30s，使过硫酸盐分解生成硫酸自由基（$SO_4^-\cdot$），硫酸自由基与纤维素反应，生成纤维素自由基（Cell–O·），再与AM发生接枝反应，生成纤维素丙烯酰胺接枝共聚物（反应机理如图5.4所示），完成接枝作用，将接枝后纸页先后用丙酮，甲醇与水的混合物（80：20）洗涤，以除去未发生接枝反应的单体和试剂，于40℃下真空干燥至恒重，得到AM接枝纸页。

（2）AgNPs在AM接枝纸页上的负载：将15mg $AgNO_3$溶于40mL水中，将接枝纸页浸入$AgNO_3$溶液中浸渍处理12h，由于AM为极性分子，且纤维大分子链中含有多羟基，纤维会发生润胀，Ag进入润胀的纤维网络中，将纸页取出浸入柠檬酸三钠溶液中反应12h，将Ag^+还原为AgNPs，由于Ag^+是陷在纤维三维空间网络中，可阻止Ag纳米颗粒团聚，取出纸页干燥，完成AgNPs的负载。还原反应按下式进行：

$$Ag^+ + C_6H_5O_7Na_3 + 2H_2O \rightarrow 4Ag + C_6H_5O_7H_3 + 3Na^+ + H^+ + O_2$$

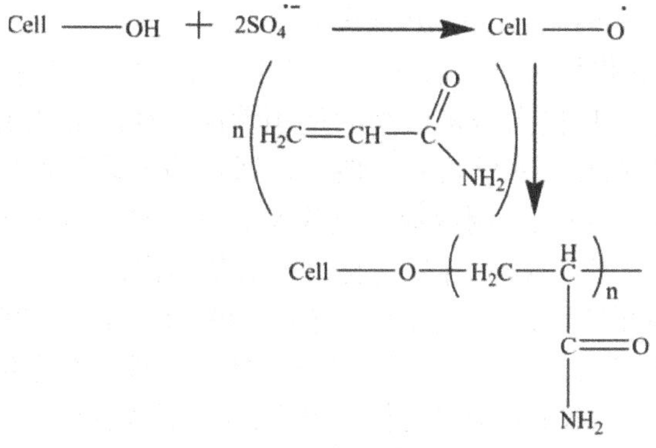

图5.4 AM与纤维的接枝反应机理

柠檬酸三钠作为还原剂加入溶液中，包覆在AgNPs上的柠檬酸根与接枝在纤维上的酰胺基团之间会发生氢键链接，可将AgNPs稳定地固定在交联的丙烯酰胺高聚物中，能有效阻止AgNPs发生团聚，将接枝纸页浸入溶液后，无色溶液中的纸页由白色逐渐变为褐黄色，证明AgNPs沉积在纸页上。经过AM接枝和负载AgNPs的纸页形貌如图5.5所示。未经处理的纸页[图5.5（a）]可以看到均匀表面光滑的纤维网络，图5.5（b）和图5.5（c）都显示出经过接枝AM及经过AgNPs沉积后得到的纸页表面不均匀，且接枝后纸页表面很粗糙。

负载AgNPs后的纸页具有抗菌性，对真菌*C.albicans*、革兰氏阳性菌*S.aureus*和革兰氏阴性菌*P.aeruginosa*都能形成抑菌圈，形成的抑菌圈直径分别为16mm、13mm和14mm。而未负载AgNPs的纸页，无论是否进行了AM接枝都没有形成抑菌圈[4]。

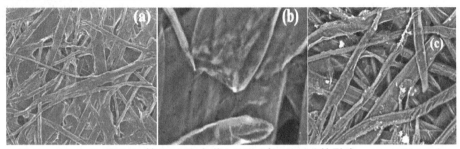

图5.5　接枝AM和负载AgNPs对纸页形貌的影响

通过微波作用在温和的室温条件下即可发生AM接枝作用，使丙烯酰胺接枝到纤维上，通过静电作用将Ag⁺固定在纤维网络中，通过柠檬酸根与酰胺基团间的作用可进一步阻止AgNPs的团聚作用，在整个接枝反应、Ag⁺还原和沉积过程不需要有机溶剂和高温条件，为AgNPs在纤维上的负载提供了一条简单易行的途径。

4. 纳纤化纤维素（NFC）/AgNPs复合材料

AgNPs的自身团聚作用及其与载体间较弱的结合力会影响纳米银复合材料的使用性能。为进一步提高纳米银纸的使用性能，Martins等用聚合电解质对纳纤化纤维素（NFC）进行表面改性后，通过静电装配作用形成NFC/Ag复合材料，将其与淀粉混合制成淀粉基涂料，通过施胶压榨对纸页进行表面涂布，首次制备了负载NFC/Ag复合材料的纸基催化材料。

首先通过静电装配作用，用阳离子电解质（PDADMAC）和阴离子聚合电解质聚对苯乙烯磺酸钠（PSS）对NFC进行改性，两种聚合电解质（PE）浓度均为0.1%（w/v），取5.8gNFC配制成浓度2%的悬浮液，在悬浮液中先后加入70mL的PDADMAC溶液、PSS溶液、PDADMAC溶液，每次添加聚合电解质后混合20min，得到改性的NFC悬浮液。NFC表面带负电荷，当pH=6时，其2%悬浮液的Zeta电位为−16.3mV，浓度为5×10^{-3}%的胶体Ag的Zeta电位为−18mV，为使AgNPs沉积在NFC上，需要对NFC进行表面改性，因此加入PDADMAC对其表面进行改性使其带正电荷，再加入PSS和PDADMAC进行多次改性后，可提高电荷在NFC上分布的均一性，从而提高AgNPs在NFC上的负载量。经聚合电解质改性后，用0.22μm的微孔过滤器过滤分离出改性NFC，用去离子水清洗2遍，去除多余的聚合电解质，将改性NFC与70mL胶体Ag溶液（浓度为5×10^{-3}%w/w）混合20min，用0.22μm微孔过滤器过滤分离得到NFC/AgNPs复合材料，经过多次AgNPs颗粒的沉积处理，在NFC/AgNPs复合材料上负载的AgNPs量会增加。

涂布所用原纸为100%蓝桉漂白硫酸盐浆抄造得到的纸页，定量为76.4g/m²，平均厚度为100μm，采用AKD施胶，所用填料为沉淀CaCO₃，成纸后未经任何表面处理。NFC/AgNPs纳米复合材料加入淀粉溶液中，得到总固含量为6%的涂布液，其中NFC/AgNPs复合材料占11%或29%，用施胶压榨机以20m/min的速度进行表面涂布，每次涂布后于100℃下干燥120s，对原纸进行1~2次涂布。所有涂布后的纸样在23℃、相对湿度50%的条件下平衡3d，得到负载NFC/AgNPs的纸页。研究纸页的抗菌性发现，即使AgNPs在纸页中的含量仅为4.5×10^{-4}（% w/w）时，与革兰氏阳性菌（*S. aureus*）接触24h，仍可使其对数值降低2。

原纸经含NFC/AgNPs/Starch的涂料涂布处理2次后，由于负载AgNPs后纸页呈黄色，纸页白度下降明显，由95.21%下降为56.25%；透气度也有明显下降，由11.49nm/Pa·S下降为8.18nm/Pa·S，而纸页的耐破度和撕裂指数变化并不明显。所以通过负载NFC/AgNPs复合材料，使纸页在强度未发生明显变化的情况下，在Ag含量很低时获得了一定的抗菌性能[5]。

5. 羧丙基甲基纤维素/AgNPs复合材料

羟丙基甲基纤维素（Hydroxy Propyl Methyl Cellulose，HPMC），亦简称作羟丙甲纤维素，是天然纤维素经过碱化处理、醚化改性、中和反应以及洗涤干燥等工艺得到的具有水溶性的纤维素衍生物。其分子式如图5.6所示。天然纤维素大分子之间存在很强的氢键作用，因而在水中溶解困难。经过醚化后在纤维素大分子中引入了醚基团，破坏了纤维素分子之间的氢键，使其在水中的溶解性明显提高。HPMC溶液具有优良的成膜性能，形成的薄膜无色无味、坚韧、透明度好，HPMC作为一种绿色环保可降解的材料，可以作为包装薄膜在包装领域得到了广泛应用。

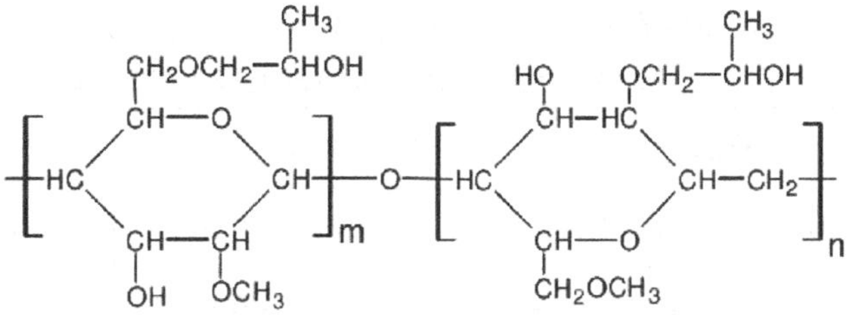

图5.6 HPMC分子式

Moura等利用HPMC良好的成膜性能，用其负载不同粒径的AgNPs，制成活性食品包装纸。

（1）AgNPs的制备：将79mM的AgNO$_3$溶于蒸馏水得到20mL溶液，45mM聚乙烯醇加入该AgNO$_3$溶液中，搅拌5min，快速加入10mL NaBH$_4$，由于生成AgNPs，溶液会立刻变为黄色。将溶液存储在棕色瓶中，可稳定存在2月，控制搅拌速度分别为500rpm、1000rpm，得到平均粒径为41nm、100nm两种AgNPs。

（2）负载AgNPs的HPMC薄膜制备：将3g HPMC加入100ml AgNPs溶液中，在磁力搅拌下反应12h，溶液密封保存4h，阻止形成微气泡，将上述溶液倒入一块30×30cm的丙烯酸模板中成膜，得到湿膜厚度为0.5mm，室温下在平板上干燥25h得到负载AgNPs的HPMC膜。

当AgNPs加入HPMC薄膜中，AgNP在薄膜基体中发生部分置换，使得成膜的抗拉强度增大，见表5.3，当分别添加100nm、41nm的AgNPs，HPMC膜的抗拉强度由28.3±1.0MPa分别增大为38.5±2.0MPa、51.0±0.9MPa，粒径更小的AgNPs在HPMC膜中的分散更好，膜强度的增加量更大。加入AgNPs后，HPMC膜的弹性模量增大，但增加并不明显；加入AgNPs后，膜的延伸率减小，添加粒径为100nm的AgNPs对膜延伸率影响更明显。

表5.3　AgNPs的粒径对HPMC膜强度的影响

样品	抗拉强度/MPa	弹性模量/MPa	延伸率/%
HPMC膜	28.3±1.0	900±15	8.1±0.7
添加41nmAgNPs的HPMC膜	38.5±2.0	989±22	7.9±0.2
添加100nmAgNPs的HPMC膜	51.0±0.9	1020±10	4.8±0.1

添加AgNPs后可使HPMC膜具有一定的抗菌性，见表5.4，负载粒径小的AgNPs其抗菌性更强，且对革兰氏阳性菌（S.aureus）形成的抑菌圈大于对革兰氏阴性菌（E. coli）形成的抑菌圈。HPMC/AgNPs膜充分利用了HPMC良好的成膜性能，添加AgNPs后可增加HPMC膜的强度并获得良好的抗菌性，为食物的包装和保存提供了一种极有发展潜力的方法[6]。

表5.4　AgNPs粒径对HPMC膜所形成抑菌圈的影响

样品	E.coli / cm	S.aureus / cm
添加41nmAgNPs的HPMC膜	2.75±0.20	3.11±0.20
添加100nmAgNPs的HPMC膜	1.05±0.10	1.35±0.30

6. 甲壳素纳米晶/AgNPs复合材料

甲壳素是由N-乙酰-2-胺基-2-脱氧-D-葡萄糖以β-1,4糖苷键形式连接而成的胺基多聚糖，天然甲壳素具有较高结晶度，已经发现存在α、 β、γ三种形式甲壳素，其中具α-甲壳素主要存在于节肢动物的角质层和蘑菇的细胞壁，由两条反向平行链组成，并且具有强烈的分子间氢键，是最主要和最稳定的存在形式。甲壳素具有来源广、可降解、生物相容、无毒和低抗原性等性质，但由于其不溶于水和大多数有机溶剂，以沉淀形式存在，限制了其应用。而纳米尺寸的甲壳素能够均匀分散在水中，分散液易处理和成型，因此可以通过适当的化学或物理处理由甲壳素制备纳米甲壳素（CNC），CNC包括甲壳素纳米晶须和甲壳素纳米纤维。甲壳素纳米晶须通常具有的尖点棒状或杆状形态和小尺寸（宽为5~80nm，长为50~800nm），甲壳素纳米纤维具有长且相互缠结的网状形态和大尺寸（宽10~100nm，长为几μm），甲壳素纳米晶须的结晶度比甲壳素纳米纤维高，长宽小于甲壳素纳米纤维。纳米甲壳素具有甲壳素的性质，还具有高长宽比、高表面积、低密度等性质。

壳寡糖（Chitooligosaccharides，COS）是从虾蟹类生物外壳的甲壳素中提取，由2~10个氨基葡萄糖通过β-1,4-糖苷键连接而成的低分子量壳聚糖。作为自然界中唯一带正电荷、呈碱性、水溶性的多糖，壳寡糖具有相对分子量小和可溶性高等优点，壳寡糖分子中含有大量的羟基和氨基，可以依靠氨键或盐键形成具有类似网状结构的笼形分子，极易和金属离子发生配位反应生成壳寡糖金属配合物，可作为金属离子的分散剂。

为阻止原位合成的AgNPs发生团聚，得到粒径更小的AgNPs，Li等人用甲壳素纳米晶（CNC）负载AgNPs，用壳寡糖作为AgNPs的还原剂，得到未发生团聚的AgNPs，并通过表面涂布将AgNPs负载于纸页上。

首先，以虾壳作为原料，经50%NaOH溶液处理除去蛋白质等杂质后，得到了甲壳素粗制品，将甲壳素粗制品在酸性条件下用超声波处理，使其无定形区被分解，得到CNC。将2g甲壳素粗制品溶于60mL浓度1%的醋酸溶液中，再加入0.04mL浓度为13%的H_2O_2，混合物于85℃搅拌反应1h，生成COS，经丙酮沉淀，透析、-50℃冷冻干燥得到Mw=2000的COS，其醛基含量为0.3mmol/g。第二步，制备CNC/AgNPs复合材料：将CNC通过超声作用溶于超纯水中，加入新制备的$[Ag(NH_3)_2]OH$，通过微波加热升高至50℃并保持温度不变，逐滴加入COS溶液，用800W微波辐射10min，保持温度50℃，经透析冷冻干燥得到CNC/AgNPs复合材料。微波作用可提高Ag^+被还原的反应速率和反应的选择性，反应按下式进行：

$$AgNO_3 + 3NH_3 \cdot H_2O \rightarrow [Ag(NH_3)_2]OH + NH_4NO_3 + 2H_2O$$

$$R-C_5H_9O_2N-CHO + 2[Ag(NH_3)_2]OH \xrightarrow{微波}$$
$$R-C_5H_9O_2COONH_4 + 2Ag + 3NH_3 + H_2O$$

CNC中含有大量的羟基和胺基，在反应过程中，与Ag$^+$发生作用使Ag$^+$首先负载到CNC表面，然后Ag$^+$被COS原位还原并负载到CNC表面，反应过程中AgNPs不会发生团聚，得到AgNPs的粒径为5~12nm；而如果不加入CNC，得到的AgNPs存在明显团聚，粒径为20~40nm。因此通过CNC作为AgNPs的载体，可有效避免AgNPs的团聚，生成粒径更小的AgNPs。

第三步，通过表面涂布方式将CNC/AgNPs颗粒负载于滤纸表面，于105℃干燥30min，得到的纸页形貌如图5.7所示。图5.7（a）为未进行涂布处理的纸页，纸页表面能看到清晰的纤维网络，图5.7（b）显示在纸页表面负载的AgNPs发生了明显的团聚作用，在AgNPs生成过程中如果添加CNC作为AgNPs的载体，则AgNPs在涂层中能获得很好的分散，如图5.7（c）所示。由于AgNPs和CNC都具有高的比表面积和高的表面能，其与纤维能形成牢固链接。

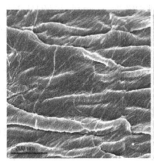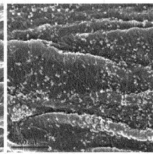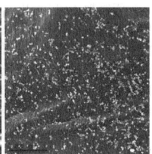

（a）未进行涂布处理的纸页　　　（b）负载 AgNPs 的纸页　　　（c）负载 CNC/AgNPs 纸页

图5.7　CNC/AgNPs表面涂布得到的纸页SEM形貌

含银量为13~14mg/100cm^{2}纸页，分别负载AgNPs和CNC/AgNPs纸页的抗菌性见表5.5，即使纸页含银量相近的条件下，负载CNC/AgNPs纸页的抗菌性明显高于未采用CNC作为AgNPs载体和分散剂的情况，说明分散均匀的AgNPs表现出更高的抗菌性。甲壳素作为自然界中储量丰富的天然高分子化合物，经过改性后可作为纳米颗粒的分散剂，得到分散良好的小粒径纳米颗粒[7]。

表5.5　负载CNC/AgNPs的纸页的抗菌性

接触时间	纸页种类	*S. aureus*	*E.coli*
20min	负载AgNPs	55%	63%
	负载CNC/AgNPs	80%	85%
1h	负载AgNPs	96%	95%
	负载CNC/AgNPs	99%	99%

7. 羧甲基壳聚糖季铵盐/有机膨润土/AgNPs

羧甲基壳聚糖季铵盐（QCMC）是在壳聚糖分子链上同时引入羧甲基和季铵盐两种基团，得到含阴阳离子的两性壳聚糖衍生物，改善其水溶性。在分子结构中的羟基、胺基和季铵基都可以作为纳米金属颗粒的还原剂和稳定剂。而膨润土（MMT）由于其特殊的二维层间结构，已被广泛用作合成纳米颗粒的纳米反应器。

基于QCMC和MMT都是材料来源广泛天然材料，可作为纳米材料优良的分散剂，Ling等将两者结合起来，用作AgNPs的负载材料，制备了具有良好分散性能和抗菌性能的载银羧甲基壳聚糖季铵盐/有机膨润土颗粒（QAOM），用其作为AgNPs合成过程中的还原剂和稳定剂，没有再添加其他化学药剂，并通过湿部添加和表面涂布两种方式将QAOM负载于纸页上得到了具有优良抗菌性的纸页。具体制备过程如下：

（1）QCMC的制备：在微波作用下将羧甲基和季铵基接枝到壳聚糖分子链上得到QCMC。将壳聚糖与氯乙酸在800W微波辐射下于70℃作用25min，使羧甲基接枝到壳聚糖分子链上，对壳聚糖进行羧甲基化改性，通过2,3-环氧丙基三甲基氯化铵在800W微波辐射下于75℃作用70min进行接枝反应，将得到的混合物用丙酮沉淀，洗涤至中性，用整理水透析后冷冻干燥（−50℃）得到QCMC。羧甲基和季铵盐的取代度分别为 0.69 ± 0.02 和 0.78 ± 0.03。

（2）有机膨润土（OMMT）的制备：通过有机改性提高膨润土与有机物的相容性，将4.0gMMT分散到蒸馏水中，磁力搅拌24h，将得到的混合物置于微波辐射下，逐滴加入由1.5g Gemini表面活性剂的异丙醇溶液，在微波辐射下反应1h后，用50%异丙醇溶液（v/v）洗涤至没有 Cl^- 存在，−50℃冷冻干燥得到OMMT。

（3）QAOM纳米颗粒的制备：将NaOH溶液加入新配置的1mmol/L的 $AgNO_3$ 溶液溶液中，生成黑色的 Ag_2O 沉淀，立刻在沉淀中滴入氨水直至沉淀溶解生成 $[Ag(NH_3)_2]OH$，将其用0.45mm滤膜过滤后，加入QCMC溶液，并置于800W微波辐射下搅拌，保持温度85℃，缓慢滴加1%的OMMT悬浊液，控制QCMC：OMMT：Ag^+ 三者的比例为100mg：50mg：0.1mmol和100mg：50mg：0.5mmol两种比例，反应70min后，透析至中性，−50℃冷冻干燥得到QAOM-1、QAOM-2纳米颗粒。两种纳米颗粒的TEM显示，AgNPs均匀分散在QCMC和OMMT中，其中QAOM-2的含银量高于QAOM-1，QAOM-1保持有效的层间结构，AgNPs位于MMT的层间；而在QAOM-2中，层间结构被剥离，剥落的MMT层与AgNPs均匀分布在QCMC网络中。

（4）纸页的制备：通过湿部添加的方式或通过在纸页表面涂布两种方

式得到负载QAOM纸页。

在表面涂布得到的纸页中，所有的QAOM颗粒都进入纸页，而湿部添加的QAOM颗粒则由于留着率的关系，有部分QAOM颗粒发生流失。随QAOM加入量的增大，纸页的抗张指数、撕裂指数和耐破指数都随之增大，同样用量时，QAOM-2的增强效果要高于QAOM-1，且表面涂布得到的纸页的强度要高于通过湿部添加负载QAOM的纸页。

获得的纸页对细菌和真菌等不同的微生物都表现出抗菌性，含银量高的QAOM-2的抗菌性更强，且经表面涂布得到的纸页的抗菌性更强，当QAOM的用量仅为0.01%时，对各种微生物即表现出强的抗菌性，可满足日常生活中对抗菌性的要求。因此通过OMMT和QCMC的负载作用，QAOM可获得良好的抗菌性，其中OMMT具有较大的比表面积，能有效地吸附和固定细菌，而季铵盐本身就具有一定的抗菌性能，可改变细胞膜的渗透性，破坏细胞膜的新陈代谢能力；与AgNPs复合后协同发挥抗菌作用，在QAOM较低用量时即可拥有良好的抗菌性[8]。

5.4 纳米铂催化材料

Pt具有很高的化学稳定性，在贵金属催化剂中，由于贵金属Pt具有独特的电子结构，化学稳定性好，表现出较高的催化活性，Pt是用量最大、应用范围最为广泛的催化剂。所以，以Pt为活性组分制备的单金属、双金属或者合金可用于众多催化反应中，Pt纳米催化剂拥有良好的氧化和还原性能，已在催化领域得到广泛的研究和应用。

Ishihara等以硅胶体为胶粘剂将Pt/Al_2O_3粉末负载在改性陶瓷纤维上，制成了负载Pt/Al_2O_3的纸基催化材料。在1.0%的陶瓷纤维混合液中加入Pt/Al_2O_3粉末，在混合液中先后加入阳离子助留剂PDADMAC、氧化铝溶胶、阴离子助留剂APAM混合均匀，三者用量均为0.5%，加入部分纸浆纤维，按标准纸页成形方法抄造得到纸页，经压榨、干燥和500℃灼烧除去纸页中的有机物得到具有一定孔隙率的纸状催化材料。采用PDADMAC+APAM二元助留体系，Pt/Al_2O_3粉末的留着率可达到90%，Pt/Al_2O_3粉末的粒径为20~40mm，在陶瓷纤维上均匀分散，部分Pt/Al_2O_3粉末在助留剂的作用下发生絮凝生成大的絮体，如图5.8所示，在图中较亮的部分即Pt/Al_2O_3粉末形成的絮体。在纸页加入纸浆纤维有助于提高纸页匀度，经灼烧除去有机物后，可提高纸页的孔隙率，因此可通过改变加入纸料中纸浆纤维的量来调整纸页的孔隙率，纸页中的孔隙孔径为微米级，孔隙率可达70%。

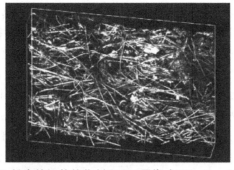

图5.8 负载Pt/Al$_2$O$_3$粉末的纸状催化剂CLSM图像（640mm×640mm×100mm）

比较该催化纸与Pt/Al$_2$O$_3$+陶瓷纤维混合物、Pt/Al$_2$O$_3$粉末的催化作用得到图5.9。低温下，负载Pt/Al$_2$O$_3$粉末纸状催化材料的催化效果略低于Pt/Al$_2$O$_3$粉末，这可能是由于在纸页成形过程中加入了二元助留剂，部分Pt/Al$_2$O$_3$粉末絮聚成大的絮体，减少了Pt/Al$_2$O$_3$与反应物的有效接触面积；反应温度升高，纸状催化材料的作用下，NO$_x$的转化率迅速升高，温度达到600℃，NO$_x$停留20min，其NO$_x$的转化率可达到100%，催化效果优于其他两种催化剂，这是由于纸状催化材料具有特殊的多孔纸页结构，纸页的微孔结构有利于反应气体扩散到催化剂表面的活性位点，多孔结构同时有利于反应过程中物质的转移；物质转移速率的提高，有利于提高反应过程中的传热速率，从而缩短反应器内外温差达到平衡所需的时间，能提高催化剂的耐久性和热响应速度，提高催化剂的催化效率；另外，高的物质转移速率也有利于NO的尽快转移，防止由于催化剂表面吸附NO而导致的催化剂活性下降。Pt/Al$_2$O$_3$粉末催化剂与无机纤维的简单混合物由于不具有纸页的多孔结构，不能达到与纸状催化材料同样的催化效果[9]。

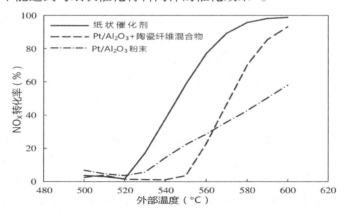

图5.9 负载Pt/Al$_2$O$_3$粉末的纸状催化剂对NO$_x$转化效率的影响

　　热响应性高的催化剂有利于尽快升高其内部温度，提高催化速率，Ishihara等将PtNPs负载到陶瓷纤维上，陶瓷纤维的导热系数低，不利于热量的快速传递，因此，Koga等选择了导热系数高的碳纤维作为PtNPs的载体，通过原位合成法在碳纤维表面负载了Pt纳米粒子（PtNPs），通过抄纸过程制备出纳米Pt催化材料。PtNPs在碳纤维上的负载过程如下：室温下，将5g碳纤维浸入14.3mL浓度为35%硝酸溶液中，搅拌2h使碳纤维活化，在纤维上引入O元素的反应位点，过滤，用蒸馏水充分洗涤活化碳纤维，于105℃干燥24h，将经活化处理的碳纤维浸入H_2PtCl_6溶液中，混合物于室温下搅拌12h，在150℃下将溶液蒸干，将得到的碳纤维放入不锈钢筒中，控制温度为55℃，通入流速为125cm^3/min的H_2和N_2混合气体（H_2：N_2=1：4（v/v））还原处理2h，得到负载PtNPs的碳纤维。利用湿部添加的方式将负载PtNPs的碳纤维首先负载于陶瓷纤维上，再加入氧化铝溶胶作为无机胶黏剂，PDADMAC和APAM作为助留剂，用量为0.5%，按负载PtNPs的碳纤维：无机纤维：氧化铝溶胶：纸浆纤维的比例为2.75：2.25：0.5：1.0，抄造得到纸页，压榨干燥，灼烧去除纸浆纤维，得到负载PtNPs的无机纤维催化材料。

　　经过酸处理的碳纤维上负载的PtNPs颗粒分布均匀，粒径小于10nm，而未经酸处理的碳纤维表面的PtNPs团聚更明显，经过H_2还原后，酸活化处理的碳纤维由于具有更多的O的活化位点，有利于发生[$PtCl_6$]$^{2-}$吸附作用，使其Pt在碳纤维表面分散更好，得到的PtNPs粒径更小，经过酸处理和未经酸处理碳纤维上Pt的负载量分别为5.4mg/g和3.8mg/g。添加的氧化铝溶胶于500℃灼烧30min使其熔化，作为碳纤维间的粘结点，能有效提高碳纤维间的结合强度，形成具有一定强度和弹性，一种类似纸板的催化剂。负载PtNPs的纸状结构催化剂的荧光共聚焦显微镜图像如图5.10所示，碳纤维和陶瓷纤维彼此缠绕在一起，形成了独特的具有多微孔结构的纤维网络，孔径为20~50μm，孔隙率约为80%，负载在碳纤维上的Pt以Pt0的形式存在，部分Pt会形成熔接点，在该纸状催化材料中，碳纤维具有优良的导热系数（515W/m·K），通过纸页成形过程，碳纤维均匀分布在整个纸页中，与董青石制作的工业化蜂窝状整体催化剂相比（导热系数为3.0W/m·K），具有良好的热响应性。

　　对比将该催化材料与其他催化剂用于NO$_x$催化反应生成N_2的效率，得到图5.11。负载PtNPs的纸状催化剂的催化性能明显优于工业Pt/Al_2O_3粉末、董青石制作的蜂窝状工业催化剂。当温度升高到350℃，在负载PtNPs的纸状催化材料的催化作用下，NO$_x$可被还原为N_2，温度升高到420℃，NO$_x$的转化率可达到80%。而粉末状的催化剂Pt/Al_2O_3与碳纤维或陶瓷纤维混合后在

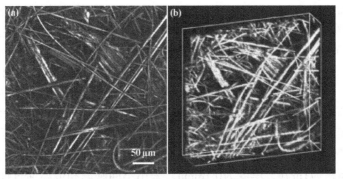

图5.10　负载PtNPs的纸状催化材料的荧光共聚焦显微镜2D和3D图像

温度低于450℃时的催化作用很差，与陶瓷纤维混合的Pt/Al$_2$O$_3$的催化作用最差，堇青石制作的蜂窝状工业催化剂的催化效果要高于两种粉末状催化剂，但比纸状催化材料的催化效果差。纸状催化材料的高催化活性主要是由于纸页的多孔结构，有利于物质的转移；碳纤维高的导热系数，热量传递速率高，因此具有较高热响应性，当外部温度一定时，可获得较高的内部温度，提高NO$_x$转化效率。在外部温度为440℃时纸状催化材料的催化作用下NO$_x$可完全转化，堇青石制作的蜂窝状工业催化剂达到NO$_x$完全转化需要的温度为500℃，比纸状催化材料的完全转化温度高60℃。纸状催化材料具有高NO$_x$转化率、低反应响应温度的特点，主要由于其具有纸状多孔微结构，碳纤维具有良好的导热性能[10]。

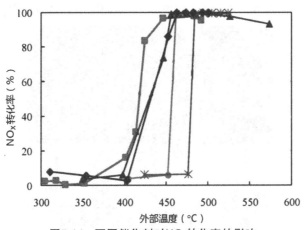

图5.11　不同催化剂对NO$_x$转化率的影响

■—负载 PtNPs 的纸状催化剂；▲—工业 Pt/Al$_2$O$_3$ 负载于碳纤维；●—工业 Pt/Al$_2$O$_3$ 粉末与碳纤维混合；◆—堇青石制作的工业化蜂窝状催化剂；×—工业 Pt/Al$_2$O$_3$ 粉末与陶瓷纤维混合

　　由于碳纳米纤维（CNF）具有纤维状的形态和高的热传导率，可减少分子在催化剂内部扩散的阻力，可通过改进反应条件得到具有合适的微孔结构和表面特征的CNF，其比表面积大，因此CNF逐渐替代活性炭材料作为PtNPs的载体，碳纸（CP）是由CNF制得的纸状材料，同样可用作PtNPs的载体。根据外部热源的性质可调整CNF和CP的组成，CNF和CP两者都具有良好的导热性能，因此将CNF/CP复合材料用作PtNPs载体，可使PtNPs获得良好的分散，提高了有机氢化物的催化转化效果。Li通过化学气相沉积法制备了三种碳纳米纤维/碳纸复合物作为PtNPs的载体，通过浸渍处理使其负载了PtNPs，用于萘烷脱氢制备H_2。用直径为10mm的CNF制备CP，CP的比表面积为$1m^2/g$，厚度为0.18mm，采用不同碳源和金属通过催化化学气相沉积法得到三种CNF/CP复合材料（CNFs/CP-Fe/CO、CNFs/CP-Ni/C_2H_4、CNFs/CP-Ni/C_2H_6），将其浸入H2PtCl6乙醇溶液中，经老化、干燥，在H_2/Ar混合气体中还原得到催化剂Pt/CNFs/CP。研究表明Pt/CNFs/CP-Fe/CO可产生最大量的H_2，CNF复合材料的性质对催化剂的催化性能影响很大，在CP纤维表面均匀包覆一层CNF，且其相互交联形成网络结构，在CNFs/CP-Fe/CO中，CNFs与CP成为异质的两部分，如图5.12所示。形成的CNFs直径较为均匀，约为45nm，厚度为0.37mm，PtNPs在CNFs/CP-Fe/CO上均匀分布，粒径为1.4nm，得到负载到三种不同的CNFs/CP复合材料上最小的PtNPs，因此Pt/CNFs/CP-Fe/CO具有最高催化性能。Pt/CNFs/CP-Fe/CO的催化性能受到CNFs产率、比表面积、PtNPs粒径、表面温度等因素的影响。不同的复合材料有不同的CNF形态、微孔结构和表面化学，从而决定了其与催化活性位点的关系、负载催化剂的宏观物理性质和热性能[11]。

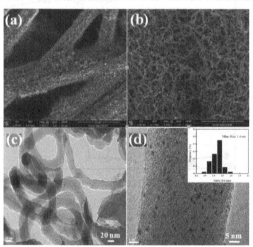

图5.12 Pt/CNFs/CP-Fe/CO的微观形貌

（a-b）：CNFs/CP-Fe/CO 的 SEM 形貌； （c-d）：Pt/CNFs/CP-Fe/CO 的 TEM 形貌

5.5 纳米金纸

金的化学性质不活泼，只能溶解于王水、高氯酸等腐蚀性极强的物质中，因此，长久以来，金被认为是惰性最高的贵金属元素，缺乏被用作催化剂的潜力。金的熔点（1063℃）比较低，表面流动性高，非负载型催化剂即金原子簇或金溶胶在使用或者存放过程中容易长大团聚而失活。

纳米金颗粒（AuNPs）对紫外和可见光有较好的吸收作用，在其表面能产生等离子体共振效应，使纳米粒子迅速升温，超过能垒促进反应发生，AuNPs可在温和条件下活化反应分子，从而促使反应发生并提高反应物转化率和产物选择性，成为新型催化剂的研究热点。

将AuNPs与ZnO半导体材料复合，可拓展ZnO的光谱响应范围，提高ZnO的催化活性，在ZnO纸基催化材料部分已经介绍，在此不再赘述。

将AuNPs与其他金属（如Pt、Pd）组成双金属催化体系，通过调控双金属纳米催化剂的组成和结构，不仅可进一步提高其催化作用效果，还可以提高催化剂的稳定性，显著提高催化剂的性能。Khosravi等通过将AuNPs涂覆在碳纸上制备了Au/CP基片，通过Cu的欠电位沉积及氧化还原置换技术制备了具有更高活性和耐毒性的Pt/Au/CP催化剂。采用海诺威液体亮金作为金源，将该金胶体溶液按1∶1比例用甲苯稀释作为AuNPs来源，将CPs浸入后逐渐加热到450℃，在CNFs表面形成一层Au膜，将负载Au的CP浸入0.5M H_2SO_4中，控制电势为−0.3~1.5V，进行反复处理，直到得到稳定的循环伏安图，在这个过程中负载Au的CP得到净化和活化。Cu的欠电位沉积在含有0.05M $CuSO_4$的0.1M H_2SO_4溶液中进行，得到Cu/Au/CP，将其浸入含有1mM H_2PtCl_6的0.05M H_2SO_4溶液中10min，通过氧化还原反应使Cu置换得到PtNPs，重复进行置换反应3次，得到PtNPs/Au/CP催化剂，Pt沉积层厚度相当于Pt的单分子层。其对甲醇氧化反应的催化活性和对CO的耐受力要高于商品化催化剂PtNPs/C/CP，由于Pt和Au之间的协同作用，PtNPs/Au/CP对CO的耐受力大于商品催化剂PtNPs/C。随PtNPs沉积量的增加，PtNPs/Au/CP催化剂对CO的耐受力下降，在PtNPs附近暴露的Au原子对CO有较高的耐受力，主要是由于PtNPs/Au/CP表现出更高的起始电位和更低的氧还原过电位[12]。

为避免在AuNPs制备过程中的化学反应造成的不良环境影响，Zhuang等人将碳纤维纸酸蚀后，首次用绿色环保的桉树树叶抽提物1,6-己二胺（HDA）对碳纤维进行改性，采用原位合成方式在碳纤维纸（CP）上负载了Pd-Au合金纳米粒子催化析氢反应。

CP用H_2SO_4和HNO_3混合酸（体积比为3：1）酸蚀处理，在碳纳米纤维表面引入带负电的羧基，将其洗涤至中性，在1mM 质子化的1,6-己二胺溶液中浸渍反应4h，使HDA在CNF表面发生单分子层吸附，再浸入含有0.25mM K_2PdCl_4和0.75mM $HAuCl_4$的溶液中反应4h，前驱体 $PdCl_4^{2-}$和$AuCl_4^-$通过自装配方式负载于CNF表面，将其浸入桉树叶提取物于60℃时还原处理8h，形成Pd-Au纳米粒子，负载量为0.46~0.54mg/cm^2，负载过程如图5.13所示。

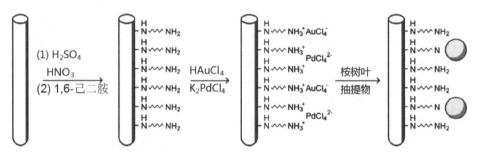

图5.13　Pd-Au纳米粒子在CNF上的负载过程示意图

由CNF组成厚度为8mm的三维空间网络[如图5.14图（a）所示]，CNF具有良好的导电性能，有快速转移电子的能力；图5.14（b）显示球形Pd-Au纳米颗粒均匀分布在CNF表面，粒径为180nm，经EDS和ICP-MS确定Au：Pd的比例分别为77：23和73：27，两者之间的比例主要取决于前驱体之间的比例。通过调节两种前驱体的比例和HDA负载量可以改进Pd-Au/CP催化剂的氢还原性能，且该催化剂耐久性高，可为电化学催化剂的合成提供一条高效、环保的路线[13]。

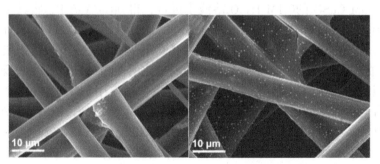

（a）未处理的 CNF　　　　　　（b）负载 Pd-Au 的 CNF

图5.14　负载Pd-Au纳米颗粒的CNF的SEM图像

5.6 纳米钯催化材料

在酸性条件下，纳米钯催化剂（PdNPs）在氧还原反应中显示出与PtNPs相似的催化活性，Rego等将PdNPs通过化学沉积先负载于多孔碳纤维纸上。首先，将碳纤维纸浸入0.1%的聚乙二醇辛基苯基醚溶液中处理24h，在去离子水中浸渍处理2h，分别用$SnCl_2$溶液（$SnCl_2$浓度为1.0g/L的0.2M HCl溶液）的和$PdCl_2$溶液（$PdCl_2$浓度为0.1g/L的0.2M HCl）进行活化处理，在CNF上形成PdNPs晶核，室温下将碳纸一面刚刚浸没在Pd前驱体溶液（含有27mM N_2H_4、28mM Pd^{2+}、0.1M EDTA、600M NH_4OH）中，使纸页的另一面保持在前驱体溶液上方。经过不同的沉积时间，Pd的负载量不同，沉积反应10min、60min，其沉积量分别为0.32mg/cm^{2}和 1.77mg/cm^2，沉积时间不同，可获得不同粒径的PdNPs，随沉积时间的延长，PdNPs粒径增大。如图5.15 所示，球形PdNPs均匀分散在CNF上，其粒径为100～200nm，这些球形颗粒是由16～20nm的小颗粒团聚而成，前驱体Pd盐的浓度、还原剂、表面活性剂对形成的PdNPs粒径大小都会产生影响。将不同粒径的PdNPs/CP催化材料与商品Pt/CP催化剂相比，发现PdNPs/CP催化材料具有更高的氧还原催化活性[14]。

在催化剂PdNPs/CP的制备过程中采用化学沉积法可避免烧结过程，沉积过程受电解质扩散过程控制，与其他沉积方法相比，化学沉积法更为简单，且易于大规模化，对大规模生产低价电极具有较大吸引力。

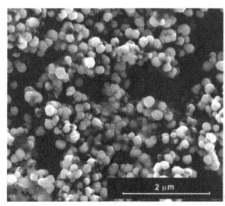

（a）沉积 10min　　　　　　（b）沉积 60min

图5.15　负载在CNF上PdNPs的SEM

　　与传统金属催化剂相比，纳米贵金属（如AuNPs、AgNPs、PtNPs、PdNPs等），具有更高的催化活性和产物选择性，且可有效控制反应速率，促进反应在温和条件下进行。纳米贵金属催化剂在催化加氢、氧化、氢解、偶联等有机反应中都显示出优越性。在传统的选择氧化还原反应体系难以满足人们对绿色化学要求的情况下，研究可替代的、绿色的催化选择氧化还原反应体系，已成为当前有机合成领域最重要的研究课题之一。

参考文献

[1] Dankovich T A, Gray D G. Bactericidal paper impregnated with silver nanoparticles for point-of-use water treatment. Environmental Science and Technology, 2011, 45(5): 1992–1998.

[2] Fern á ndez A, Soriano E, L ó pez–Carballo G, et al. Preservation of aseptic conditions in absorbent pads by using silver nanotechnology. Food Research International, 2009, 42:1105–1112.

[3] Gottesman R, Shukla S, Perkas N, et al. Sonochemical coating of paper by microbiocida silver nanoparticles. Langmuir, 2011, 27(2): 720–726.

[4] Samir Kamel. Rapid synthesis of antimicrobial paper under microwave irradiation. Carbohydrate Polymer, 2012, 90: 1538–1542.

[5] Martins N C T, Freire C S R, Pinto R J B, et al. Electrostatic assembly of Ag nanoparticles onto nanofibrillated cellulose for antibacterial paper products. Cellulose, 2012, 19:1425–1436.

[6] Moura M R, Mattoso L H C, Zucolotto V. Development of cellulose–based bactericidal nanocomposites containing silver nanoparticles and their use as active food packaging. Journal of Food Engineering, 2012, 109: 520–524.

[7] Li Z H, Zhang M, Cheng D, et al. Preparation of silver nano–particles immobilized onto chitin nano–crystals and their application to cellulose paper for imparting antimicrobial activity. Carbohydrate Polymers, 2016, 151: 834–840.

[8] Ling Y Z. Luo Y Q, Luo J W, et al. Novel antibacterial paper based on quaternized carboxymethyl chitosan/organic montmorillonite/Ag NP nanocomposites. Industrial Crops and Products, 2013, 51: 470–479.

[9] Ishihara H, Koga H, Kitaoka T, et al. Paper-structured catalyst for catalytic NOx removal from combustion exhaust gas . Chemical Engineering

Science, 2010, 65: 208–213.

[10] Koga H, Umemura Y, Ishihara H, et al. Paper–structured fiber composites impregnated with platinum nanoparticles synthesized on a carbon fiber matrix for catalytic reduction of nitrogen oxides. Applied Catalysis B: Environmental, 2009, 90: 699–704.

[11] Li X, Tuo Y X, Jiang H, et al. Engineering Pt/carbon–nanofibers/ carbon–paper composite towards highly efficient catalyst for hydrogen evolution from liquid organic hydride. International Journal of Hydrogen Energy, 2015, 40(36): 12217–12226.

[12] Khosravi M, Amini M K. Carbon paper supported Pt/Au catalysts prepared via Cu underpotential deposition–redox replacement and investigation of their electrocatalytic activity for methanol oxidation and oxygen reduction reactions. International Journal of Hydrogen Energy, 2010, 35(19): 105277–10538.

[13] Zhuang Z C, Wang F F, Naidu R, et al. Biosynthesis of Pd–Au alloys on carbon fiber paper: Towards an eco–friendly solution for catalysts fabrication. Journal of Power Sources, 2015, 291: 132–137

[14] Rego R, Oliveira C, Velázquez A, et al. A new route to prepare carbon paper–supported Pd catalyst for oxygen reduction reaction. Electrochemistry Communications, 2010, 12: 745–748.

第6章
其他纸基催化材料

6.1 Bi₂O₃ 纸基催化材料

氧化铋（Bi₂O₃）作为一种禁带宽度可调（Eg=2.34~3.40eV）的半导体材料，低于传统光催化剂TiO₂的带隙，且具有环境友好特性，被广泛应用于制备光催化剂、光学薄膜、光伏电池、化学传感器等领域，其主要晶型包括单斜α–Bi₂O₃、四角β–Bi₂O₃、体心立方γ–Bi₂O₃和面心立方δ–Bi₂O₃四种，β–Bi₂O₃和γ–Bi₂O₃比 α–Bi₂O₃的比表面积更大，光催化活性更高。

Aggrawal等人采用水热合成法在纤维上负载了30~100nm的Bi₂O₃纳米粒子，采用纸页标准成形方法得到了负载Bi₂O₃的纸页。首先，将Bi(NO₃)₃·5H₂O溶液与纤维悬浮液混合后用超声波处理45min，在搅拌状态下逐滴加入NaOH溶液，室温下继续搅拌15min混合均匀后，将得到的悬浮液转移至有聚四氟乙烯衬里的100mL不锈钢反应釜中，于120℃下反应14h，将混合液自然冷却至室温，通过过滤分离得到纤维，用蒸馏水和乙醇洗涤数次，得到负载Bi₂O₃的纤维。采用标准纸页成形方法将负载Bi₂O₃的纤维抄造成纸，得到负载Bi₂O₃的纸基材料。

所得纸页的SEM形貌如图6.1所示，未负载Bi₂O₃的纤维表面是光滑的，如图6.1（a）所示，Bi₂O₃纳米颗粒的粒径为30~100nm，均匀分布在纤维表面，如图6.1（b）所示，在Bi₂O₃的水热生成Bi₂O₃晶体过程中若没有纤维载体存在，会生成直径为400~800nm、长度为20mm的Bi₂O₃纳米棒，如图6.1（c）所示，这是由于在碱性溶液中，发生水解作用的Bi³⁺可与纤维表面的羟基之间形成氢键结合，有利于在纤维表面生成大量Bi₂O₃晶核，从而形成更多的Bi₂O₃晶粒，避免形成较大的Bi₂O₃纳米棒，而若不存在纤维载体，在新形成的Bi₂O₃晶核周围的Bi³⁺较多，更容易形成大的晶体。Bi₂O₃与纤维表面的羟基形成氢键结合的作用机理与ZnO与纤维表面形成氢键结合的机理相同。

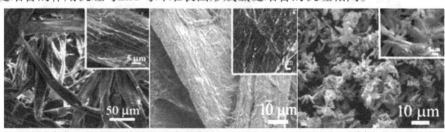

（a）未负载 Bi₂O₃的纸页　　（b）负载 Bi₂O₃的纸页　　（c）在Bi₂O₃水热合成过程中不添加纤维

图6.1　负载Bi₂O₃的纸页的SEM形貌图

负载Bi_2O_3的纸页在可见光作用下对*E. coli*有抑制作用，其表现出的抗菌性见表6.1，在可见光分别照射3h、6h和9h，未负载Bi_2O_3的纸页可表现出19.7%、38%和37.3%的抗菌性，负载3%Bi_2O_3的纸页表现出38.2%、79.4%和97.4%的抗菌性，负载5%Bi_2O_3的纸页在可见光下照射3h、6h时，使*E. coli*分别减少66.8%和99.5%，照射9h，可达到100%的抑菌率。在黑暗中，负载Bi_2O_3的纸页未表现出明显的抗菌性，其抗菌机理与TiO_2的抗菌机理相同，是由于光催化反应过程中生成强氧化性的·OH等活性物质，氧化细胞膜的不饱和磷酸酯导致细菌死亡。

表6.1　可见光照射下，负载Bi_2O_3的纸页对*E.coli*的抗菌性

样品	一定光照时间下的菌落数		
	3h	6h	9h
未负载Bi_2O_3的材料	348×10^5	264×10^5	270×10^5
负载3%Bi_2O_3的材料	266×10^5	89×10^5	11×10^5
负载5%Bi_2O_3的材料	143×10^5	2×10^5	不生长

在该纸页中，Bi_2O_3与纤维间形成稳定的氢键链接，因此该纸页表现出极好的稳定性，在温和条件下放置6个月，纸页不会发生变化，说明通过氢键作用负载到纤维上的Bi_2O_3纳米颗粒在光催化过程中未对纤维形成降解作用[1]。

6.2 ZnS 催化材料

ZnS是一种II~VI族半导体材料，常温为白色粉末状固体。在自然界中存在两种晶体结构，即六方相纤锌矿α-ZnS（高温变体）和立方相闪锌矿β-ZnS（低温变体），其能带隙分别为3.72eV和3.77eV，这两种晶体结构中原子的配位方式相同，即Zn^{2+}与S^{2-}配位形成ZnS_4配位四面体，只是由于配位四面的堆积方式不同而形成不同的晶体结构。

ZnS的价带一般由S的3p轨道构成，比O的2p轨道的能级更负一些，因此金属硫化物相对于氧化物来说有较小的带隙能，能被可见光所激发，在光合成与污染物处理过程表现出的高效光催化性能也引起了越来越多的关注。另外，ZnS合适的价带导带位置使得其在光催化氧化和光分解水制氢等领域有着潜在的应用前景。随着纳米技术研究的兴起，ZnS半导体纳米材料的合成与应用引起了科学家的关注。

当ZnS纳米颗粒的粒径小于10nm，其分散性不佳，极易团聚，不利于实际应用，因此，可将纳米颗粒状的ZnS组装成一维或多维的复合物，来拓宽ZnS纳米晶体的应用范围。纤维原料由于其良好的生物相容性和特殊的三维层次结构，成为一种理想的制备功能型复合材料的基底。卞喻采用普通定量滤纸作为基底，由于滤纸纤维具有化学惰性，利用表面活性剂聚乙烯亚胺（PEI）对其进行化学修饰，使纤维表面被活化，同时PEI还可以对ZnS进行表面改性，通过纳米颗粒表面的静电斥力和聚合物分子链间的空间位阻效应，使ZnS纳米颗粒具有良好分散性、高效量子产率和较高稳定性，因此，可通过加入PEI调节反应过程中生成的ZnS纳米颗粒的粒径，通过一步水热反应使生成的ZnS纳米颗粒组装在纸张纤维的表面，利用PEI和纤维素之间的氢键，ZnS纳米颗粒可以牢固地负载在纤维上，并通过ZnS与石墨烯复合，掺杂Cu、Mn等方式得到一系列具有优异光催化性能的纸基复合材料。

6.2.1 ZnS纸基复合材料

卞喻用一步水热反应将ZnS纳米颗粒组装在纸张纤维的表面，具体过程如下：称取一定量的$Zn(NO_3)_2 \cdot 6H_2O$溶于30mL超纯水中，得到0.075mol的$Zn(NO_3)_2$溶液，室温下保持搅拌。将一定质量$Na_2S \cdot 9H_2O$溶于30mL超纯水得到0.07mol Na_2S溶液，并以逐滴滴加的方式加入到保持搅拌状态的$Zn(NO_3)_2$溶液中，随着溶液的滴加，澄清溶液逐渐变成乳白色，室温下继续搅拌30min。再向混合溶液中逐滴加入PEI溶液，保持搅拌10min，混合均匀形成稳定的悬浮液。将悬浮液倒入不锈钢高压釜中的四氟乙烯罐子里，并在其中加入一张定量滤纸。装好高压釜，将其放置于180℃的高温条件下反应10h。反应完成后自然冷却至室温，将滤纸用纯水和无水乙醇分别漂洗数次，自然风干，得到负载ZnS纳米颗粒的纸基复合材料（ZnS/C）。ZnS/C纸基复合材料的X衍射图在14.93°、16.6°和22.83°处出现了三个衍射特征峰，分别对应纤维素（100）、（010）和（110）晶格面，说明ZnS/C纸基复合材料具有典型的纤维素结晶结构，纸页中纤维在水热反应的高温高压条件下保留了非常完整的结构。经Debye-Scherrer公式可得到负载的ZnS纳米颗粒粒径约为4.05nm。

经SEM可以观察到纸张中纤维的三维层次网络结构，未负载ZnS的单根纤维表面较平坦。未负载在滤纸上的ZnS纳米颗粒都呈现近似球形结构，粒度分布较均匀，但由于粒径太小，ZnS颗粒间团聚现象严重，ZnS/C纸基复合材料中仍然保持了纸页中纤维的三维层次结构，说明纸张在一步水热法的高温高压条件下保持了较完整的结构，单根纤维也没有受到损伤，还具有比较平滑的表面。而ZnS/C 纸基复合材料的纤维表面均匀地分布着星星点点的ZnS纳米颗粒，相比较纯ZnS 粉末，负载在纤维上的ZnS纳米颗粒的粒度更小，呈现单分散性，分布更加均匀，没有发生团聚现象，这可能是因为在纸基复合材料的制备过程中加入了PEI，由于PEI与纤维素之间存在氢键作用，使PEI能够均匀地包覆在纤维素纤维表面，在纸张纤维表面引入更多的化学吸附位点，将更多的Zn^{2+}吸附在纤维表面，进行后续原位成核生长，从而保证在单位面积的纸基复合材料上可负载更多数量的纳米颗粒，还能在成核生长过程中促进其分散，使负载于纸张纤维表面的纳米颗粒具有更小的粒径，因此，当存在PEI时，ZnS更容易发生均匀沉淀反应。Zn^{2+}能与PEI形成络合物 Zn^{2+}-PEI，因此，S^{2-}要与 Zn^{2+}结合生成ZnS就必须与PEI竞争。反应过程如下：

$$Zn^{2+} + PEI \rightarrow Zn^{2+}\text{-}PEI$$
$$Zn^{2+}\text{-}PEI + S^{2-} \rightarrow ZnS + PEI$$

这个过程有效地减缓了Zn^{2+}的释放速率，控制了Zn^{2+}和S^{2-}之间的激烈反应，防止由于反应速度过快引起的ZnS纳米粒子团聚，从而获得了粒径较小且分散均匀的ZnS纳米晶体。

ZnS粉末和ZnS/C纸基复合材料的紫外—可见吸收光谱图如图6.2所示，ZnS/C纸基复合材料在波长200～340nm范围具有较强的吸收带，其带间跃迁吸收峰出现在306 nm左右，相比较块状ZnS材料340nm处的紫外吸收峰发生了34nm的蓝移，相比同一水热反应制备过程中生成而未在纤维上负载的ZnS粉末，其320nm的紫外吸收峰发生了14nm的蓝移，这主要是由于PEI的加入和纸

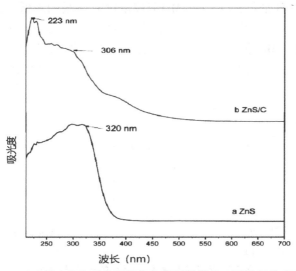

图6.2 ZnS粉末和ZnS/C纸基复合材料的紫外—可见吸收光谱图

张的三维网状结构使水热反应中生成的ZnS纳米颗粒均匀分散在滤纸纤维表面，防止其发生团聚，因此，制得的ZnS纳米晶体具有更小的微粒尺寸，产生了量子尺寸效应，导致紫外吸收峰发生了蓝移。而ZnS/C纸基复合材料在223nm左右出现的紫外吸收峰证实在ZnS纳米晶体表面可能存在硫空位缺陷。

ZnS/C纸基复合材料和空白滤纸在紫外灯照射下的光催化效果如图6.3所示。在紫外灯的照射下，随着反应时间的延长，在ZnS/C和空白滤纸两种体系中，甲基橙（MO）溶液浓度都有不同程度的降低。由于滤纸对MO具有一定的吸附能力，且MO本身在光照下有小部分被光分解，使空白滤纸体系MO溶液浓度有小幅度降低。而ZnS/C纸基复合材料体系中的MO溶液在30min内浓度急速降低，当反应时间为0.5h时，对MO的降解率已高达78%，ZnS/C复合材料光催化降解效率的优势十分显著，这主要是因为纸张基底是具有层次的三维网状结构，可以在单位面积的纸页上负载更多数量的ZnS纳米颗粒，且这种三维结构在纳米颗粒成核生长过程中有利于其分散，使负载于纸张纤维表面的ZnS具有更小的粒径，提高了ZnS/C纸基复合材料的比表面积。光催化反应主要发生在催化剂的表面，因此ZnS/C具有更大的比表面积，可以提供更多的反应位点来吸附MO分子，进行光催化反应。此外，比表面积的增大还可以促进光生电子空穴对转移到表面，提高光生电子向表面的迁移速率，是一种抑制光生电子空穴对复合的有效手段，从而提高了光催化反应速率。当反应时间为3.5h时，ZnS/C纸基复合材料对MO的光降解率可高达97%。

如图6.3（b）所示，在遮光条件下，加入了空白滤纸的MO溶液浓度几乎没有降低，而加入了ZnS/C的MO溶液浓度有略微的降低，此时这是由于PEI的加入产生了吸附作用。在无紫外光源的条件下，ZnS/C纸基材料不具备光催化活性，MO浓度的降低是由于ZnS/C材料的吸附作用[2]。

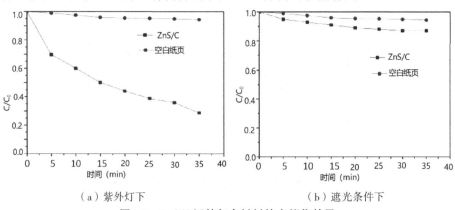

（a）紫外灯下　　　　　　　　（b）遮光条件下

图6.3　ZnS/C纸基复合材料的光催化效果

6.2.2 ZnS/石墨烯/纤维素（ZnS/G/C）纸基复合材料

石墨烯（Graphene）具有较高的载流子迁移率和优异的导电性，与ZnS之间能形成很强的共轭作用，有效地防止ZnS纳米颗粒中的光生电子与空穴的快速自行复合。将ZnS纳米晶体负载于石墨烯表面，不仅可以通过石墨烯的二维平面结构有效地防止ZnS纳米颗粒的团聚，还能利用石墨烯的高速电子传输能力使ZnS纳米颗粒中的电子和空穴有效分离，提高电子迁移率，从而增强ZnS纳米颗粒的光催化活性。

卞喻等采用一步水热法制备了ZnS/石墨烯/纤维素的三维纳米纸基复合材料。首先利用改进的 Hummer法，对化学纯的鳞片石墨进行氧化处理，冷冻干燥制得氧化石墨（GO）；将一定的氧化石墨加入30mL去离子水中，常温下超声处理30min，使其在水中均匀分散得到均一的氧化石墨烯悬浮液。再向氧化石墨烯的悬浮液中逐滴加入PEI溶液，超声处理10min，混合均匀形成棕色的稳定悬浮液。按ZnS/C制备过程中的反应步骤，可得到乳白色的ZnS前驱体混合液，将该混合液与氧化石墨烯悬浮液混合，室温下搅拌反应30min，形成灰褐色的混合液。将该混合液倒入不锈钢高压釜中的四氟乙烯罐里，并在其中加入一张定量滤纸。装置好高压釜，置于180℃高温下反应10h，用超纯水和无水乙醇反复漂洗纸页数次，自然风干得到负载硫化锌/石墨烯纸基复合材料（ZnS/G/C）。通过热重分析可以得到负载的ZnS和石墨烯的质量百分比大约为2.75%。ZnS/G/C纸基材料的SEM形貌如图6.4所示。由图6.4（a）可以看出，表面包覆了石墨烯片层的纤维具有平滑的表面，纸基复合材料纤维上的石墨烯薄层片状结构完整但并不十分平整，其边缘部分和中间部分都有较明显的自发卷曲形成褶皱状的趋势，增大了石墨烯的比表面积，在催化降解有机染料的过程中能提供更多的活性位点，从而有利于提高其光催化活性。ZnS/G/C纸基复合材料中，ZnS纳米颗粒均匀地随机分散于石墨烯片层表面，粒子尺寸为5～8nm，有极少量粒径较大的团聚体存在。

在反应体系中加入的PEI使GO的表面带有大量的负电性基团，能有效吸附溶液中的Zn^{2+}，使制备的ZnS均匀密集地分布在石墨烯表面。当ZnS在石墨烯表面原位生长时，PEI可通过长的疏水链有效地吸附在ZnS纳米颗粒表面，控制其晶核的生长且能有效防止粒子团聚。

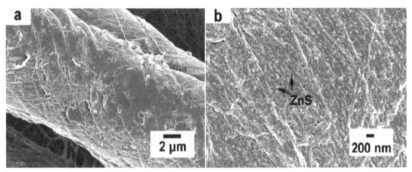

图6.4　ZnS/G/C纸基复合材料的SEM形貌

图6.5是ZnS/G/C和ZnS/C纸基复合材料在紫外灯照射下的光催化效果，如图6.5（a）所示，在紫外光条件下，两种纸基复合材料体系中的MO溶液浓度随着反应时间的延长而下降，引入石墨烯形成的ZnS/G/C纸基复合材料的光催化活性更高。反应时间0.5h时，ZnS/C和ZnS/G/C对MO的光催化降解率分别达到78%和93%，加入石墨烯后，由于石墨烯优异的电子传导性，能有效分离电子—空穴对，抑制光生载流子的重组，有效提高了石墨烯片层上的ZnS光催化活性。另外，石墨烯与ZnS间存在强烈的协同效应，可使其对紫外可见光的吸收强度明显增加，因此，ZnS/G/C比ZnS/C具有更高的催化活性。在遮光条件下[如图6.5（b）所示]，ZnS不具备光催化活性，经0.5h接触，MO溶液浓度在ZnS/C和ZnS/G/C体系中分别下降12%和16%，MO浓度的降低是由于产生了吸附作用，石墨烯具有较大的比表面积和优异的吸附性能，短时间内表面上能吸附了大量的MO，使溶液明显脱色，且石墨烯对甲基橙的吸附作用不仅仅是简单的物理吸附，而是通过MO和石墨烯芳香区之间的π–π堆叠产生的非共价吸附。

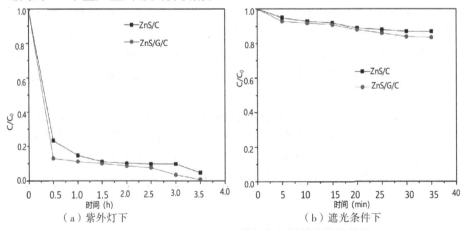

（a）紫外灯下　　　　　　　　　（b）遮光条件下

图6.5　ZnS/G/C和ZnS/C纸基复合材料的光催化效果

ZnS/G/C纸基复合材料对MO溶液的光催化降解过程原理可推测如下：MO分子通过π–π共轭面一面定位相抵被吸附于石墨烯表面上，直到达到吸附—解吸平衡。紫外光照射下，ZnS在紫外光的照射下激发出电子，光生电子可以自由地移动到石墨烯的表面，与此同时，光生空穴被留在ZnS的价带中。随后，空穴（h⁺）最终被催化剂表面的表面羟基官能团（或者H_2O）所包围，产生活性分子（OH·）。溶解氧分子与石墨烯表面的电子（e⁻）反应生成过氧化物活性负离子（·O_2^-），质子作用产生过氧基（HO_2·）活性分子，生成羟基活性分子，将MO分解成 CO_2、H_2O 和其他的矿化物质。因此，石墨烯从吸附能力和光反应能力两个方面相互协作，共同提高了 ZnS 纳米颗粒的光催化活性[3]。

6.2.3 锰铜掺杂ZnS/G/C纸基复合材料

ZnS纳米颗粒通过适当掺杂金属离子（如Mn、Cu），可以对光催化剂表面光生电子和空穴的复合产生影响，增大紫外吸收波长，明显地提高其光催化活性。卜喻在ZnS/G/C纸基材料制备过程中，在ZnS前驱体混合液中滴加一定量的Cu(NO₃)₂或Mn(NO₃)₂溶液，形成灰褐色掺杂Cu（或Mn）的混合液，按ZnS/G/C纸基复合材料的制备过程得到锰铜掺杂ZnS/G/C纸基复合材料（ZnS:Mn/G/C和ZnS:Cu/G/C）。经SEM形貌观察可知，ZnS:Mn和ZnS:Cu呈星星点点的颗粒状，形状规整，粒径均一，很好地分散点缀在纸基复合材料中的纤维表面的石墨烯片层上，没有团聚现象，且纳米颗粒粒径小于10nm。

图6.6是 ZnS/G/C、ZnS:Mn/G/C 和 ZnS:Cu/G/C 纸基复合材料的紫外可见吸收光谱图，这三种纸基复合材料的紫外可见吸收光谱图十分相似，在300~430nm的波段范围内都有一个很宽的强吸收峰，在200~230nm之间都存在一个较窄的紫外吸收峰，这说明锰和铜离子的掺杂并没有改变ZnS基底的晶体结构（能带结构和带隙大小）。而ZnS/G/C、ZnS:Mn/G/C 和ZnS:Cu/G/C纸基复合材料在200~230nm 之间存在的紫外吸收峰证实了无论是否掺杂金属离子，ZnS中硫元素都会造成一定的空位缺陷，使其在紫外光区域具有光活性，有利于光催化的紫外光响应。由图6.6可见，ZnS:Mn/G/C 在该波长范围内的紫外吸收峰发生了细微的蓝移且峰强度较弱，而ZnS/G/C和 ZnS:Cu/G/C 纸基复合材料的紫外吸收峰位置和强度基本一致。ZnS:Mn/G/C纸基复合材料的最强吸收峰在290nm，说明纸基复合材料中的的ZnS:Mn纳米颗粒的禁带宽度约为4.27eV，相比ZnS/G/C纸基复合材料位于296nm的吸收峰，掺杂了Mn²⁺的ZnS纳米颗粒的吸收带边发生了大约6nm的蓝移，这是因为

ZnS:Mn纳米颗粒粒径更小，分散性更好，表现出了更好的量子尺寸效应，使紫外吸收带边蓝移。而ZnS:Cu/G/C纸基复合材料的最强吸收带边大约在266nm，对应计算得到的ZnS:Cu纳米颗粒的禁带宽度为4.66eV，ZnS:Cu/G/C纸基复合材料的紫外吸收峰与ZnS/G/C和ZnS:Mn/G/C纸基复合材料的吸收峰相比都发生了蓝移，说明掺杂了Cu^{2+}的ZnS比ZnS和ZnS:Mn拥有更小的颗粒尺寸，其量子限域效应也更加明显，Cu掺杂ZnS纳米颗粒的带隙增大，带隙能相应增大。

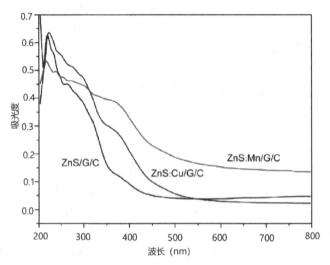

图6.6　ZnS/G/C、ZnS:Mn/G/C 和 ZnS:Cu/G/C纸基复合材料的紫外可见吸收光谱

　　ZnS:Mn/G/C、ZnS:Cu/G/C和ZnS/G/C三种纸基复合材料在紫外灯照射下和白光条件下的光催化效果如图6.7所示。在紫外光照射下[如图6.7（a）所示]，随反应时间的延长，MO溶液浓度都有大幅度的降低，当反应时间为0.5h时，ZnS/G/C、ZnS:Mn/G/C和ZnS:Cu/G/C对甲基橙的降解率分别达到了76.8%、85.5%和88%，铜离子掺杂的ZnS/G/C的光催化效率最高，这是由于ZnS:Cu/G/C在紫外光波段具有更强的紫外吸收能力，光催化活性提高。与ZnS/G/C纸基催化材料相比，掺杂锰离子的ZnS:Mn/G/C的光催化效率有所下降，这可能是由于半导体粒子表面的空间电荷厚度增加，吸收入射光子量受到影响，光催化活性降低；还可能与电子的离域效应有关，随着反应的进行，大量自由电子积聚在Mn^{2+}周围，加速了ZnS:Mn/G/C中空穴与电子的淬灭，使其催化效率降低。

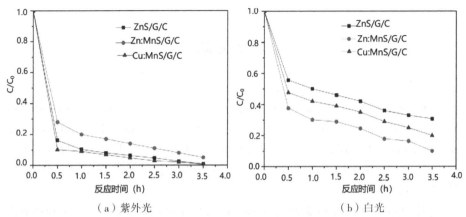

（a）紫外光　　　　　　　　　（b）白光

图6.7　ZnS:Mn/G/C、ZnS:Cu/G/C和ZnS/G/C三种纸基复合材料的光催化效果

图6.7（b）是ZnS:Mn/G/C、ZnS:Cu/G/C和ZnS/G/C三种纸基复合材料在白光照射下的光催化效果对比图，MO溶液的浓度在三种纸基复合材料的光催化降解作用下得到了降低，在30min时，ZnS:Mn/G/C和ZnS:Cu/G/C两种纸基复合材料对MO的光降解效率分别达到62.5%和52%，明显地高于ZnS/G/C的降解率（43%）；反应时间为3.5h时，ZnS:Mn/G/C和ZnS:Cu/G/C的光降解率分别达到91.2%和78.5%，远高于ZnS/G/C的62%。这主要是由于纯ZnS纳米颗粒只对紫外光产生响应，Mn和Cu离子渗入ZnS晶格，拓宽了其光谱响应范围，提高了ZnS:Mn/G/C和ZnS:Cu/G/C纸基复合材料催化剂对太阳光和可见光的利用率，尤其是ZnS:Mn/G/C虽然在紫外光照射下活性较低，但在可见光照下的活性较高，且Cu和Mn离子镶嵌在ZnS纳米颗粒的表面，不仅增加了光催化反应的位点，还能减少激发电子和空穴的复合几率，因此更多的氧化性空穴可以参与到光催化反应，提升了其光催化活性[2]。

在ZnS基催化材料的制备过程中，具有三维网状结构的纸页直接被作为复合材料的基底，采用绿色环保的一步水热法将ZnS纳米颗粒和ZnS/G复合材料负载于纸页表面，最大限度地保留了纸张特殊的结构和物理性能。采用PEI对纤维进行活化处理，可引入更多的化学吸附位点，在单位面积的纸材料上负载更多的纳米颗粒，还可以在纳米颗粒成长过程中促进颗粒的分散，使ZnS纳米颗粒具有更小的粒径。

参考文献

[1] Aggrawal S, Chauhan I, Mohanty P. Immobilization of Bi_2O_3 nanoparticles on the cellulose fibers of paper matrices and investigation of its antibacterial activity against E. coli in visible light. Materials Express, 2015, 5(5): 429–436.

[2] 卞喻. 基于量子点的纸基光致发光纸基复合材料的研究. 广州：华南理工大学，2016.

[3] Bian Y, He B, Li J. Preparation of cellulose–based fluorescent materials using Zinc sulphide quantum dot decorated graphene by a one–step hydrothermal method. Cellulose, 2016, 23(4): 2363–2373.

第 7 章
纸基催化材料的应用及发展趋势

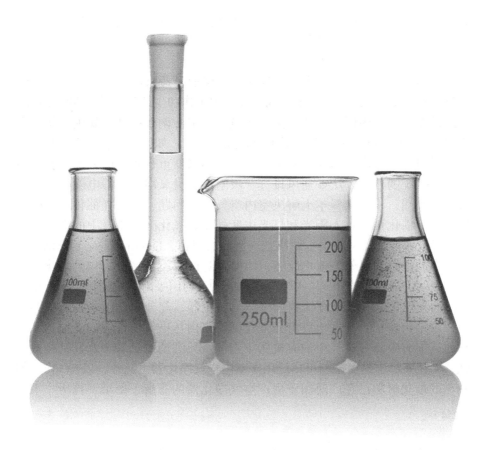

纸基材料负载不同的纳米功能材料，其主要作用不同，其中TiO₂及改性TiO₂纸基催化材料多用于有机物的降解和自清洁材料、作为抗菌材料等方面；ZnO纸基催化材料则多利用其抗菌性，用于食品包装纸和纤维织物的防晒自净方面；而AgNPs催化材料则多利用抗菌性制作无菌的包装纸、医用绷带，利用其表面增强拉曼散射效应制作基底进行检测；Au、Pt、Pd等贵金属催化材料则多用作有机反应的催化剂。在前面各章介绍各种纸基催化材料时，我们也介绍了其催化氧化、杀菌、有机反应催化剂等应用，本章就TiO₂、ZnO和纳米贵金属等几种纸基催化材料的应用进行了简单介绍。

7.1 有机物的降解

有机物的降解过程通常是目标有机物（如有机染料或挥发性有机物）被纸基催化材料吸附，在光催化过程中被产生的活性氧类自由基（·OH、·O₂⁻、·HO₂）氧化降解，活性氧自由基可无选择性地氧化降解有机物，使其完全矿化，生成CO₂和H₂O等无机小分子。纸基催化材料在室内空气净化、汽车尾气净化、有机废水处理及污染土壤的修复等方面都有很好的应用潜力。

目前，随着人们生活水平的提高，装修业日益兴起，室内空气污染问题也日趋严重。人类有90%的时间是在室内工作和生活的，其中60%左右的时间是在家里。中国室内装饰协会环境检测中心调查统计，我国每年由室内空气污染引起的死亡人数已达11.1万人，因此，如何提高室内空气品质，保证居民身体健康，已经引起了有关部门的高度重视和全国人民的普遍关注。而传统的处理方法如通风排气、吸附法、臭氧净化、静电除尘等都有很大的弊端，不能从根本上解决室内空气污染问题。利用光催化法则能在室温下，催化剂吸收太阳光和灯光中紫外光，氧化降解空气中的甲醛、苯等有毒有害气体，从根本上解决空气污染的问题。Iguchi等研究了催化纸对空气中的甲醛和甲苯的催化性能，结果表明Ti/沸石比例为1：4的催化纸在50min、90min内可将甲苯、甲醛完全去除[1]。利用吸附—光催化技术，将含TiO₂的光催化纸制成蜂窝结构用于空气净化器，充分利用纸张独特的多孔隙三维结构特征，开发出具有光催化降解室内污染气体性能的光催化纸基材料，能有效降解空气中的有机污染物和杀死细菌。且整个蜂窝结构成本低、工艺简单、易更换，可广泛用于室内空气净化器。此外，以TiO₂作为催化剂的催化材料已经广泛用于生产空气净化器的滤纸、壁纸、挂历、书写纸和杂志等室内用品，用于去除如甲苯、甲醛等室内空气污染物，从而减轻不良建筑综合症。纸基催化材料还可用于制造汽车尾气滤纸，用于去除汽车尾气中的NO_x、SO_x等有害气体。

在纸基催化材料中添加湿强剂，制作具有光催化氧化作用的过滤纸和渗透膜，可有效除去水中的有害物质，如有机污染物罗丹明B、亚甲基蓝、甲基橙、苯酚、AOX等。Fukahori等研究了催化纸对水中双酚A（BPA）的降解性能，发现含有沸石的TiO_2催化材料不仅可以有效降解BPA，还能有效吸附并氧化降解产生的反应中间产物[2]。Hashimoto等人利用负载TiO_2的玻璃棉毡垫处理稻壳消毒废水，在太阳光下经过7天降解，其中的有机化学品被完全矿化，废水的总有机碳（TOC）浓度从大于1000mg/L降低为0，表明TiO_2光催化技术在降解有机污染物方面具有很好的应用潜力[3]。

三氯乙烯和四氯乙烯被广泛用作服装干洗和半导体清洗的溶剂，会导致土壤和地下水的严重污染，TiO_2纸基催化材料也可用来净化被污染的土壤，如图7.1所示。将被污染的土壤堆积起来，用TiO_2光催化纸将其覆盖，TiO_2光催化纸是用活性炭粉末负载TiO_2，通过湿部加填加入纸料中，抄造得到的瓦楞纸。加热土壤使其所含的VOCs溢出，被纸页中的活性炭吸附，在太阳光的作用下，经过几周的时间，通过TiO_2的光催化作用将被活性炭吸附的VOCs降解为CO_2和HCl，从而消除土壤中的VOCs污染[3]，因此，TiO_2催化纸也可用于污染土壤的治理。

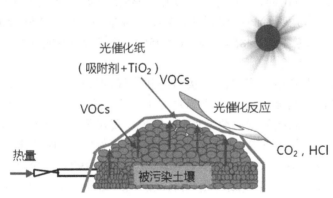

图7.1 TiO_2纸基催化材料对污染土壤的治理

7.2 消毒

TiO$_2$纸基催化材料、ZnO纸基催化材料和纳米银纸都具有抗菌性，但其抗菌机理并不完全一样。

TiO$_2$催化纸的消毒作用主要表现在以下两个方面：一方面，光催化氧化反应分解微生物生长所需的有机营养物质，使微生物失去生长繁殖所需的营养条件，抑制微生物的生长和繁殖，从而在很大程度上减少微生物的数量；另一方面，·OH能攻击微生物的外层细胞组织，穿透细胞膜，破坏其内部结构，从而彻底杀灭微生物，且不会造成二次污染。1999年，Maness等发现在光照条件下，P-25会导致大肠杆菌的死亡，研究认为光催化反应中产生的活性氧基团使细胞膜中的聚合不饱和磷脂发生过氧化反应，导致细胞质泄漏，随后破坏细胞壁，最终导致细胞死亡，研究结果显示停止光照30min内，消毒作用仍在进行[4]。Chauhan等利用水热合成法将TiO$_2$负载于纤维上，利用标准纸页成形法抄造得到负载TiO$_2$的纸页，考察了不同光照时间下TiO$_2$纸基催化材料的抗菌性能。随TiO$_2$负载量的增大，纸页的抗菌性增强，在光照强度为0.275J/cm^2，照射时间为3h，TiO$_2$负载量分别为1.0%、3.5%、6.0%、10.0%时，纸页上E.coli的的聚落总数分别减少20%、25%、62%、97%。当光照时间增加到9h，TiO$_2$负载量为1.0%、3.5%和6.0%的纸页上E.coli菌落总数减少85%、85%和95%，而E.coli不能在TiO$_2$负载量为10.0%的纸页上生长[5]。

Karimi等人利用石墨烯的层状结构和优异的性能，利用水热合成法将TiO$_2$前驱体TiCl$_3$负载于氧化石墨烯片层上，水热条件下经一步还原法在棉纤维织物上负载高结晶度的纳米TiO$_2$，结果发现仅负载石墨烯的棉纤维织物不具有抗菌性，负载石墨烯/TiO$_2$的棉纤维具有良好的抗菌性和抗真菌性，可使S.aureus、E.coli、C.albicans三种微生物分别减少99%、99.4%、99.2%，经细胞毒性测试，发现负载石墨烯/TiO$_2$的棉纤维不具有生物毒性[6]。在北美，Domtar公司首先推出了抗菌办公纸，用于控制细菌生长、周围环境异味、霉菌的霉变，减少办公场所中微生物的传播。日本曾用胶粘剂将锐钛矿TiO$_2$固定在纸浆纤维上，得到抗菌的壁纸，用于医院病房中，利用纸页的多孔结构吸附空气中的细菌和有机物质，利用TiO$_2$的光催化性进行杀菌和氧化分解所吸附的有机物。

ZnO的杀菌作用主要通过光催化作用和Zn^{2+}金属离子溶出接触杀菌两种

机理。Ghule等人借助于超声波的作用，采用直接组装法将ZnO纳米颗粒负载于纸页上形成ZnO纸基催化材料，得到的ZnO催化纸在543nm光源下照射24h，光照强度为0.1464mW/cm²时，对*E.coli*的灭活率可达99.99%，即使在无光照条件下，该纸页仍具有一定的抗菌性能，这可能是由于Zn²⁺部分溶出接触杀菌的结果。当采用365nm光源辐射时，随暴露时间的延长，对*E.coli*的灭活效果增强。照射时间为1h时，*E.coli*的灭活率即可达到99.93%，因此该催化纸对革兰氏阴性菌表现出较高的抗菌性[7]。

　　Dutta及其合作者发现负载ZnO纳米棒的纸页对革兰氏阴性菌*E. coli*和革兰氏阳性菌*S.aureus*都表现出一定的抗菌性，且对阴性菌的抗菌性要高于阳性菌。纸页上负载的ZnO纳米棒的量越多，表现出的抗菌性越强。含ZnO纳米棒纸页的抗菌性能明显受到光源的影响，在卤钨灯作光源时，ZnO纸页表现出的抗菌性明显高于以荧光灯作光源时的抗菌性。在黑暗条件下，在潮湿环境中，由于ZnO会部分溶解，释放出Zn²⁺，纸页也会表现出一定的杀菌作用。该催化纸对*A.niger*也有一定的抑制作用，负载ZnO纳米棒的纸页接种*A.niger*培养72h后，可形成直径为2.6cm的抑菌圈，而未负载ZnO的纸页则没有出现抑菌圈[8]。

　　为进一步保证ZnO在纸页中获得均匀分布从而提高其抗菌性能，Varaprasad等利用藻酸钠作为链接剂将ZnO负载到纸浆纤维上得到催化纸，在纸页中ZnO纳米颗粒能获得较好的分散，且ZnO纳米颗粒是通过化学链接实现了在纤维上的负载，因而使用过程中ZnO颗粒不会脱落，保证该ZnO催化纸具有稳定的抗菌性。随藻酸盐负载量的增大，纤维上ZnO的负载量也随之增大，抗菌性能增加，藻酸盐用量为0.5%、1.0%、1.5%，对*E.coli*形成的抑菌圈分别为2.1mm、3.2mm和3.6mm[9]。为进一步提高ZnO纸基材料的抗菌性能，Ibănescu等人将AgNPs负载到ZnO纳米颗粒上，以提高其抗菌作用，结果发现含ZnO的织物对*M.luteus*和*E.coli*都没有表现出明显抗菌性；而负载Ag/ZnO的织物对*M.luteus*和*E.coli*都表现出抗菌性，对*M.luteus*的抗菌性更高，且随银负载量的增加，抗菌性随之增大，负载银含量为15%（相对于Ag/ZnO纳米颗粒）的织物抗菌性最强[10]。

　　AgNPs通过与细菌蛋白质和酶的巯基相互作用而使细菌失活，具有广谱抗菌性，能够有效抑制包括金黄色葡萄球菌（*S.aureus*）、大肠杆菌（*E.coli*）和绿脓假单胞菌、皮肤癣菌等真菌在内的650余种致病菌。AgNPs具有持久抗菌性，能达到持久抗菌目的，且其安全性高，对哺乳动物的毒性较低且少有并发症发生。因此，AgNPs被负载于纸纤维、棉纤维和细菌纤维素等材料上，在提供无菌环境，制作医疗和化工厂的防护服、食品抗菌包装等方面得到了广泛应用。

Dankovich等利用原位还原法在吸水纸纤维表面负载了AgNPs，用AgNPs负载量为5.7mg Ag/g干纸页的吸水纸作为滤料，处理含有*E.coli*和*E.faecalis*的模拟含菌废水，出水中两种微生物的对数值分别下降7.6±1.3和3.4±0.9，可见当含菌水通过滤料时可使水中的细菌灭活，而出水中Ag^+离子的渗出量为0.0475±0.0177ppm，低于《美国饮用水水质标准》中规定的Ag^+浓度。该方法可为突发性水污染事件中灭杀细菌提供了一种有实用意义的方法[11]。

Moura等利用$NaBH_4$还原法制备了AgNPs并将其负载于羟丙基甲基纤维素（HPMC）上，利用HPMC良好的成膜性能，得到具有良好抗菌性的HPMC膜，用作活性食品包装纸。HPMC作为一种可降解的环保材料，可以作为包装薄膜应用到包装领域，代替不可降解的聚合物薄膜，为食物的包装和保存提供一种极有发展潜力的绿色环保方法[12]。

细菌纤维素由于其良好的生物相容性、湿态时高的机械强度、良好的液体和气体透过性，在医用材料中得到了广泛应用，可用于制造具有三维多孔结构的无纺布，作为人造皮肤用于伤口的临时包扎，但细菌纤维素本身不具有抗菌性，为赋予细菌纤维素的抗菌性能，Maneerung等通过原位还原法在细菌纤维素膜上负载了AgNPs，其对*E.coli*和*S.aureus*都具有较强的抗菌性，可形成2mm和3.5mm的抑菌圈。具有抗菌性的细菌纤维素可用于制造有抗菌性的医用敷料，加速伤口愈合，为组织再生创造最佳条件[13]。

因此，利用TiO_2、ZnO和AgNPs等纳米复合材料的消毒和抗病毒作用，制造口罩、毛巾、纸巾、纸尿布等一次性卫生保健品，可充分利用纤维素等可再生资源，降低这些一次性用品的制造成本和减轻其对环境的影响。另外利用纳米材料的抗菌性能，在食品包装行业可用于制作各种新鲜蔬菜水果的包装纸、纸杯、餐巾纸和牛奶盒等生活用品。

7.3 自清洁作用

自清洁作用充分利用了TiO_2具有光催化性和亲水性，水在污渍和亲水性高的TiO_2表面之间浸润的能力使去污变得简单而有效，显著增加了TiO_2的应用范围。二氧化钛涂层表面已广泛应用于生活中，例如，在日本，利用负载TiO_2的c材料制作的纸百叶窗具有优良的自清洁性能，污渍能被光催化分解并被雨水冲刷掉。Uddin等采用溶胶凝胶法在棉纤维上负载了TiO_2薄膜和Au/TiO_2薄膜。在太阳光下，该复合棉纤维材料具有良好的光催化降解有机物的性能，Au/TiO$_2$棉纤维织物的光催化性能明显高于负载仅TiO$_2$的棉纤维材料。且该复合棉纤维织物经过重复多次洗涤，能保持长期稳定的光降解性能，使其在制备可见光下具有自清洁性能的棉纤维和其他纤维织物等方面具有很大的潜力和商业意义[14]。

7.4 作为化学反应的催化剂

纳米贵金属催化剂（如纳米金纸、纳米铂纸等）具有高活性和高选择性，抗中毒能力优异，并且在低温条件下也表现出良好的催化活性，在众多化工领域具有重要意义。将纳米贵金属负载到多孔纤维网络结构中，纸基催化材料较高的孔隙率，有利于反应产物的及时转移，可减少副反应的发生，且该催化材料很容易与产物分离，可以回收并能重复利用的性质又使其优于粉末状催化剂。

Koga等利用原位合成法在活化的碳纤维表面负载了粒径小于10nm的PtNPs，通过抄纸过程制备出纳米Pt催化纸。该催化纸可提高甲烷和NO$_x$的转化率，并降低了反应响应温度。在该催化纸的作用下，NO$_x$转化反应在350℃时开始发生，420℃时，NO$_x$的转化率可达到80%，开始反应温度可比蜂窝状商品催化剂低100℃，催化剂中纸张的多孔微结构和碳纤维良好的导热性有利于提高NOx还原效率[15]。

Zhuang等人将碳纤维纸酸蚀后，首次用绿色环保的植物抽提物1,6-己二胺对碳纤维进行改性，采用原位合成方式负载Pd/Au合金纳米粒子。SEM分析表明粒径为180nm的Pt/Au纳米粒子均匀负载在碳纤维表面。该复合电极显示了优良的氢还原性能，通过长周期的电化学稳定实验证明该电极有高耐久性，可为电化学催化装置提供一条高效、环保的合成路线[16]。

Koga等人在陶瓷纤维和ZnO晶须组成的纸页上成功负载了粒径小于10nm的AuNPs，作为CO低温氧化的催化剂，在20℃条件下，即可实现CO完全转化为CO$_2$，这比传统的Au/ZnO粉末催化剂的催化反应温度低140K。且该技术可用于制备负载不同金属纳米粒子的催化材料[17]。在ZnO晶须上负载了金属纳米粒子的纸状复合物具有纸的弯曲性和易加工性，可以适应各种不同外形的反应器，使其有望成为具有应用前景的催化材料，以大范围改善化工工艺的实用性及催化性。

7.5 纸基催化材料的未来发展趋势

纸基催化材料有效克服了悬浮催化剂难以分离的缺点，利用纸张的多孔立体网状结构，有利于污染物的吸附和扩散，且由于植物纤维资源丰富，具有无毒、可再生、生物降解性等优点，纸基催化材料被认为是一种极具应用前景的工程材料。1995年Mutsubara等首次提出催化纸的概念后就受到了广泛的重视，陆续出现TiO$_2$、ZnO和贵金属纳米纸等各种纸基催化材料，在光催化降解污染物、催化有机化学反应、用于食品包装和自清洁等方面得到了广泛应用，纳米技术的进步推动了纸基催化材料的进一步发展。

催化材料的负载方式分为原位负载和异位负载，催化材料的制备和负载过程涉及化学、纳米技术、聚合物科学、造纸技术和材料化学等多学科。在异位负载过程中，需要首先合成纳米催化材料并将其通过标准纸页成形的方式将其负载于纸页中，原位负载则直接在纸页的三维网络中进行纳米催化材料的合成和负载过程，纳米催化材料通过与纤维间形成共价键实现负载，且该共价作用有利于催化材料形成纳米结构。

纸基催化材料中纳米催化材料的微观结构及其结晶相的控制是影响催化性能的重要参数，催化材料的种类、尺寸、纳米颗粒形状及其团聚程度都会影响其催化性能，催化材料在纸页中的分布同样会影响纸基材料的催化性能。因此，应有效控制负载于纤维上催化材料的微观结构或结晶相组成，使其具有最高的催化活性，且其纳米颗粒在纸页中获得均匀分散，从而使纸基催化材料处于性能最佳的状态。此外，自由基反应的无选择性不可避免地会造成纤维损伤，从而造成纸基催化材料强度下降。催化材料负载与纤维上会影响纤维间的氢键结合，从而使纸页的强度降低，因此，如何在提高催化材料在纤维上负载量的和保证纤维强度方面获得一个最佳结合，获得同时具备高强度和高催化活性是目前获得高性能纸基催化材料迫切需要解决的问题。

天然的木材纤维和棉纤维都已被广泛用作纳米催化颗粒的载体，但由于天然纤维自身的缺陷，限制了纸基催化材料的性能提高。若采用纳米纤维材料（纳米棉纤维或细菌纤维等），可充分利用纳米纤维材料的高比面积、小尺寸和量子化效应等特征，为纳米催化颗粒的负载提供更多的活性位点，提高纸基催化材料的催化活性。

参考文献

[1] Iguchi Y, Ichiura H, Kitaoka T, et al. Preparation and characteristics of high performance paper containing titanium dioxide photocatalyst supported on inorganic fiber matrix. Chemosphere, 2003, 53(10): 1193–1199.

[2] Fukahori S, Ichiura H, Kitaoka T, et al. Capturing of bisphenol A photodecomposition intermediates by composite TiO_2+zeolite sheets. Applied Catalysis B Environmental, 2003, 46(3): 453–462.

[3] Hashimoto K, Irie H, Fujishima A. TiO_2 Photocatalysis: A Historical Overview and Future Prospects. Japanese Journal of Applied Physics. Part 1: Regular Paper and Short Notes2005, 44(12): 8269–8285.

[4] Maness P C, Smolinski S, Blake D M, et al. Bactericidal activity of photocatalytic TiO_2 reaction: Toward an understanding of its killing mechanism. Applied and Environmental Microbiology, 1999, 65(9): 4094–4098.

[5] Chanhan I, Mohanty P. In situ decoration of TiO_2 nanoparticles on the surface of cellulose fibers and study of their photocatalytic and antibacterial activities. Cellulose, 2015, 22(1): 507–519.

[6] Karimi L, Yazdanshenas M E, Khajavi R, et al. Using graphene/TiO_2 nanocomposite as a new route for preparation of electroconductive, self-cleaning, antibacterial an antifungal cotton fabric without toxicity. Cellulose, 2014, 21: 3813–3827.

[7] Ghule K, Ghule A V, Chen B J, et al. Preparation and Characterization of ZnO Nanoparticles Coated Paper and Its Antibacterial Activity Study. Green Chemistry, 2006, 8: 1034–1041.

[8] Jaisai M, Baruah S, Dutta J. Paper modified with ZnO nanorods-antimicrobial studies. Beilstein Journal of Nanotechnology, 2012, 3(1): 684–691.

[9] Varaprasad K, Raghavendra G M, Jayaramudu T, et al. Nano zinc oxide – sodium alginate antibacterial cellulose fibres. Carbohydrate Polymers, 2016, 135: 349–355.

[10] Ibǎnescu M, MusŞat V, Textor T, et al. Photocatalytic and antimicrobial Ag/ZnO nanocomposites for functionalization of textile fabrics. Journal of Alloys and Compounds. 2014, 610: 244–249.

[11] Dankovich T A, Gray D G. Bactericidal paper impregnated with silver nanoparticles for point-of-use water treatment. Environmental Science and Technology, 2011, 45(5): 1992-1998.

[12] Moura M R, Mattoso L H C, Zucolotto V. Development of cellulose-based bactericidal nanocomposites containing silver nanoparticles and their use as active food packaging. Journal of Food Engineering, 2012, 109: 520-524.

[13] Maneerung T, Tokura S, Rujiravanit R. Impregnation of silver nanoparticles into bacterial cellulose for antimicrobial wound dressing. Carbohydrate Polymers, 2008, 72: 43-51.

[14] Uddin M J, Cesano F, Scarano D, et al. Cotton textile fibres coated by Au/TiO2 films: synthesis, characterization and self cleaning properties. Journal of Photochemistry and Photobiology. A: Chemistry, 2008, 199: 64-72.

[15] Koga H, Umemura Y, Ishihara H, et al. Paper-structured fiber composites impregnated with platinum nanoparticles synthesized on a carbon fiber matrix for catalytic reduction of nitrogen oxides. Applied Catalysis B: Environmental, 2009, 90(3-4): 699.

[16] Zhuang Z C. Wang F F, Naidu R, et al. Biosynthesis of Pd-Au alloys on carbon fiber paper: Towards an eco-friendly solution for catalysts fabrication. Journal of Power Sources, 2015, 291: 132-137.

[17] Koga H, Kitaoka T, Wariishi H. On-paper synthesis 0f Au nanocatalysts from Au(III) complex ions for low -temperature CO oxidation. Journal of Materials Chemsitry, 2009, 19(29): 5244-5249.